高等职业教育系列教材

机床数控原理与系统

周德卿　张承阳　编著

机械工业出版社

本书以近年来常用的国内外主流机床数控系统产品（国产的 KND 100、GSK 980、HNC-21/22，西门子公司的 SINUMERIK 808D、828D，FANUC 公司的 FANUC 0i-D/0i-Mate D 等数控系统）为主线，系统介绍了机床数字控制系统的工作原理、系统结构、零件轮廓插补计算、位置与速度的检测反馈、伺服驱动器与伺服电动机、PLC 与机床电气控制、典型数控系统产品以及通信接口与系统连接等，全书共分为 8 章。在第 8 章以西门子 808D 系统在数控车床上应用和 FANUC 0i-Mate MD 系统在数控铣床上应用的数控机床电气控制电路的设计为典型案例，介绍了数控机床电气控制电路的设计思路、设计步骤与方法以及较完整的电气原理图画法和功能等，从而帮助读者做到识图、懂图，有利于读者进行数控机床的安装、调试与维修。

本书力求知识系统化、概念简明化、应用工程化，避免烦琐公式推导，注重理论与实际应用相结合，可作为高职高专院校的数控技术、数控机床维护与检修、机电一体化以及机械制造与自动化等专业教材，也可供从事数控机床运行、维修和操作的工程技术人员阅读。

本书配有授课电子教案，需要的教师可登录机械工业出版社教材服务网 www.cmpedu.com 免费注册后下载，或联系编辑索取（QQ：1239258369，电话：010-88379739）。

图书在版编目（CIP）数据

机床数控原理与系统/周德卿，张承阳编著 . —北京：机械工业出版社，2015.8（2024.1 重印）

高等职业教育系列教材

ISBN 978-7-111-50250-0

Ⅰ.①机… Ⅱ.①周…②张… Ⅲ.①数控机床—高等职业教育—教材 Ⅳ.①TG659

中国版本图书馆 CIP 数据核字（2015）第 149542 号

机械工业出版社（北京市百万庄大街 22 号 邮政编码 100037）
策划编辑：曹帅鹏 责任编辑：曹帅鹏
版式设计：霍永明 责任校对：潘 蕊
责任印制：单爱军
北京虎彩文化传播有限公司印刷
2024 年 1 月第 1 版第 8 次印刷
184mm×260mm·16.75 印张·413 千字
标准书号：ISBN 978-7-111-50250-0
定价：49.00 元

电话服务   网络服务
客服电话：010-88361066   机 工 官 网：www.cmpbook.com
　　　　　010-88379833   机 工 官 博：weibo.com/cmp1952
　　　　　010-68326294   金 书 网：www.golden-book.com
封底无防伪标均为盗版   机工教育服务网：www.cmpedu.com

高等职业教育系列教材机电类专业
编委会成员名单

出版说明

《国务院关于加快发展现代职业教育的决定》指出：到 2020 年，形成适应发展需求、产教深度融合、中职高职衔接、职业教育与普通教育相互沟通，体现终身教育理念，具有中国特色、世界水平的现代职业教育体系，推进人才培养模式创新，坚持校企合作、工学结合，强化教学、学习、实训相融合的教育教学活动，推行项目教学、案例教学、工作过程导向教学等教学模式，引导社会力量参与教学过程，共同开发课程和教材等教育资源。机械工业出版社组织国内 80 余所职业院校（其中大部分是示范性院校和骨干院校）的骨干教师共同规划、编写并出版的"高等职业教育系列教材"，已历经十余年的积淀和发展，今后将更加紧密结合国家职业教育文件精神，致力于建设符合现代职业教育教学需求的教材体系，打造充分适应现代职业教育教学模式的、体现工学结合特点的新型精品化教材。

在本系列教材策划和编写的过程中，主编院校通过编委会平台充分调研相关院校的专业课程体系，认真讨论课程教学大纲，积极听取相关专家意见，并融合教学中的实践经验，吸收职业教育改革成果，寻求企业合作，针对不同的课程性质采取差异化的编写策略。其中，核心基础课程的教材在保持扎实的理论基础的同时，增加实训和习题以及相关的多媒体配套资源；实践性课程的教材则强调理论与实训紧密结合，采用理实一体的编写模式；实用技术型课程的教材则在其中引入了最新的知识、技术、工艺和方法，同时重视企业参与，吸纳来自企业的真实案例。此外，根据实际教学的需要对部分内容进行了整合和优化。

归纳起来，本系列教材具有以下特点：

1）围绕培养学生的职业技能这条主线来设计教材的结构、内容和形式。

2）合理安排基础知识和实践知识的比例。基础知识以"必需、够用"为度，强调专业技术应用能力的训练，适当增加实训环节。

3）符合高职学生的学习特点和认知规律。对基本理论和方法的论述容易理解、清晰简洁，多用图表来表达信息；增加相关技术在生产中的应用实例，引导学生主动学习。

4）教材内容紧随技术和经济的发展而更新，及时将新知识、新技术、新工艺和新案例等引入教材。同时注重吸收最新的教学理念，并积极支持新专业的教材建设。

5）注重立体化教材建设。通过主教材、电子教案、配套素材光盘、实训指导和习题及解答等教学资源的有机结合，提高教学服务水平，为高素质技能型人才的培养创造良好的条件。

由于我国高等职业教育改革和发展的速度很快，加之我们的水平和经验有限，因此在教材的编写和出版过程中难免出现疏漏。我们恳请使用这套教材的师生及时向我们反馈质量信息，以利于我们今后不断提高教材的出版质量，为广大师生提供更多、更适用的教材。

机械工业出版社

前　言

机床数字控制技术（简称数控技术）是现代制造技术的核心。该技术是现代机械工程技术与现代计算机技术、信息处理技术、传感与测试技术、伺服驱动技术、电力电子技术、自动控制技术等相结合而发展起来的高新技术。该技术的水平高低是衡量一个企业乃至一个国家的工业现代化水平的重要标志，是实现我国机械产品从"制造"到"创造"升级换代的关键技术之一。

"机床数控原理与系统"是数控技术专业的专业课，后续课程是数控机床维修有关课程。本书共有 8 章，讲述了机床数字控制系统的工作原理、系统结构、零件轮廓插补计算、位置与速度的检测反馈、伺服驱动系统与电动机、PLC 与机床电气控制、典型数控系统产品以及通信接口与系统连接等。典型数控系统，以近年来在数控机床上应用的主流系统新产品版本为主，例如国产的 KND 100、GSK 980、HNC-21/22 等数控系统，国外西门子公司的 SINUMERIK 808D、828D 和 FANUC 公司的 FANUC 0i-D/0i-Mate D 等数控系统。遵照教育部对高职高专教材的"宽、新、浅、实用"及"必须、够用"等指示精神，参考国内已出版的"数控原理与系统"教材之精髓，结合编者多年从事机床数控系统研究的工作实践，旨在编出一本适合高职高专学生现状，力争做到易学、易懂、实用的教材。

本书力求知识系统化、概念简明化、应用工程化，避免烦琐公式推导，注重理论与实际应用相结合。特别是在学习完前 7 章数控技术基本原理与典型数控系统的基础上，通过第 8 章西门子 808D 在 CK6140 数控车床上应用和 FANUC 0i-Mate MD 在 XK714A 数控铣床上应用的数控电气控制电路设计的典型案例，学习数控机床电气控制电路的设计思路、设计步骤与方法以及较完整的电气原理图工程画法和功能等，从而帮助读者做到识图、懂图，有利于读者进行数控机床的安装、调试与维修工作。本书每章前面编有教学重点，后面编有本章小结，便于教师教学和读者学习。

本书由周德卿教授与张承阳讲师共同编著。周德卿负责编写第 1 章、第 6~8 章，张承阳负责编写第 2~5 章。全书由周德卿统稿、定稿。

在本书编写工作中得到了扬州市职业大学姚海滨副教授、江海职业技术学院刘峻副教授、西门子数控（南京）有限公司杨永忠总经理、扬州力创机床厂张力辉高级工程师等的大力支持与帮助，在此一并表示感谢！此外，本书在编写过程中还参考了书后所列参考文献等资料，谨向作者表示感谢。书中存在的不妥之处，欢迎读者指正。

编　者

目　录

第1章 绪 论

教学重点

机床数字控制技术是现代制造业的技术核心。该技术水平的高低是一个企业乃至一个国家工业现代化水平的标志，是实现我国机械产品从"制造"到"创造"升级换代的关键技术之一。本章主要介绍机床数控系统一般概念与基础知识，包括机床数控系统的基本组成与作用、分类与特点、数字控制原理、数控计算机的组成结构和工作过程等，简述机床数控系统的国内外现状与发展趋势。

1.1 机床数控技术概述

1.1.1 数控技术、机床数控系统与数控机床

1. 数控技术

数字控制技术简称数控技术（Numerical Control，NC）。在国家标准中（GB/T 8129—2015）将数控定义为用数值数据的控制装置，在运行过程中，不断地引入数值数据，从而对某一生产过程实现自动控制。从这个意义上讲，机床数控技术是利用机床的坐标位移、进给速度等数字信息构成的零件加工程序，对机床的工作过程实施计算机数字控制的一门技术。数控技术应用最早、发展最快的是数控机床，机床数控技术水平成为一个国家现代制造业发展水平的象征。

2. 机床数控系统

机床数控系统是指采用数字控制技术，实现机床自动控制的硬件与软件的整套装置。数控系统包括数控计算机（含 PLC 可编程序控制器）、伺服驱动系统、传感器检测与反馈装置及机床电气控制装置等，是典型的机电一体化系统。由于现代机床数控技术都采用了计算机进行控制，因此也可以称为计算机数控系统（Computerized Numerical Control），简称 CNC。因此，在以后叙述中 CNC 可以单指数控计算机部分（一般将计算机控制主板、显示器、数字键盘和操作面板等进行一体化设计），也可以泛指整套数控装置，看不同场合而定。

3. 数控机床

数控机床简称 NC 机床（Numerically Controlled Machine Tool），是一种装备有计算机数字控制系统的机床。该机床利用数控技术按所需加工机械零件的轮廓曲线轨迹坐标、刀具进给速度和位置精度要求，采用国际标准代码进行零件编程并将信息记录在程序介质上，送入数控计算机，再经过译码、诊断、刀具补偿等预处理和插补运算，驱动伺服电动机和传动机械，控制机床刀具与工件做相对运动，按既定轮廓曲线轨迹自动切削，加工出所需要的机械零件。整个加工过程是按预先编制的零件程序自动进行的，无须人工干预。

机床数控技术已不仅用于传统的金属切削机床如车床、铣床、钻床、镗床、磨床、冲床

等数控机床，同时还用于加工中心、工业机器人、激光焊接与切割机、数控雕刻机、电火花加工机床等专用数控机床，统称 NC 机床，如图 1-1a ~ 图 1-1h 所示。

机床数控技术实际上包括机械零件加工编程技术和机床数字控制技术两个方面，本课程主要讨论机床数字控制技术。

1.1.2 MC、FMC、FMS 与 CIMS 现代制造系统

1. 加工中心

加工中心简称 MC (Machine Center)。为了提高数控机床的工作效率，缩短辅助加工时间，人们借鉴了车床上使用回转刀架实现交换刀具的思路，开发了具有自动刀具交换装置 (Automatic Tool Changer，ATC) 功能的铣、镗数控机床，这种机床称加工中心。加工中心通过刀具自动交换，可以一次装夹完成多工序的加工，实现了工序的集中和工艺的复合，大大缩短了辅助加工时间，机床效率高，是目前应用最广泛的数控机床，如图 1-1c ~ 图 1-1d 所示。

2. 柔性加工单元

柔性加工单元简称 FMC (Flexible Manufacturing Cell)。在加工中心的基础上，通过增加多工作台（托盘）自动交换装置 (Auto Pallet Manufacturing Changer，APC) 及其他相关装置组成的加工单元，称为柔性加工单元，如图 1-1g 所示。

3. 柔性制造系统

柔性制造系统简称 FMS (Flexible Manufacturing System)。在 FMC 和 MC 基础上，通过增加物流系统、工业机器人及相关设备，并由中央计算机控制系统进行集中、统一管理和调度形成。FMS 可以实现多品种的零件加工与装配无人化，实现车间制造过程的全自动化，如图 1-1i 所示。

4. 计算机集成制造系统

计算机集成制造系统简称 CIMS (Computer Integrated Manufacturing System)。CIMS 是将一个工厂的生产制造、经营（市场预测、决策、销售）、产品设计等进行有机集成，实现更高效益、更柔性化的智能化生产，这就是当今制造业自动化最高水平的现代机械制造系统。如图 1-1j 所示。

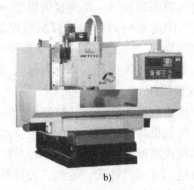

a)   b)

图 1-1　各种数控机床及计算机集成制造系统
a) 普及型数控车床　b) 立式数控铣床

2

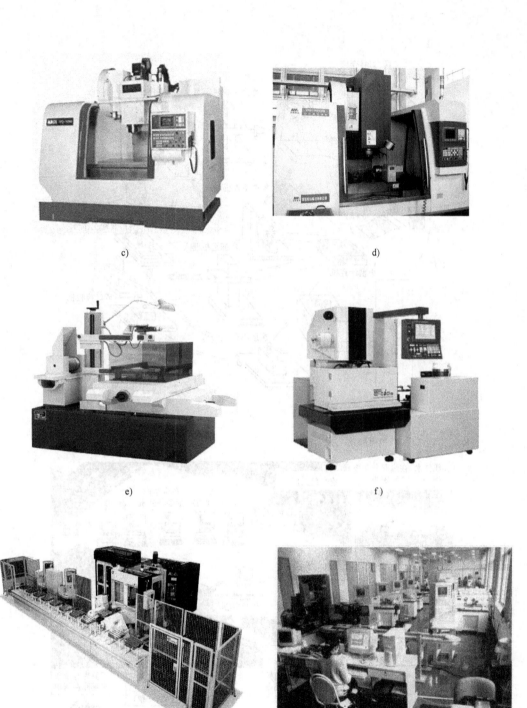

c)

d)

e)

f)

g)

h)

图 1-1　各种数控机床及计算机集成制造系统（续）

c）带机械手圆盘式换刀装置的立式加工中心　d）四轴（带一个旋转工作台）立式加工中心

e）数控电火花线切割机床　f）数控电火花成型机床　g）带交换工作台的加工中心（柔性加工单元）

h）工厂计算机网络化管理系统

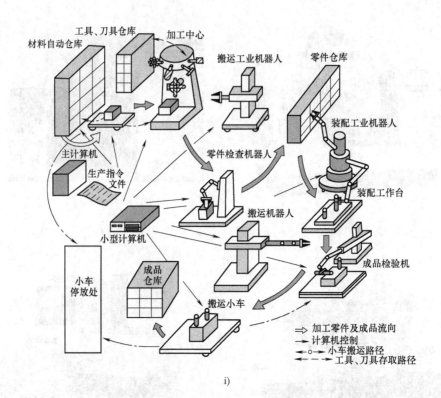

i)

j)

图 1-1 各种数控机床及计算机集成制造系统（续）

i) 工业机器人在 FMS 中的应用 j) CIMS 示范工程

1.2　机床数控系统的组成与功能

1.2.1　机床数控系统基本组成

机床数控系统是以数控计算机为核心的控制系统，控制对象是机床各坐标轴的位置、速度与转矩，其控制指令来自数控计算机根据零件轮廓曲线程序插补轨迹的计算，因此机床数控系统的最基本组成如图 1-2 所示，应包括以下部分：

数控装置——完成 G 代码指令即加工零件轮廓插补轨迹控制，如在图 1-2 中采用了广州数控公司的 GSK980TDb 型的 CNC；

输入/输出装置——完成零件加工程序向 CNC 输入和零件加工信息的输出与显示，如在图 1-2 中的 LCD 液晶显示屏、输入键盘和功能按键、U 盘和 RS-232C 总线接口等；

伺服驱动系统——包括伺服驱动器与伺服电动机，它是机床数控系统的执行机构，控制进给伺服电动机和主轴驱动电动机的运动，如图 1-2 中的 X、Z 轴伺服驱动器和伺服电动机、主轴调速变频器和主轴电动机所示，其中伺服驱动器也常称为伺服单元；

机床电气控制装置——由 PLC 和通用机床电气控制电路（继电器-接触器控制电路）组成，完成 M、S、T 等辅助功能代码指令的控制。PLC 一般内置于 CNC 内，专用于执行数控机床的"顺序控制"，I/O 接口单元是 PLC 输入/输出信号接口；

测量反馈装置——也常称测量单元，检测反馈机床运动机械的速度、位置、转矩等信息，完成数控系统的速度和位置的全闭环或半闭环控制。如安装在 X、Z 轴伺服电动机尾部同轴上的位置与速度编码器以及安装在导轨两端的刀架超限行程开关等。

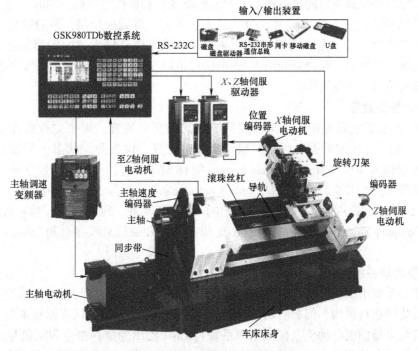

图 1-2　车床数控系统的组成

1.2.2　机床数控系统各部分功能

综上所述，机床数控系统主要由数控装置、输入/输出装置、伺服驱动系统、机床电气控制装置和测量反馈装置 5 大部分或 5 个单元组成，图 1-3 示出了机床数控系统组成的原理框图。

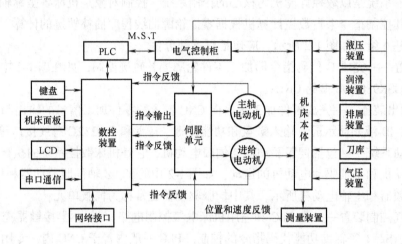

图 1-3　机床数控系统组成各单元原理框图

1. 数控装置

数控装置的核心是数控计算机，由计算机硬件和软件组成，简称 CNC 装置或 CNC 单元。CNC 装置主要作用是根据输入的零件程序和操作指令进行插补运算处理，然后输出位置和速度等控制命令到相应的执行单元，即伺服驱动器和伺服电动机。同时，通过内置 PLC 完成 M（辅助功能）、S（主轴转速）、T（选刀、换刀）等辅助控制，再通过传动机构驱使机床刀架或工作台运动，完成机械零件轮廓加工，即完成机械零件的轮廓轨迹控制。CNC 装置由控制器、运算器、存储器和输入/输出接口电路组成。CNC 装置一般安装在机床正面右侧床头操纵箱内，以便操作。

2. 输入/输出装置

输入/输出装置它是操作人员与数控系统之间的交互装置，用来完成数控加工程序的输入/输出，加工与控制数据、机床参数及坐标轴位置、检测开关状态等数据的输入与显示。手动数据输入面板（Manual Date Input，简称 MDI，包括 NC 输入数字键、功能键及机床操作键等）、机床控制面板（Machine Control panel，简称 MCP）和液晶显示器（Liquid Crystal Display，简称 LCD）是最基本的输入/输出设备，现常做成一体；此外还有 CF 存储卡（Compact Flash，简称 CF 卡）、U 盘和 RS-232C 通信总线接口和 Ethernet 以太网接口等。

3. 伺服驱动系统

伺服驱动系统由伺服驱动器、伺服电动机、传动机械以及位置与速度传感器等组成，是机床数控系统的执行机构。伺服驱动系统分为主轴驱动系统和进给伺服驱动系统，分别控制主轴电动机与进给伺服电动机。伺服驱动系统将 CNC 输出的插补指令弱电信号放大到足够大的功率，驱动并控制相应功率的伺服电动机，通过传动机械以控制机床刀架或工作台，按给定的速度、方向、位移和一定力矩做切削运动。

常用伺服驱动电动机有步进电动机、直流伺服电动机、交流伺服电动机和直线电动机等，当今交流伺服电动机已逐渐取代直流电动机。伺服驱动器一般安装于电气控制柜内，伺服电动机安装于机床上，通过传动机械如齿轮、同步带或滚珠丝杠与机床运动部件如刀架或工作台连接，将电动机旋转运动转变为各坐标进给轴的直线运动。

4. 机床电气控制装置

机床电气控制装置由 PLC（Programmable Logic Controller）和通用机床电气电路（继电器-接触器控制电路）组成。主要完成机床 M（辅助功能）、S（主轴转速）、T（选刀、换刀）等的顺序控制，它们大都是开关动作，而没有轨迹控制上的要求。例如工件的装夹、刀具的更换、润滑与冷却液开关、回参考点及各进给轴超限行程控制、主轴的正反转及准停控制、辅助轴的控制等。机床电气控制装置主要安装于电气柜内。

PLC 是一种以单片机为基础的工业控制计算机，专为在工业环境下的应用而设计，特别适合生产设备的顺序控制，如生产线工件的顺序传送、机床的顺序动作及机器人控制等。当 PLC 用于控制机床顺序动作时，日本 FANUC 公司数控系统习惯称为 PMC（Programmable Machine Controller），本书采用国际通称 PLC。由于 PLC 的使用，大大简化了数控机床电气控制电路。目前普及型机床数控系统多采用了内置 PLC，大型的机床数控系统由于 I/O 点数量大，常用外置的标准 PLC，以方便按需要扩展 I/O 模块。

5. 测量反馈装置

测量反馈装置对数控机床运动部件（刀架或工作台）实际的位置、速度及切削力矩（通过间接检测驱动器的输出电流）进行实时检测并转换成电信号，然后反馈给 CNC 装置或伺服驱动器与指令信号进行比较，以实现位置、速度和力矩的控制。

数控机床上常用检测装置有：光电编码器、光栅、感应同步器、旋转变压器和霍尔传感器等。一般安装于电动机内部尾端同轴上或直接装在传动机械转动轴或运动部件如刀架、工作台上。按有无检测传感器以及传感器的安装位置，机床数控系统分为开环、半闭环及全闭环数控系统。图 1-4 示出了 FANUC 0i-D 数控系统的组成各单元系统连接原理图。

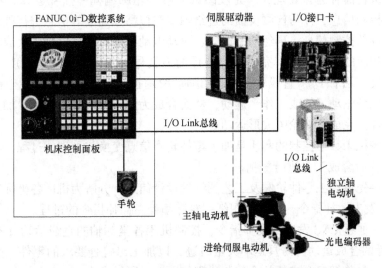

图 1-4　FANUC 0i-D 数控系统组成各单元和系统连接原理图

1.3 机床数字控制原理

1.3.1 数字控制基本原理

机床数控系统控制是怎样利用数字化信息,对机床运动及加工过程进行控制的呢?先来看一段铣削零件轮廓程序包含了哪些信息。设该段程序描述的零件轮廓轨迹是由 P_1 到 P_2 的直线段,如图1-5所示。一个完整的零件加工程序段,除程序段号、程序段结束标记号";"外,其主体部分应该具备6个要素。在图1-5中,必须在程序段中明确以下几点。

——移动的目标是哪里?

——沿着什么样的轨迹移动?

——移动速度要多快?

——切削速度是多少?

——选择哪一把刀移动?

——机床还需要哪些动作?

如对于 P_1P_2 直线轮廓编程的程序段:

N10 G90 G01 X100.0 Y100.0 F100 M03 S300 T01

——移动目标:X100、Y100(终点坐标值);

——移动轨迹:G01(直线插补);

——刀具移动速度:F100;

——主轴转速:S300(对应切削速度);

——选择的刀具:T01(1号刀);

——机床的辅助动作。

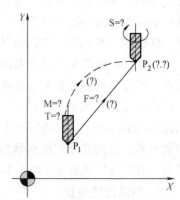

图1-5 零件轮廓直线加工原理图

可见,如果要加工零件 P_1P_2 的直线轮廓,必须完成以下步骤。首先,要将被加工零件的有关信息(几何信息,加工信息等)表示成数字控制装置能接受的零件轮廓编程信息,再输入计算机进行插补运算处理,即完成图纸分解→轮廓编程→插补运算。然后,由CNC发出插补指令控制信息,并与检测反馈的进给轴实时位移和速度等信息进行处理,计算出机床各坐标运动轴的控制信息,再经功率放大、驱动电动机通过传动机械转换成机床各坐标轴的进给运动和相应的主轴运动,完成按照选择的刀具号、各坐标轴移动速度(刀具移动速度)和主轴速度,沿着 P_1P_2 直线轮廓轨迹作随动跟踪控制运动。最终,各坐标轴的伺服电动机通过传动机械驱动刀架或工作台运动,从而合成为刀具运动矢量轨迹,加工出符合设计要求的机械零件,完成零件轮廓成形运动。

因此,数控机床数字控制的实质是加工零件轮廓信息变换与处理的过程,其基本原理可以用"先分解,后合成"来进行概括。

先分解——先将加工零件轮廓及工艺图纸的设计信息,分解为机床各坐标轴的加工编程信息,由CNC发出插补指令,即零件图纸→轮廓编程→插补指令的过程。

后合成——通过CNC发出的插补指令,控制机床各坐标轴的直线运动(有位置与速度反馈),各坐标的合成运动为刀具运动矢量轨迹,以加工出符合要求的零件,完成加工零件轮廓成形运动。先分解后合成的整个控制过程如图1-6所示。

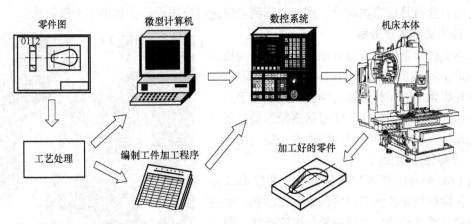

图 1-6　机床数控系统加工控制过程原理框图

1.3.2　刀具轨迹信息的分解

1. 零件表面信息分解

被加工零件表面包括各种曲面、平面或者多种形式的组合，一般这些表面不能通过一次走刀完成加工，需用切削刀具在零件加工表面上按照一定的路径轨迹逐行地进行加工。如何将被加工零件的表面信息分解成一条一条加工路径，这就是数字控制系统要解决的加工路径规划问题，一般在加工前通过数控编程方式来完成，并转化为刀具轨迹，如图 1-7 所示。

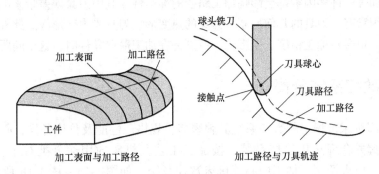

图 1-7　加工路径与刀具轨迹

2. 刀具轨迹信息分解

由于根据加工路径转化成的刀具轨迹仍是一系列复杂的组合曲线，因此还需要进一步将刀具轨迹分解成数控系统能接受并执行的最基本的曲线，包括直线、圆弧、椭圆、抛物线、样条曲线等。主要方法有如下几种。

① 直接分解法——刀具轨迹由简单基本曲线组成，数控系统从程序中直接读取曲线的几何信息，如直线的起点、终点；圆弧的起点、终点、半径等。绝大部分机械零件由直线、圆弧等基本曲线组成。

② 函数逼近法——刀具轨迹可用解析表达式描述，如直线逼近、圆弧逼近。

③ 曲线拟合法——零件表面轮廓复杂，无解析表达式，常用三坐标测量仪测量零件表面或轮廓面的数据点序列，再通过曲线（圆弧、双圆弧、样条曲线）拟合方法，求得基本

曲线类型，这就是反求法设计。用三坐标测量仪进行反求设计，如图 1-8 所示。

3. 基本曲线信息分解

基本曲线信息进一步分解细化为伺服电动机驱动机床进给机构所需的最小运动控制量，即 CNC 对零件轮廓轨迹的插补计算。插补轨迹不同于刀具轨迹，插补轨迹不但包含几何形状路径运动，还规定了完成这一路径的所需时间即速度、加速度。

4. 坐标轴运动合成

由 CNC 插补运算得到插补轨迹，并发出插补指令，传输给机床各坐标轴的伺服驱动器和伺服进给电动机，通过传动机构如齿轮、滚珠丝杠、同步带等驱动刀架或工作台做进给运动，完成按规定曲线矢量合成的插补轨迹。

图 1-8　用三坐标测量仪进行反求设计

5. 刀具轨迹合成

各坐标轴运动合成带动刀具走出预定的刀具轨迹，但为了保证刀具轨迹的准确性，还要采取减小随动控制误差、减小加减速过程的控制误差、减小机床误差如滚珠丝杠全程误差及正反转空回误差等措施。

6. 加工路径合成

当刀具按照合成刀具轨迹运动时，刀具与工件接触点便在工件表面上走出一条实际的加工路径。在实际加工中许多因素都会影响加工路径的准确性，其中刀具误差带来的影响最大。影响刀具误差的因素有：刀具的几何尺寸、刀具的热变形、刀具受力变形等。此外工件在切削力作用下的变形，也会对加工精度产生影响，特别是在加工薄壁零件时，这个问题更加突出。

1.4　机床数控系统分类

目前在我国机床市场上的数控系统品牌繁多，规格、性能及价格各异，必须进行分类才能在总体上掌握并合理选用这些系统。按加工工艺及机床的用途分类有车、铣、钻、冲、磨、镗、折弯、电火切割、加工中心等机床数控系统，如图 1-1a ~ 图 1-1h 所示。按被控机床运动轨迹分类有点位、直线、轮廓（连续轨迹）控制数控系统；按控制器结构分类有硬件数控、计算机数控（单 CPU、多 CPU 系统）；按伺服系统控制环路分类有开环、半闭环、闭环数控系统；按数控系统功能水平分类有低档、中档、高档三类。

1.4.1　按被控机床运动轨迹分类

1. 点位控制数控系统（如图 1-9 所示）

① 仅能实现刀具相对于工件从一点到另一点精确定位运动，而不考虑两点之间的运动路径和方向，即运动轨迹不做控制要求。

② 移动过程中不进行任何加工。

③ 应用范围：数控钻床、数控冲床、

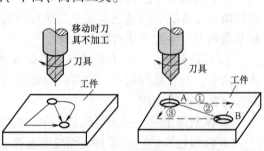

图 1-9　点位控制钻孔加工图

控点焊机。

2. 直线控制数控系统（如图 1-10 所示）

① 刀具和工件在做相对运动时，除了能控制从起点到终点的准确定位外，还要保证平行于坐标轴的直线切削运动。

② 刀具移动过程中，可进行切削。

③ 应用范围：功能简单的数控车床、数控铣床、数控磨床等。

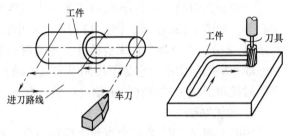

图 1-10　直线控制切削加工

3. 轮廓控制数控系统（如图 1-11 所示）

① 刀具和工件在做相对运动时，能对两个和两个以上机床坐标轴的移动速度和运动轨迹同时进行连续相关的控制，能够进行各种斜线、圆弧、曲线和曲面的加工。

② 移动过程中进行连续切削加工。

③ 应用范围：数控车床、数控铣床、加工中心等用于加工曲线和曲面的机床。

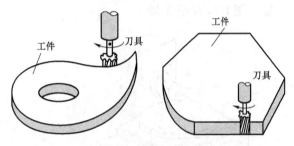

图 1-11　轮廓控制的数控机床加工示意图

1.4.2　按可联动轴数分类

机床数控系统按可联动轴数可分为两轴、三轴、四轴、五轴等联动。由于可联动的坐标轴数不同，所能逼近矢量轨迹曲线的阶数也不同，数控机床加工能力区别很大，数控系统档次相差很大，价格相差也就很大。比如一台两坐标轴联动的普通数控车床价格约在 5～15 万元之间，但一台五坐标轴联动的车削中心可能就要数百万元。注意在数控系统性能参数中，标注的控制轴数与联动轴数的差别。控制轴数中有不参加插补的轴，例如旋转工作台电动机、换刀机械手电动机和自动排屑机电动机等控制。

1. 两轴联动

主要用于数控车床加工旋转曲面或数控铣床加工曲线柱面。如图 1-12a 所示。

2. 两轴半联动

主要用于三轴以上机床的控制，其中两轴可以联动，而另一轴可以作周期性进给，如图 1-12b 所示。

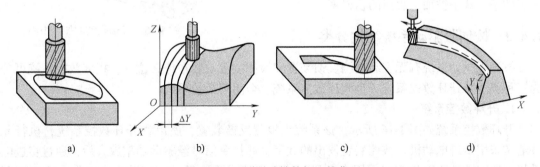

图 1-12　不同联动轴数加工的曲面

a）两轴联动　b）两轴半联动　c）三轴联动　d）用球头铣刀铣削三维空间曲面

3. 三轴联动

一般分为两类，一类是 X、Y、Z 三个直线坐标轴联动，比较多地用于数控铣床和加工中心等，如图 1-12c 所示。图 1-12d 所示为用球头铣刀铣削三维空间曲面。另一类是除了同时控制 X、Y、Z 中两个直线坐标外，还同时控制围绕其中某一直线坐标轴旋转的旋转坐标轴。如车削加工中心，它除了控制纵向（Z 轴）、横向（X 轴）两个直线坐标轴联动外，还需同时控制围绕 Z 轴旋转的主轴（C 轴）联动。

4. 四轴联动

同时控制 X、Y、Z 三个直线坐标轴与某一旋转坐标轴联动。图 1-13、图 1-14 所示的为同时控制 X、Y、Z 三个直线坐标轴与一个工作台回转轴联动的数控机床。其中图 1-13 是绕 Y 轴，图 1-14 是绕 X 轴。

图 1-13　四轴联动的数控机床

图 1-14　VMC 0850B 四轴联动（带一个旋转工作台）的立式加工中心

5. 五轴联动

除同时控制 X、Y、Z 三个直线坐标轴联动外，还同时控制围绕这些直线坐标轴旋转的 A、B、C 坐标轴中的两个坐标轴，形成同时控制五个轴联动。这时刀具可以被定在空间的任意方向，如图 1-15 所示。例如控制刀具同时绕 X 轴和 Y 轴两个方向摆动，使得刀具在其切削点上始终保持与被加工的轮廓曲面成法线方向，以保证被加工曲面的光滑性，提高其加工精度和加工效率，减小被加工表面的粗糙度。

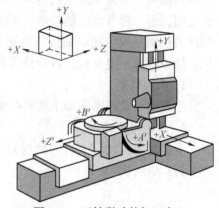

图 1-15　五轴联动的加工中心

1.4.3　按伺服驱动系统结构分类

按伺服驱动系统有无安装检测反馈装置和检测装置安装在什么位置，机床数控系统可分为三种类型：开环数控系统、半闭环数控系统、全闭环数控系统。

1. 开环数控系统

开环数控系统如图 1-16 所示，该系统无检测反馈装置，所以称开环数控系统，执行元件通常采用步进电动机。数控装置发出的数字脉冲指令信号经驱动功率放大后，通过步进电动机或数字脉冲驱动的交流伺服电动机、传动齿轮或滚珠丝杠等带动机床工作台或刀架移动。机床工作台或刀架的位移、速度和方向，分别由进给脉冲的个数 n、脉冲的频率 f 及控制电动机定子绕组各相轮流通电次序的驱动脉冲方向信号 DIR 决定。开环数控系统信号的流程单向，无反馈闭环回路，结构简单、成本低、调试简单，但精度和速度受到限制。常见数控系统有 SINUMERIC 802S、808D 和国产广州数控的 GSK982，北京凯恩帝 KND100 等产品。其中 808D 系统配套数字脉冲驱动的交流伺服电动机属高级经济型系统，精度及性能已属普及型接近中档的数控系统了。开环数控系统多用于经济型数控机床中，如经济型数控车床、线切割机床、数控磨床等。

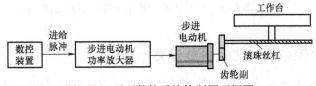

图 1-16　开环数控系统控制原理框图

2. 半闭环数控系统

半闭环数控系统如图 1-17 所示，该系统有检测反馈装置，执行元件为交、直流伺服电动机，通常将光电编码器安装在伺服电动机的同轴端或滚珠丝杠端部，用来检测电动机或丝杠转角。该转角与滚珠丝杠螺距即导程相结合，间接测量出工作台或刀架的位移并反馈至数控装置中，再与程序插补指令值相比较，其偏差值经 PID 校正运算后，送至伺服驱动器进行功率放大，然后通过电动机驱动机床工作台或刀架运动。由于位置传感器是装在与电动机的同轴上，是间接反映机械位移，并未包括后续传动机械元件的误差和热误差在内。

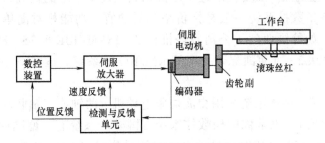

图 1-17　半闭环数控系统控制原理框图

半闭环数控系统较开环系统精度高、稳定性高、调试方便。常见国外系统有 FANUC 0i-C/D、FANUC 0i Mate-C/D，SINUMERIC 802C、802D、828D 等，国产系统有北京凯恩蒂数控公司的 KND-100Ti/Mi-D 系统、华中数控公司的世纪星 HNC-21/22 系统等，适用于普及型和中档的数控车、铣、磨、镗机床及加工中心等，是国内目前应用最广泛的数控系统。

3. 全闭环数控系统

全闭环数控系统如图 1-18 所示，该系统有检测反馈装置，执行元件为交、直流伺服电动机，采用直接测量检测装置如光栅尺、光电编码器。该传感器安装在直线移动工作台或旋转工作台上，可以直接精密检测出机床工作台位移的实际位置，并反馈到数控装置中。由于可以消除后续传动机械环节所产生的几何误差和热误差，因此精度比开环、半闭环系统高。全闭环数控系统结构复杂、成本高、调试维修困难，主要用于高速、高精度的加工中心、车削中心、柔性加工单元及五轴联动以上数控铣床、仿形铣床等。典型数控系统有 FANUC 16i/18i/21i、30i/31i/32i 系列数控系统，SINUMERIC 840D 系列数控系统和 MAZARK 640 数控系统等。

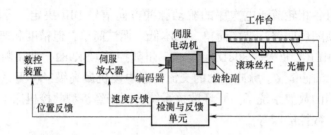

图 1-18　全半闭环数控系统控制原理框图

1.4.4　按机床数控系统的性能水平分类

按机床数控系统的性能水平不同，通常把数控系统分为低、中、高三档，这种分类方式在我国用得较多。低、中、高三档的界限是相对的，不同时期划分的标准也会不同。就目前的发展水平看，中、高档一般称为全功能数控。也有人把用量大、性能水平介于中低档之间、价格适中的系统，称为普及型数控系统。此外，在我国曾有经济型数控的提法，经济型数控属于低档数控系统。

经济型数控系统——这是我国在机床数控发展初期一个特有的称呼，一般指由单片机控制的步进电动机系统。该系统是无位置反馈传感器的开环控制系统，控制精度不高（例如≥0.01mm），价格也较便宜，多用在低档数控车、铣床、线切割机床、磨床以及旧机床改造上，这种系统目前已淘汰。随着我国近年来机床数控技术水平的提高，以及对价格性能比认识的改变，经济型数控系统一般是指价格相对便宜、功能相对简单、精度能满足简单零件加工的系统，如德国西门子公司曾经推出的 SINUMERIK 802S、802C 系统和国产广州数控公司的 GSK982、北京凯恩帝公司的 KND100 等系统。显然不一定以开环、闭环作衡量标准了。

普及型数控系统——该系统采用交流伺服电动机、两轴或三轴联动、半闭环控制（电动机内装位置编码器），也常称中档数控系统。国外产系统有：德国西门子公司的 SINU-MERIK 808D、808D ADVANCED 系统；日本发那科公司的 FANUC 0i-D/0i-MateD 系统；日本三菱公司的 E68、M70 等。国产系统有：华中数控公司的 HNC-8A/8B、HNC-210A/B 和广州数控公司 GSK 218M 等系统，它们均在完善和改进之中。

高档型数控系统——该系统采用交流伺服电动机或直线电动机、电主轴电动机等，三轴以上联动，全闭环控制。如德国西门子公司的 SINUMERIK 828D、840D 系统、日本 FANUC 公司的 16i/18i/21i 和 30i/31i/32i 等，它们大多采用了高精度插补计算，如 80 位浮点计算、伺服高速矢量控制、具有纳米插补性能的数控系统。我国高端数控系统亦已在起步，如华中数控公司的 8 系统和广州数控公司的 25i 系统。

1.5　数控计算机组成结构和工作流程

1.5.1　数控计算机组成结构概述

由前所述，机床数控系统是以计算机为核心的数控计算机系统，简称 CNC。该系统由硬件和软件两大部分组成，硬件主要以计算机为核心，包括执行单元和检测单元，提供接收加工程序和控制机床动作的物理手段；软件是指在计算机中运行的程序，进行零件轮廓插补运算、系统管理、协调各硬件工作，控制机床按要求自动进行加工。图1-19示出了数控计算机系统的硬件结构原理框图。

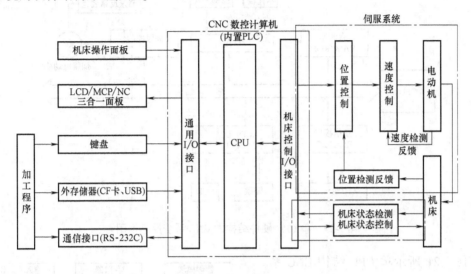

图1-19 数控计算机系统的硬件结构原理框图

1.5.2 数控计算机硬件结构

1. 数控计算机外部硬件构成

数控计算机主要控制对象是机床坐标轴的位移，包括移动速度、方向和位置等，其控制指令来自CNC的数控加工程序。因此，作为CNC最基本的组成，以西门子840D数控系统为例，其外部硬件构成如图1-20所示，包括：数控计算机/手动数据输入面板/显示器合一结构（NC/MDP/LCD）、内置或外置PLC、机床操作面板、主轴与进给伺服驱动器及电动机、位移和速度等传感器、PLC的输入/输出接口、机床电气控制装置和网络接口等。

2. 数控计算机内部硬件构成

数控计算机内部硬件主要由半导体集成电路构成的电路板构成，一般可分为单CPU结

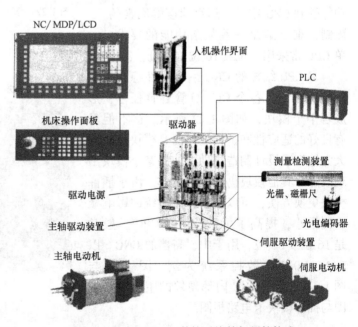

图1-20 西门子840D数控系统外部硬件构成

构和多 CPU 结构两大类。单 CPU 硬件结构原理框图见图 1-21，多 CPU 硬件结构原理框图见图 1-22。

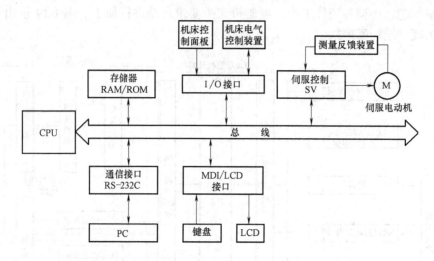

图 1-21　单 CPU 硬件结构的 CNC 系统原理框图

　　如图 1-21 所示单 CPU 结构 CNC 系统的特点是：系统的所有功能包括插补计算、PLC 控制、系统操作、管理与监控等都是通过一个 CPU 进行集中控制、分时处理来实现的。该 CPU 通过总线与存储器和各种接口电路相连，结构简单、易于实现。但由于只有一个 CPU，系统功能受到 CPU 字长、运算速度等因素的限制，难以满足一些复杂功能的要求。单 CPU 常采用 8 位或 16 位单片机，常用于普及型 CNC。

　　多 CPU 结构的 CNC 系统硬件特点是结构模块化，由各个 CPU 分管各自任务，形成若干个模块，如图 1-22 所示。这不但具有良好的适应性和扩展性，而且模块化设计大大缩短了设计制造周期。如果某个模块出现故障，其他模块仍能正常工作。由于插件模块更换方便，可以使故障对系统的影响减少到最小，提高了可靠性。多 CPU 一般常是 16 位或 32 位，用于中、高档的 CNC。以 FANUC 0i-MC 数控系统为例，图 1-23 与图 1-24 示出了 CNC 内部硬件的主板电路板图与插件模块卡电路板图。

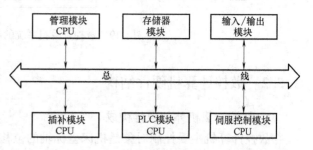

图 1-22　多 CPU 硬件结构的 CNC 系统原理框图

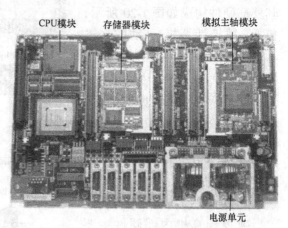

图 1-23　FANUC 0i-MC 的主板图

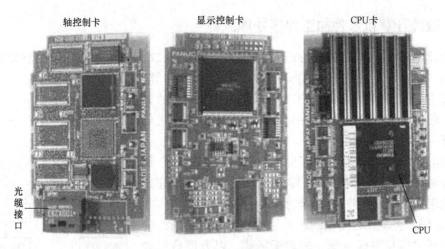

图 1-24　FANUC 0i-MC 插件模块卡板图

1.5.3　数控计算机软件结构

　　CNC 数控计算机系统软件一般包括管理软件和控制软件两大部分，如图 1-25 所示。管理软件即后台程序，包括输入、诊断、显示、I/O 处理等；而控制软件即前台程序，包括插补计算及插补前的预处理（如译码、刀具补偿、速度处理等），位置控制及机床顺序逻辑控制等，是实时性很强的软件。在多 CPU 的 CNC 系统中，各 CPU 分别承担一定任务，它们之间的通信是依靠共享总线和共享存储器进行协调的。无论何种类型结构，CNC 软件结构都具有多任务并行处理和多重实时中断的特点。在许多情况下，前后台工作必须同时进行，即并行处理。例如当 CNC 在加工控制时，为了使操作人员能及时地了解 CNC 系统的工作状态，管理软件中的显示模块必须与控制软件同时运行。再如当 CNC 系统工作在 NC 加工方式时，管理软件中的零件程序输入模块必须与控制软件同时运行。CNC 系统的这些子软件并不是完全独立的，很多情况下它们必须交叉运行，如图 1-26 所示。

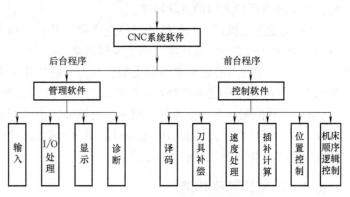

图 1-25　CNC 系统软件结构原理框图

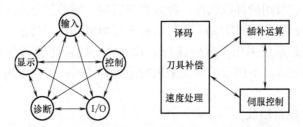

图 1-26　CNC 系统多任务并行处理关系图

1.5.4 数控计算机零件加工程序处理流程

数控计算机零件加工程序的处理工作流程，如图1-27所示。该流程就是在硬件支持下执行软件的过程，包括输入、译码、预处理、插补计算、伺服控制和PLC处理。零件加工程序段在CNC内部的处理，可以归结为六个步骤：输入→译码→刀具补偿→进给速度处理→插补运算→位置控制。

1）输入 通过键盘、CF存储卡、U盘或RS-232C通信总线等输入装置，将零件程序输入到CNC装置。并完成无效代码删除、代码校验和代码转换。

2）译码 将零件程序中的零件轮廓信息、进给速度信息和辅助开关信息翻译成统一的数据格式，以方便后续处理程序的分析、计算。在译码过程中，还要对程序段进行语法诊断检查。

3）刀具补偿 将编程轮廓轨迹转化为刀具中心轨迹，以保证刀具按其中心轨迹移动，能加工出所要求的零件轮廓，并实现程序段之间的自动转接。

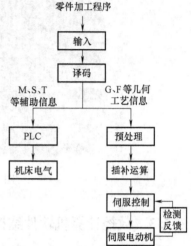

图1-27 零件程序处理工作流程

4）进给速度处理 根据编程进给速度确定脉冲源频率和每次插补的位移增量，以保证各坐标轴方向运动的合成速度，满足编程速度的要求。

5）插补运算 在已知曲线的类型、起点与终点坐标及进给速度、精度等条件下，在曲线的起点与终点坐标之间再补足中间点的过程，即"数据点的密集化"的过程。

6）位置控制 在每个插补周期内，将插补输出的指令位置与机床各坐标轴运动的实际位置进行实时比较，并用差值的增益自动调节伺服电动机运动的转角和转速，通过传动机械精确控制刀具相对于工件的运动位置。

1.5.5 数控计算机功能

1. 基本功能

（1）插补功能（插补联动轴数）

插补功能是指CNC通过软件对各种曲线轨迹进行插补运算的功能，实现刀具运动轨迹控制，如直线插补、圆弧插补和其他二次曲线与多坐标高次曲线插补。插补的曲线阶次越高，要求的插补联动轴数将越多，数控系统就越复杂，价格也高得多。

插补计算实时性要求很强，CNC装置插补计算速度要能同时满足机床坐标轴对进给速度和分辨率的要求。它可用硬件或软件两种方式来实现，硬件插补方式比软件插补方式速度快，如日本FANUC公司就曾采用DDA硬件插补专用集成芯片。目前，由于微处理器的位数和频率的提高，大部分系统采用了软件插补方式，并把插补功能划分为粗插补、精插补两步，以满足其实时性要求。不同数控系统采用的插补算法不同，目前流行的数控系统多采用采样插补算法。

（2）控制功能（控制轴数）

控制功能主要反映CNC装置能够控制的轴数和插补联动控制的轴数。控制轴数包括移动轴、回转轴以及附加轴。联动轴数可以完成轮廓曲线插补轨迹加工,普通数控车床只需两轴控制,两轴联动;一般铣床需要三轴控制,三轴联动或两轴半联动;一般加工中心为三轴以上联动和多轴控制。控制轴数越多,特别是插补联动轴数越多,CNC 的功能就越强,CNC 装置就越复杂。

(3)准备功能(G 功能)

准备功能也称 G 功能,用 G 和其后两位数字组成(现有些国家数控系统增加了新功能,也可到三位数),它是用来为机床准备建立某种加工运动方式的指令,如规定刀具和工件的相对运动轨迹、机床坐标系、坐标平面、刀具补偿、坐标偏置、返回参考点、固定循环、公英制转换等多种操作。如 G01 代表直线插补,G02 代表顺圆插补,G03 代表逆圆插补,G17 代表 X-Y 平面联动,G42 代表刀具半径右补偿等。

ISO 标准中规定准备功能有 G00 ~ G99 共 100 种,各型数控系统可从中选用,目前许多数控系统已用到超过 G99 以外的代码,如西门子系统中用 G158 表示可编程零点的偏置。无论国内、国外系统并未完全遵守 ISO 标准,除 G00 ~ G04、G17 ~ G19、G40 ~ G42、G54 ~ G59 的含义基本相同外,其他标准化均较低。例如在 SIEMENS 802S 系统中转进给是 G95,而在 FANUC 0i-TC 系统中则是 G99,编程时一定要熟悉所用数控系统的代码表,切不可犯经验主义错误!

(4)主轴功能(S 功能)

主轴功能是指主轴转速的功能,用字母 S 和 2 ~ 4 位数字表示。有恒转速(r/min)和表面恒线速(m/min)两种运转方式。主轴转速单位为 r/min,如 S300 表示主轴转速为 300r/min。在指令 G96 中 S 作恒线速度 m/min。用恒线速度控制数控车床或磨床来加工工件端面、锥面时,由于 X 坐标值不断变化,当刀具逐渐接近工件的旋转中心时,主轴转速会越来越高,工件有从卡盘上飞出的危险,为防事故发生,必须使用 G96 恒线速度控制指令,以限定主轴最高转速。例如程序段 N20 G96 S120 LIMS = 2000,表示恒线速度 120m/min 生效,转速上限被限制在 2000r/min。主轴旋转方向用 M3、M4 指定,M3 为主轴正转,M4 为主轴反转,M5 为主轴停转。主轴运行指令应在坐标轴运行前生效,而要使坐标轴运行,必须先启动主轴。如 M5 主轴停转指令与坐标轴运行指令在同一程序段,则坐标轴运行结束后主轴才停止。

(5)进给功能(F 功能)

进给功能 F 指令指定进给速度,由地址 F 和其后面的数字组成。它反映了刀具进给速度,一般用 F 代码直接指定各轴的进给速度。主要有以下几种类型。

① 切削进给速度——分进给(G94,铣床开机默认)。一般进给量为 1 mm/min ~ 24 m/min。在选用系统时,该指标应和坐标轴移动的分辨率结合起来考虑,如 24 m/min 速度是在分辨率为 1μm 时达到的。

② 同步进给速度——转进给(G99,FANUC 系统数控车床开机默认)。它是指进给轴每转的进给量,单位为 mm/r。只有主轴上装有位置和速度传感器(一般为光电编码器)的机床才能指定同步进给速度。

③ 快移进给速度——进给速度的最高速度,它通过 G00 指令进行参数设定与执行。

④ 进给速度倍率修调——在操作面板上设置了进给倍率开关,倍率一般可在 0 ~ 120% 之间变化,每档间隔 10%。用倍率开关修改程序就可改变进给速度。

（6）刀具功能（T、D、H功能）

刀具功能包括选择的刀具数量和种类、刀具的编码方式和自动换刀的方式。用字母 T 和后续 2~4 位数字来表示。D 是刀具半径补偿，H 是刀具长度补偿，对应一个指定的切削刃。

（7）辅助功能（M功能）

M 功能是数控加工中不可缺少的辅助操作，一般有 M00~M99 共 100 种，表 1-1 列出了部分 M 代码及功能。M 代码用来指定主轴的启/停、正/反转，切削液开关，刀库的自动换刀等，属于开关量控制，多用 CNC 内置或外装的 PLC 控制实现。除 M00~M05、M08~M09、M30 等指令外，各公司 M 代码功能差别很大。常用 M 代码功能简表，见表 1-1。这里要指出的是，M、S、T 功能一般由 CNC 里内置的 PLC 控制，用 I/O 接口单元与电气柜、机床操作面板和机床侧开关信号通信。而 G 代码则由 CNC 控制。

表 1-1　M 部分代码及功能表

代　码	功能说明	代　码	功能说明
M00	程序停止	M03	主轴正转起动
M01	选择停止	M04	主轴反转起动
M02	程序结束	M05	主轴停止转动
M30	程序结束并返回程序起点	M06	换刀
M98	调用子程序	M07	切削液打开
M99	子序结束	M09	切削液停止

（8）图形显示功能

目前 CNC 一般都配置不同尺寸的 LCD 彩色液晶显示器，通过软件和接口实现字符和图形显示。可以显示程序、机床参数、各种补偿量、坐标位置、故障信息、人机对话编程菜单、零件图形、动态刀具模拟轨迹等。与以前的 CRT 阴极射线管显示器相比，LCD 显示器尺寸大大缩小，这有利于 CNC 小型化。

（9）自诊断功能

CNC 装置中设置了各种诊断程序，可以防止故障的发生或扩大。不同的 CNC 装置设置的诊断程序不同，在系统运行过程中进行检查和诊断，有故障时发报警代码提示信号。各厂商都提供报警代码表，维修人员可根据此表查找故障部位，还有的 CNC 装置能够进行远程通信诊断。

2. 通信功能

CNC 装置多设置若干通信接口，通过各种通信总线与系统内各设备或外界进行信息和数据的交换。目前常用的通信总线主要有如下几种。

（1）RS-232C 串行异步通信总线

CNC 采用专用电缆通过 RS-232 接口与上位计算机进行串行异步通信，传送零件加工程序与机床设置参数等信息。有的 CNC 还备有 DNC（Direct Numerical Control）接口，以利于实现上位计算机对 CNC 直接控制。一般用于具有较长程序的复杂零件和模具加工，一边传送程序，一边加工。

（2）Profibus 工业现场总线

Profibus 工业现场总线适用于工业现场，是串行异步通信方式。西门子 802D、828D、840D 等系统常将该总线用于 CNC 与进给伺服驱动器、主轴驱动器、操作面板、外部 I/O 接口等外部设备的连接，依照优先、分时、串行通信规则，传送 CNC 的数字控制指令和位置、速度等检测反馈信号。

（3）FSSB 高速串行通信总线

FSSB（FANUC Serial Servo Bus）串行伺服总线（光缆），是串行异步通信方式。该总线是 FANUC 0i-C/D 系统专用于伺服的通信总线，解决 CNC 与伺服驱动器之间数字信号传输问题。

（4）I/O Link 串行通信总线

FANUC 0i-C/D 等数控系统，用此总线解决 CNC 与外部 I/O 接口单元和辅助轴伺服驱动器设备的连接与信号传输问题，还用于 CNC 与串行主轴驱动器的连接与信号传输。

（5）以太网接口（Ethernet）

更高档的 CNC 装置还设有以太网接口（Ethernet），将 MAP 制造自动化协议与工厂管理系统连接起来，进入工厂通信网络，以适应 FMS、FA、CIMS 等现代制造系统的需求。

以上各通信总线，将 CNC 系统的数控计算机作为主站的设备与作为从站的外部设备如机床控制面板、伺服驱动器、I/O 接口检测与反馈装置等设备连接起来，完成数据信息交换。通信介质常用光缆，以简化安装与接线并提高抗干扰性能，这是目前各国先进数控系统发展的新潮流。图 1-28 示出了西门子 802D 系统用 Profibus 总线连接 CNC 与伺服驱动器、I/O 接口单元等设备的示意图。

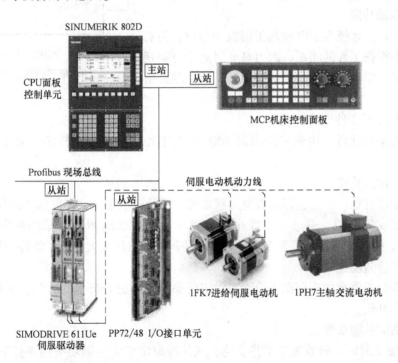

图 1-28　802D 用 Profibus 总线连接 CNC 与伺服驱动器、I/O 接口单元等设备示意图

3. 人机对话编程功能

人机对话编程功能不但有助于编制复杂零件的程序，而且可以方便编程。如蓝图编程只

要输入图样上表示几何尺寸的简单命令，就能自动生成加工程序；对话式编程可根据引导图和说明进行示教编程，并具有工序、刀具、切削条件等自动选择的智能功能。

4. 其他功能

（1）模拟加工功能

在机床坐标轴不动情况下，在显示器上进行加工过程图形模拟，以优化程序，检查加工运动和换刀过程中有无碰撞干涉情况。但不能进行分析工艺过程和确定工艺参数如切削量、切削速度等，还需试切来分析。

（2）监测和诊断功能

保证机床加工安全运行，避免机床、工件和刀具碰撞。西门子 840D、海德海因 iT-NC530 数控系统均有防碰撞监测功能。机床部件如相距小于 14mm 就预警，小于 8mm 就报警。

（3）C_s 轴控制功能

C_s 轴控制又称"C_s 轴轮廓控制"，是一种可以实现主轴完全位置控制的 CNC 选择功能，使主轴除速度控制外还能参与坐标轴的插补控制功能。如图 1-29 所示的车削加工中心，利用 C_s 轴功能进行端面铣削加工，这就要求很高角度分辨率，速度很低的主轴回转运动，并能与 X、Z 轴做插补运动。如图 1-29 所示。

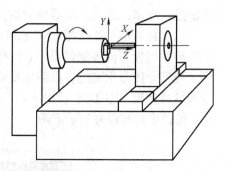

图 1-29　车削加工中心利用 C_s 轴功能进行端面铣削加工

（4）虚拟轴功能

解决五轴以上系统在断电或加工因故中断时，刀具如何退出而不损伤工件的问题。因刀具此时处于空间任意刀具轴位置，需设此时刀具轴为虚拟轴，沿此轴进退不损伤工件。

（5）DXF 图形文件支持功能

通过自动编程软件，生成三维图形 DXF 格式工程文件，再用转换工具生成对话格式程序。

（6）循环加工功能

铣加工循环有钻、扩、镗以及典型形状如圆、槽的铣削加工，车削加工循环有粗车、精车、沟槽、螺纹等加工，通过用宏程序或设置变量参数来编制加工循环程序。西门子与FANUC 公司数控系统都设计了很多这样的循环子程序，从而大大简化了零件编程。

（7）测量检验功能

采用非接触式测量如应用激光干涉或对切削噪声频率进行分析的方法，测量刀具磨损，自动进行刀具补偿。

（8）自适应控制功能

① 优化加工时间。随着加工工艺变化，在保持原定最大主轴功率的条件下，自动变化进给速率，以缩短加工时间。

② 刀具监控。随着刀具变钝，主轴切削功率会增加，进给速率自动降低。

③ 降低机床磨损。当超过最高允许主轴功率时，自动降低进给速率，以防刀具断裂或磨损。

1.6 机床数控系统的应用与发展

1. 国外机床数控系统的发展

从 1952 年美国麻省理工学院研制出第一台试验性机床数控系统，到现在已经历了半个多世纪。数控系统由当初的电子管式起步，经历了分立式晶体管式、小规模集成电路式、大规模集成电路式、小型计算机式、超大规模集成电路式、微机式的数控系统几个发展阶段。

美国于 1952 年研制出第一台电子管电路的数控系统——三坐标数控铣床，出现了第一代数控系统。1959 年美国用晶体管电路制造出第一台加工中心（MC），实现了多工序一次性加工，进入第二代数控系统。1965 年英国首先应用小规模集成电路计算机研制成功 FMS 柔性制造系统，实现了几台数控机床同时加工，这是第三代数控系统。1970 年小型计算机用作数控系统核心部件，进入了第四代的计算机数控（CNC）阶段。1974 ~ 1990 年为第五代，采用微处理器组成计算机数控系统，极大地促进了数控系统向着规模更大、层次更高的生产自动化系统发展，如 FMC 柔性制造单元、CIMS 计算机集成制造系统、FA 自动化工厂等。1990 年至今发展了第六代数控系统。它是以 PC 为平台，利用 PC 丰富的软、硬件资源，开发了开放式体系结构的新一代数控系统。该新型系统有更好的通用性、适用性、柔性和可扩展性等，并且容易实现智能化、网络化。

当今，机床数控系统技术的总体发展趋势是：数控装置由数字电路控制装置向计算机数控装置发展，广泛采用 32 位 CPU 组成多微处理器系统；CNC 的核心 NCK 数字控制中央单元、MDA 手动数据输入面板和 LCD 液晶显示器一体化，设计为超薄型结构，以提高系统的集成度，缩小体积；采用模块化结构，便于灵活组合、扩展和功能升级，以满足不同类型数控机床的需要；驱动装置向交流、数字化、高速矢量控制、纳米插补方向发展；CNC 装置向人工智能化方向发展、采用新型的自动编程系统以及网络通信功能以提高可靠性等。特别是许多数控系统制造商利用 PC 丰富的软、硬件资源和海量数据的处理能力，开发了"开放式体系结构"的新一代数控系统。开放式体系结构使数控系统有了更好的通用性、适应性和可扩展性，并容易实现系统的智能化、网络化。按开放式体系结构设计的新一代数控系统，其硬件、软件和总线规范都是对外开放的，数控系统制造商、机床制造厂和用户可以根据这些开放资源进行系统集成、灵活配置，从而促进了数控系统多档次、多品种的开发和应用，大大缩短了开发周期。

随着计算机技术、高精度传感器检测技术、高速高平滑矢量控制的交流伺服技术以及信息与网络技术、模糊识别与模糊控制技术等的提高，机床数控系统正在向着开放式软型数控、高速与高可靠性、复合型与多轴联动、网络化与智能化等方面快速发展。新一代数控系统技术水平的大大提高，既促进了数控机床产业的蓬勃发展，也促进了现代制造技术的迅速发展，现代制造业正在迎来一场新的技术革命。

2. 我国机床数控系统的发展

我国从 1958 年开始起步研制数控机床，由清华大学与北京第一机床厂联合研制了第一台点位控制的数控机床。20 世纪 60 年代末期，我国开始开发开环的步进电动机数控系统。至 20 世纪 70 代中后期，有多个大学、研究所与企业合作研制了分立元件的数控装置与数控机床，但终因我国元器件水平与制造工艺落后等原因，造成产品不可靠而未能跟上世界发展的步伐。

20 世纪 70 年代末至 80 年代中期，为跟上世界机床数控技术的发展，当时的北京机床研究所开始批量引进日本 FANUC 公司的 FS5/FS7/FS3/FS6 系列数控系统以及配套的直流伺服系统与直流电动机，中国机床数控系统开始有了长足的发展。

20 世纪 80 年代中期至 90 年代中期，我国掀起了技术引进与国产化的热潮，建立了被人们称为"三大三小"的数控系统生产基地。三大指的是北京机床研究所引进的 FANUC 6/3 系统；528 厂/5308 厂/兰州电机厂联合引进的西门子 SINUMARIC 3 系统（后期又引进了 SINUMARIC 810 系统）、6SC650/6SC610 系列的交流伺服系统、1PH5/1PH6 型主轴交流电动机与 1FT5 型永磁同步电动机的成套制造技术；北京航空航天部第 706 研究所所以自主研发制造为主的三大生产基地。三小指的是辽宁精京仪器厂引进的美国 DANIPASH 10/20M 系统；上海机床研究所引进的西班牙 FAGOR 8020 系统以及南京微分电动机厂大方公司为首的国产步进电动机开环系统的三小生产基地。这三大三小生产基地都曾推出消化吸收引进技术的国产化系列产品，占有国产数控系统一席之地，对推动国内数控机床的发展做出了一定贡献。但是由于当时国内基础工业特别是电子工业基础薄弱，国产化进程困难重重，一些关键元器件仍需进口。因受到外国制造商的限制，所以成本过高，可靠性也赶不上国外系统，后来又遇上 90 年代中期开始的经济紧缩，大量拖欠的货款收不回，这些生产基地也就难以为继了。

21 世纪初至今，由于改革开放后中国的基础工业特别是电子工业快速的发展，尤其是在数控计算机技术、伺服控制与电动机技术、传感器检测技术等基础研究与制造技术有了长足的进步，加上前期多年发展的技术储备，国产数控系统正在逐步发展和壮大。主要有：广州数控设备公司的 GSK 980 等系统、北京凯恩帝数控公司的 KND 100/1000 等系统和华中数控股份有限公司的世纪星 HNC-21/22 等系统，现多为经济型或普及型数控系统，均已形成规模生产的态势。目前在国家的大力支持下，正向中、高档数控系统领域进军，努力改变国内机床数控系统市场长期为国外系统垄断的局面。例如：广数的 GSK 25i 机床数控系统，该系统为多轴联动功能齐全的高档数控系统，可控制六个轴，五轴联动，采用开放式体系结构和接口，配套功能强大的上位机软件，具有高达 2000 段的前瞻及轨迹平滑处理能力和 0.5ms 插补周期，可在 5000mm/min 进给速度下运行微小线段插补程序，实现高速高精加工；华中数控的世纪星 8 系统系列 HNC-8A/8B T/M 机床数控系统，该系统为全数字总线式高档数控装置，采用模块化、开放式体系结构，基于具有自主知识产权的 NCUC（NC Union of China Field Bus，中国数控总线联盟）工业现场总线技术。支持总线式全数字伺服驱动单元和内装绝对编码器式伺服电动机，支持 CF 卡、USB、以太网等程序扩展和数据交换功能。

3. 我国机床数控系统的应用简况

由于我国数控系统制造水平长期处于落后状态，形成了在我国数控机床行业中占据主导地位的多是国外系统的局面。日本发那科（FANUC）公司和德国西门子（SIEMENS）公司等国外制造商品牌的数控系统，占据了我国大约 80% 的市场。目前应用的主要有以下系统：

➢ 德国西门子（SIEMENS）公司——SINUMERIK 802D、808D、828D、840D 等；

➢ 日本发那科（FANUC）公司——FANUC 0i-C/D、0i-Mate C/D，16i/18i/21i 等；

➢ 德国海德汉因（HEIDENHAIN）公司——M50/M60 等；

➢ 日本三菱（MITSUBISHI）公司——E68、M70、M700V 等；

➢ 西班牙发格（FAGOR）公司——CNC 8025、8055 等；

➢ 日本安川（YASKAWA）公司——J50/J100/J300 等。

为了彻底改变我国机床数控系统与高端数控机械产品的落后局面，国家在"十二五"规划中已明确将自主创新推动国产高端产品的进步与市场应用作为主要发展战略方向。通过自主研发原始创新、引进技术消化吸收再创新、集成现有技术创新等方式，实现关键技术突破和产业升级。加强关键技术、共性技术的研究，力争在基础和共性技术如高速高精度运动控制技术、动态综合补偿技术、多轴联动和复合加工技术、可靠性技术、智能化技术、高精度直线驱动技术等有所突破，提高产品开发技术水平。

自 2009 年起我国已开始实施"高档数控机床与基础制造装备"国家科技重大专项计划，拟到 2020 年实现航空航天、船舶、汽车、发电设备制造所需要的高档数控机床与基础制造装备的 70% ~80% 立足国内，目前部分项目已经取得阶段性成果。这将推动我国高档数控机床与数控系统向更深层次发展，迅速改变外国品牌数控系统长期垄断中国市场的局面。

小　结

机床数控技术是用坐标位移、切削参数等数字信息构成的零件加工程序，对机床的工作过程实施控制的一门技术。机床数控系统是指采用数字控制技术，实现机床自动控制的硬件与软件的一整套设备和装置，包括数控计算机、伺服执行系统、传感器检测反馈装置等，用数字化信息对机床运动及其加工过程进行控制的一种自动控制系统。

数控系统一般由输入/输出装置、数控装置、伺服驱动系统、机床电气控制装置、测量反馈装置五个部分组成。

数控机床数字控制的实质是对零件轮廓信息进行变换与处理的过程，其基本原理可以用"先分解，后合成"来进行概括。

机床数控系统按被控机床运动轨迹分：点位、直线、轮廓（连续轨迹）控制数控系统；按控制器结构分：硬件数控系统、计算机数控系统；按伺服系统控制环路分：开环、半闭环、闭环数控系统；按数控系统功能水平分：高、中、低档三类；按加工工艺及机床的用途分：车、铣、钻、冲、磨、镗、折弯、电火花、线切割、加工中心等机床数控系统。

CNC 数控系统由硬件和软件两大部分组成，硬件主要以计算机为核心，包括执行单元和检测单元，提供接收加工程序和控制机床动作的物理手段；软件是指在计算机中运行的程序，进行零件轮廓插补运算、系统管理、协调各硬件工作，从而控制机床按要求自动加工。数控计算机对零件加工程序处理的工作流程可以归纳为六个步骤：输入→译码→刀具补偿→进给速度处理→插补运算→位置控制。

数控计算机的功能有基本功能（G、M、S、T 等）；通信功能（有 RS-232C、Profibus、FSSB 及 I/O Link 等异步通信总线，连接 CNC 和操作面板、伺服系统、机床侧 I/O 开关信号等，传输控制信息与数据；人机对话编程功能和一些其他功能等。此外，本章还简述了机床数控系统现状与技术发展趋势等。

习　题

1. 什么是机床数控系统？以数控车床为例，指出机床数控系统由哪几部分组成，各部分有何作用（画图说明）。
2. 开环、半闭环、闭环控制系统各有什么特点（画图说明）？
3. 什么是点位、直线、轮廓控制数控系统，各有哪些特点（画图说明）？
4. 简述数控计算机对零件程序处理过程，画出处理流程图。
5. 简要说明机床数控系统有哪些基本功能。

第2章　数控计算机装置工作原理

教学重点

本章主要介绍数控计算机装置（简称 CNC）的工作原理，包括数控加工程序的输入、译码、诊断、刀具补偿和进给速度等预处理，以及零件轮廓插补原理（脉冲增量插补法和数据采样插补法）等内容。通过本章学习，应熟悉数控加工程序的预处理过程，掌握刀具补偿原理和轮廓插补原理以及计算方法。

2.1　数控加工程序输入

数控机床在数控计算机控制下自动进行加工，按零件轮廓程序与精度自动加工出所需要的零件形状和尺寸，整个过程不需要人的干预。但是通过存储介质输入到 CNC 的零件轮廓加工程序是不能直接用的，必须由数据处理模块软件先进行数据处理，得到插补程序与进给驱动程序所需要的数据信息与控制信息。

本节主要介绍从数控加工程序输入 CNC 到进行零件轮廓插补计算前数据预处理的过程，包括程序输入、译码与诊断、刀具补偿、进给速度处理和坐标变换等。

2.1.1　输入装置与输入方式

对于简单零件，可通过 CNC 键盘直接输入加工程序。对于复杂大型零件，通过信息载体输入 CNC 数控计算机零件轮廓加工程序。早期曾用光电纸带阅读机、磁带等作为输入加工程序的设备。现在则常用 CF 存储卡、U 盘、移动硬盘等存储介质，直接从 CNC 相应接口输入，还可以从 PC 上的硬盘、光盘等存储设备利用数据通信总线如 RS-232C 等异步串行通信接口输入。

1. MDI 键盘方式输入

利用键盘进行零件轮廓程序手动数据输入，简称 MDI（Manual Data Input）。键盘常用作人机对话输入设备，通过键盘可向数控装置输入零件轮廓加工程序、机床参数和系统信息。键盘分为全编码键盘和非编码键盘两种类型。键盘输入方式要求操作者必须了解零件加工程序编程代码的编制规则，对专业知识要求较高。为了降低对操作者要求，已有数控系统生产厂家如德国 HEIDENHAIN 公司开发了"对话式编程方法"，用键盘上的零件轮廓图形键如直线、圆弧等来编程，无须记住零件轮廓编程的 G 代码。

2. 存储卡方式输入

存储卡是数控系统的一种重要输入装置，不仅用作加工程序的输入与存储，还用作数据备份以作系统数据恢复之用。图 2-1 所示是西门子 808D 和 FANUC 0i-D 数控装置的 CF 存储卡插槽。CF 存储卡是一种闪存存储技术，它不

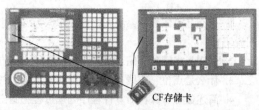

图 2-1　西门子 808D 与 FANUC 0i 的 CF 卡接口

像硬盘与光盘那样存储时要有物理移动部件，信息可永远存储在可擦写的闪存中，存储容量大、速度快。近年来，随着计算机技术的发展，在 CNC 装置上都设置了 CF 卡槽和 USB 接口，可以用 CF 卡和 U 盘输入，使用很方便。

3. 通信接口及传输电缆方式输入

现代数控系统一般都配置了标准通信接口，如图 2-2 所示。例如广泛使用的美国 RS-232C 标准串行异步通信接口，能够方便地与微型计算机相连，进行点对点通信，实现零件轮廓程序或机床参数等数据的传送。其他通信接口有 Profibus 工业现场串行异步通信接口以及 Ethernet 以太网络接口等，可以实现较远距离的数据传输。随着 CAD/CAM、FMS 及 CIMS 技术的发展，机床数控系统与计算机的通信显得越来越重要。

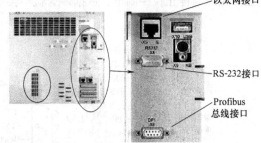

图 2-2　西门子 802D 几种数据传输通信接口

RS-232C 串行异步通信接口标准是美国电子工业协会（EIA）颁布的数据通信推荐标准，RS 是推荐标准（Recommended Standard）的英文缩写，232 是标识号，C 代表 RS232 的第三次修改（1969 年）。该标准定义了数据终端设备（DTE）和数据通信设备（DCE）之间连接信号的含义及其电压信号规范等参数，其中 DTE 可以是计算机或数控系统，DCE 一般指调制解调器（Modem），可以构成远程通信系统。若 CNC 数控装置与要传输数据的 PC 相距较近，则可以省去电话线、调制解调器等中间环节，构成零 Modem 数据通信系统，如图 2-3a 所示。

RS-232C 标准规定使用 25 引脚的 DB 型矩形接插件并定义了其中 21 个引脚的功能，数控系统数据传输常用 9 引脚接插件如图 2-3b、c 所示，各引脚功能定义见表 2-1。连接电缆要求带屏蔽的双绞线电缆如图 2-3d 所示，通信距离一般不大于 30m。如果通信距离较长，需加装远程驱动模块，通信距离可增加到 1～10km。串口通信接口标准经过改进和发展，目前已经有好几种，最被人们熟悉的有 RS-232C、RS-422 和 RS-485 等。

表 2-1　常用的 RS-232C 引脚及其功能

25 引脚连接器引脚	9 引脚连接器引脚	功　能	符　号	信 号 方 向
1	1	外壳屏蔽接地	Shield	—
2	3	发送数据	TxD	输出
3	2	接收数据	RxD	输入
4	7	请求传送	RTS	输出
5	8	允许传送	CTS	输入
6	6	数据设备就绪	DSR	输入
7	5	信号地	GND	—
20	4	数据终端就绪	DTR	输出

在 RS-232C 异步串行传输中，以字符为单位进行传送，字符与字符之间没有固定的时间间隔要求。串行异步通信是指：将被传送数据编码成一串脉冲，按特定位数（其中数据是按一个字节，8 位二进制数）分组即一帧一帧地传送，每帧数据开始位用"0"（即低电平）标记，中间传送的是一帧 5 到 8 位数据位，依使用何种字符编码而定，然后是校验位

（发送数据里含"1"的个数是偶数记为"0"，是奇数则记为"1"），最后是 1 至 2 位的停止位，用"1"（即高电平）标记。按此，发送设备一帧一帧地发送，接收设备一帧一帧地接收，在开始位与停止位控制下，数据传送就不会出现误码。异步串行传输的格式如图 2-4 所示。

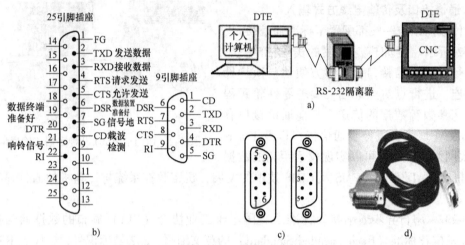

图 2-3　RS-232C 串行通信接口

a) CNC 数控装置与 PC 用 RS-232C 通信连接图（零 Modem 通信系统）

b) RS-232C 通信接口插头引脚名称　c) RS-232C 9 引脚插座　d) RS-232C 通信电缆

图 2-4　11 位异步串行通信传输格式

在用 PC 与 CNC 数控装置之间进行串行通信时，需要在 PC 上运行专门的软件，如 WIN-PCIN、Multi-DNC 等，大多数 CAD/CAM 集成软件系统也都直接提供传输模块。在进行通信时，需要对这些软件和数控系统进行串行通信参数设置。这些参数包括：设备（RTS/CTS、XON/XOFF）、波特率（Baud Rate）、奇偶校验（Parity）、数据位（Data bits）和停止位（Stop bits）等。如西门子 808D 系列数控装置与 PC 用 WINPCIN 软件进行串行通信传输数据时，需进行如表 2-2 所示的参数设置。

表 2-2　RS-232C 接口通信参数表

参　数	典 型 值	参　数	典 型 值
设备	XON/XOFF	停止位（Stop bits）	1
波特率（Raud Rate）	9600	开始字符 XON	11H
奇偶校验（Parity）	Even	停止字符 XOFF	13H
数据位（Data bits）	8	传输结束字符 ETX	1aH

4. DNC 工作方式

DNC 直接数字控制（Direct Numerical Control，简称 DNC）是自动运行的一种工作方式。通过 RS-232、RS-422 串形接口，将 CNC 与上位计算机连接，零件加工程序先由上位计算机传送至 CNC 的 SRAM 缓冲存储器，然后由 CNC 读出加工。这种先在 PC 中进行辅助设计生成零件轮廓曲线数据，然后通过网络一边传送零件轮廓曲线数据、一边由 CNC 控制加工的输入方式，这就是 DNC 工作方式。这样的工作方式可解决 CNC 内存容量的限制，常用于有较长程序的大型复杂零件和模具加工。

在 FANUC 0i 数控系统中，DNC 工作方式由 PLC 信号 DNCI（由 FANUC 公司开发的一种通信协议及通信指令库）控制，而在西门子 808D、828D 数控系统中，则称为执行外部程序方式。

2.1.2 数控加工程序存储

数控加工程序输入到 CNC 数控计算机后是存放在 SRAM 缓冲寄存器中并按段连续存储的，各程序段之间和各程序之间不存在间隙。为了便于管理存储器中的各个数控加工程序，在该存储器中还开辟了程序目录区。在目录区中按约定格式存放每一个数控加工程序的有关信息，如程序名称、首末地址等，以方便调用。

在数控装置内部程序存储器中，零件程序的字母、数字和各种符号是以二进制代码形式来表示的，这种二进制代码称为零件程序的编码。该编码可分为外码和内码。

外码是零件程序的外部存储编码，存放在外部存储介质中如存储卡、U 盘或硬盘上。为保证零件程序有互换性，其外码格式必须统一，因此会应用国际标准代码例如 ISO 代码（国际标准化组织标准）和 E1A 代码（美国电子工业协会标准）的标准码。

内码是零件程序在数控装置内部存储器中存放的代码。为简化后续处理，在 CNC 内部应以统一编码格式存放而不再分 ISO 或 EIA 码，通常是按 ASCII 码格式存放或由数控系统制造商设计，这三种代码对应关系详见表 2-3。目前，各系统多采用先将标准码转换成内码，然后存放在 CNC 零件程序缓冲寄存器 SRAM 中，以加快译码速度。

【例 2-1】 设一个以 ISO 代码编制的零件加工程序如下：

N04　G90　G01　X200　Y-27　F150　M03　LF　（主轴转速已在前面设定）

该程序转换成内码后，存储在 CNC 内零件程序缓冲寄存器中首地址为 2000H，内容见表 2-4。显然，由于内码的使用使 ISO 代码、EIA 代码在译码前有统一格式，不同属性的代码可加以区分，将不同功能的 G、M 代码分组，以加快寻址和译码速度。例如插补轨迹功能放在 Ga 组，包括快速进给 G00、直线插补 G01、顺圆弧插补 G02 和逆圆弧插补 G03 等；平面选择放在 Gc 组，包括 XY 平面选择 G17、ZX 平面选择 G18 和 YZ 平面选择 G19 等。

表 2-3　三种常用数控加工代码对应关系表

字　符	ISO 代码	EIA 代码	内　码	字　符	ISO 代码	EIA 代码	内　码
0	30H	20H	00H	X	D8H	37H	12H
1	B1H	01H	01H	Y	59H	38H	13H
2	B2H	02H	02H	Z	5AH	29H	14H
3	33H	13H	03H	I	C9H	79H	15H
4	B4H	04H	04H	J	CAH	51H	16H
5	35H	15H	05H	K	4BH	52H	17H
6	36H	16H	06H	F	C6H	76H	18H
7	B7H	07H	07H	M	4DH	54H	19H
8	B8H	08H	08H	LF/CR	0AH	80H	20H
9	39H	19H	09H	—	2DH	40H	21H
N	4EH	45H	10H	EOR	A5H	0BH	22H
G	47H	67H	11H	DEL	FFH	7FH	FFH

表 2-4　数控加工程序存储器内码存储情况表

为方便寻址，将此 ISO 程序转成内码	N04　G90　G01　X200　Y-27　F150　M03　LF

地　址	内　码	地　址	内　码	地　址	内　码
2000H	10H	2008H	01H	2010H	07H
2001H	00H	2009H	12H	2011H	18H
2002H	04H	200AH	02H	2012H	01H
2003H	11H	200BH	00H	2013H	05H
2004H	09H	200CH	00H	2014H	00H
2005H	00H	200DH	13H	2015H	19H
2006H	11H	200EH	21H	2016H	00H
2007H	00H	200FH	02H	2017H	03H
				2018H	20H

2.2　数控加工程序预处理

数控加工程序输入 CNC 数控计算机内部零件程序缓冲寄存器后，下一步就是数据预处理，为插补计算做准备，包括译码、识别、诊断、进给速度和刀具补偿处理等。

2.2.1　数控加工程序译码

译码就是将用标准代码编写的数控加工程序，按一定规则翻译成数控系统内部易于处理的形式，也就是将数控加工程序存储器中存储的内码，转化为能够控制机床运动的专门信息，存放到相应的译码结果缓冲存储单元中。译码分为代码识别、代码翻译和代码诊断三个步骤。

1. 代码识别

代码识别是通过软件将零件加工程序缓冲器或 MDI 缓冲器中的内码读出，并判断该数据的属性。如果是数字码，即设置相应的标志并转存。如果是字母码，则进一步判断该码的具体功能，然后设置代码标志并转入相应的处理。代码识别流程如图 2-5 所示。

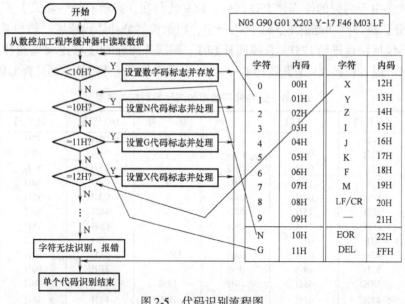

图 2-5　代码识别流程图

30

2. 代码翻译

代码识别为各功能代码设立了一个特征标志，对各功能码的相应处理由代码翻译来完成。每一个程序段的译码结果，按规定次序和标志特征字存放在相应的缓冲器内，见表2-5。

表2-5 译码结果缓冲器的存储格式表

序 号	地址码	字节数	数据形式	序 号	地址码	字节数	数据形式
1	N	1	BCD码	11	Mx	1	特征码
2	X	2	二进制	12	My	1	特征码
3	Y	2	二进制	13	Mz	1	特征码
4	Z	2	二进制	14	Ga	1	特征码
5	I	2	二进制	15	Gb	1	特征码
6	J	2	二进制	16	Gc	1	特征码
7	K	2	二进制	17	Gd	1	特征码
8	F	2	二进制	18	Ge	1	特征码
9	S	2	二进制	19	Gf	1	特征码
10	T	1	BCD码				

由于G代码和M代码是两个数量较大的代码簇，有些代码还具有互斥性，不可能出现在同一个程序段中，需将这类代码归成一组，设置一个存储单元。这里，可将常用的G代码分成6组，M代码分成4组，分别见表2-6和表2-7。

表2-6 常用G代码分组

组 别	G代码	功 能	组 别	G代码	功 能
Ga	G00	快速进给	Gc	G17	XY平面选择
	G01	直线插补		G18	ZX平面选择
	G02	顺圆弧插补		G19	YZ平面选择
	G03	逆圆弧插补	Gd	G40	刀具补偿撤销
	G06	抛物线插补		G41	左刀具半径补偿
	G33	等螺距螺纹切削		G42	右刀具半径补偿
	G34	增螺距螺纹切削	Ge	G80	固定循环撤销
	G35	减螺距螺纹切削		G81~G89	固定循环
Gb	G04	暂停	Gf	G90	绝对坐标编程
				G91	增量坐标编程

表2-7 常用M代码分组

组 别	M代码	功 能	组 别	M代码	功 能
Ma	M00	程序停止	Mc	M06	换刀
	M01	计划停止			
	M02	程序结束			
Mb	M03	主轴顺时针旋转	Md	M10	夹紧
	M04	主轴逆时针旋转		M11	松开
	M05	主轴停止			

2.2.2 数控加工程序的诊断

数控加工程序的诊断是指在译码过程中，对不规范的指令格式进行检查并提示操作者修改的功能。诊断一般包括语法错误诊断和逻辑错误诊断两种类型。语法错误是指程序段格式或程序字格式不规范的错误；逻辑错误是指整个程序或一个程序段中功能代码之间相互排斥、互相矛盾的错误。图2-6 示出了译码与诊断流程。

1. 语法错误

① 程序段的第一个代码不是 N 代码；

② N 代码后的数值超过了数控系统规定的取值范围；

③ 在程序中出现了系统没有约定的字母代码；

④ 坐标代码后的数值超越了机床的行程范围；

⑤ S、F、T 代码后的数值超过了系统约定的范围；

⑥ 出现了数控系统中没有定义的 G 代码；

⑦ 出现了数控系统中没有定义的 M 代码。

2. 逻辑错误

① 在同一个程序段中先后出现两个或两个以上同组的 G 代码；

② 在同一个程序段中先后出现相互矛盾的尺寸代码；

③ 在同一个程序段中超量出现 M 代码。

根据上述的译码和诊断原则，设计的译码和诊断软件流程如图2-6 所示。

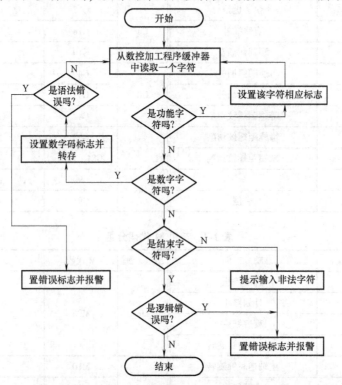

图2-6 译码与诊断流程图

2.2.3 刀具补偿原理

1. 刀具补偿的原因和分类

（1）刀具补偿的原因

用户编写零件加工程序时是按照零件轮廓要求，决定零件程序中坐标尺寸的。在数控机床的零件加工中，CNC 控制的是刀具中心轨迹，靠刀具的刀尖或刀刃外缘来实现切削。因此，必须依据刀具的形状、尺寸等参数，对刀具中心位置向零件的外侧或内侧偏移一个偏置量 r（如图 2-7 所示），将零件轨迹变换为刀具中心轨迹，从而保证刀具按其中心轨迹移动时，能够加工出所要求的零件轮廓。这种变换过程称为刀具补偿，也叫作刀具偏置。

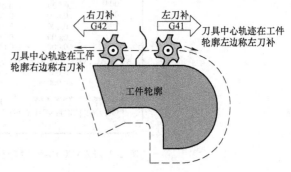

图 2-7　铣刀刀具半径补偿示意图

在零件加工过程中，若采用刀具补偿功能，还可以大大简化加工程序的编写工作，提高程序的利用效率。由于刀具磨损、更换等原因引起的刀具尺寸变化不必重新编写程序，只需修改相应的刀具补偿参数即可。当被加工零件在同一机床上经历粗加工、半精加工、精加工多道工序时，不必编写三种加工程序，只要将各工序预留的加工余量加入刀具补偿偏置参数中即可。

（2）刀具补偿的分类

刀具补偿包括刀具长度补偿、刀具半径补偿和刀具磨损量补偿。对不同类型的机床，刀具的补偿形式不一样，对铣刀主要是刀具半径补偿；对钻头只有刀具长度补偿；对车刀则需要进行长度补偿和刀具半径补偿。对新刀具，刀具磨损量为零。

刀具长度补偿——每把刀具长度各不相同，但它们在某种刀具夹座上的安装位置是一定的，可视为刀架参考点，补偿实际使用刀具与刀架参考点在长度上的差异，此补偿称为刀具长度补偿。典型的如钻头长度补偿，如图 2-8 所示。

刀具半径补偿——在如图 2-7 所示的向左或向右方向铣削加工时，沿刀尖运动方向看刀具中心轨迹，当刀具中心轨迹在工件轮廓的左边就是左刀补（G41），当刀具中心轨迹在工件轮廓的右边就是右刀补（G42），刀具中心需要偏移零件的外轮廓面一个半径 r 值。

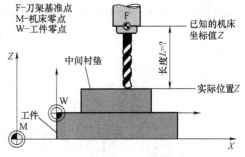

图 2-8　钻头刀具长度补偿示意图

刀具磨损量补偿——刀具在使用一段时间后，会有一定的磨损，刀具半径或刀具长度发生改变，导致工件尺寸出现偏差。此时，不需要改动程序或重新进行对刀调整，只需要加入磨损量补偿即可。但是在更换刀具时，必须将原刀具磨损量补偿值清零。

在数控系统中，刀具补偿是自动进行的。先将有关刀具的编号、长度、半径、刀具磨损量等刀具偏置数值，预先设定在 CNC 里的刀补参数表中，如图 2-9 所示。在调用相应刀具时，CNC 就自动将工件轮廓数据转换成相应刀具中心轨迹数据。

```
OFFSET                        O0001 N00000
偏置号    GEOM(H)    WEAR(H)    GEOM(D)    WEAR(D)
NO.      几何偏置(H)  磨损量(H)   几何半径(D)  磨损量(D)
001                  0.000      0.000      0.000
002      -1.000      0.000      0.000      0.000
003       0.000      0.000      0.000      0.000
004      20.000      0.000      0.000      0.000
005       0.000      0.000      0.000      0.000
006       0.000      0.000      0.000      0.000
007       0.000      0.000      0.000      0.000
008       0.000      0.000      0.000      0.000

ACTUAL POSITION(RELATIVE)
      X    0.000         Y         0.000
      Z    0.000
>_
MDI **** *** ***            16：05：59
[ OFFSET ] [SETING] [WORK] [    ] [(OPRT)]
```

图 2-9   FANUC 0i-MC 数控系统的刀补存储器的内容

2. 刀具长度补偿计算

（1）数控铣床、钻床刀具长度补偿

数控铣床、钻床刀具长度补偿如图 2-10 所示。在 Z 轴方向上长度补偿取一个标准刀具为基准，设补偿值为零，则其他刀具长度通过对刀，可得正补值 G43 或负补值 G44，放于刀具补偿参数表中，实际加工时根据刀号自动取值补偿。

（2）数控车床刀具长度补偿

如图 2-11 所示，数控车床刀具需在 X、Z 轴方向同时进行刀具长度补偿。加工前通过对刀，预测得到装在刀架上的刀具长度在 X 和 Z 方向的分量，即 ΔX 刀偏和 ΔZ 刀偏。X_P、Z_P 是被加工零件轮廓轨迹的坐标，通过控制刀架参考点 R 来控制 P 点，实现零件轮廓轨迹经过补偿后的加工。数控车床刀具长度补偿计算公式如下：

$$X_R = X_P - \Delta X \tag{2-1}$$

$$Z_R = Z_P - \Delta Z \tag{2-2}$$

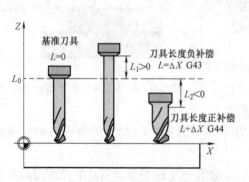

图 2-10   数控铣床、钻床刀具长度补偿

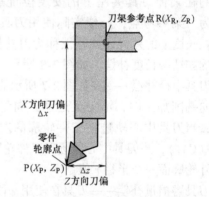

图 2-11   数控车床刀具结构及长度补偿

3. 刀具半径补偿计算

对于单个轮廓曲线的刀具补偿较简单，按零件轮廓偏置一个刀具半径，计算出刀具中心轨迹即可。但是对不同轮廓曲线之间的过渡，刀具半径补偿就比较复杂，出现了两种不同的

规划类型，即 B 刀具半径补偿和 C 刀具半径补偿，简称 B 刀补和 C 刀补。

（1）B 刀具半径补偿

B 刀补在轮廓曲线间过渡都是以圆弧形式进行的，刀具半径补偿时要计算出直线或圆弧终点的刀具中心值。对各个轮廓曲线之间的连接，在编写加工程序时，需要在曲线拐角处编制一个附加程序段，来实现尖角过渡，如图 2-12 所示。

实践证明，B 刀补轮廓工艺性差，这是因为：① 在外轮廓加工时，轮廓尖角处始终处于切削状态，尖角往往会被加工成小圆角 $A'B'$（圆心 C'），外轮廓直角变成了圆角，加工工艺性差；② 在内轮廓尖角加工时，为避免产生过切，编程时必须在零件轮廓中插入一个半径大于刀具半径的圆弧 AB（圆心 C''），从而限制了在一些复杂的、要求高的数控系统如仿型数控系统中的应用。为此，现代数控系统多采用了 C 刀补这种改进的刀具补偿方式。

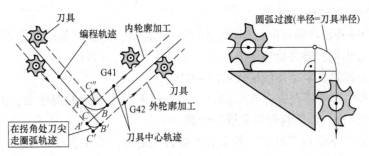

图 2-12　B 刀补示意图

（2）C 刀具半径补偿

由上所述，B 刀补存在工艺性差、容易产生过切等缺点，而且只能根据本程序段进行刀具半径补偿计算，不能解决程序段之间的过渡问题。编程时必须将工件轮廓处理为圆弧过渡，显然难以符合工艺要求。

C 刀补采用在相邻两段轮廓曲线的刀具中心轨迹之间用直线进行过渡方式，根据工件轮廓曲线的编程轨迹和刀具偏置值，直接计算出刀具中心轨迹的转接交点 C' 点（外轮廓）或 C'' 点（内轮廓），如图 2-13 所示。

因此，C 刀补特点如下：C 刀补能自动处理两个相邻程序段之间连接（即尖角过渡）的各种情况，直接计算出刀具中心轨迹的转接交点，然后再对原刀具中心轨迹作伸长或缩短的修正，编程人员可按工件实际轮廓曲线编程。可见，C 刀补能用直线作为轮廓之间的过渡，尖角工艺性较 B 刀补好。在内轮廓加工时，可实现过切（干涉）自动预报，从而避免过切的产生。

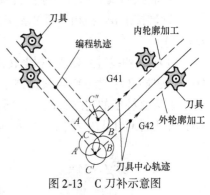

图 2-13　C 刀补示意图

4. 刀具半径补偿过程

刀具半径补偿过程如图 2-14 所示，有刀具半径补偿建立、刀具半径补偿进行、刀具半径补偿撤销。

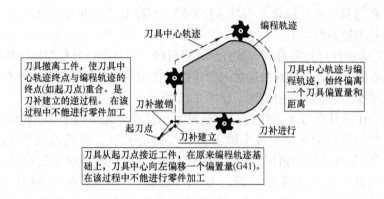

刀具撤离工件，使刀具中心轨迹终点与编程轨迹的终点(如起刀点)重合。是刀补建立的逆过程。在该过程中不能进行零件加工

刀具中心轨迹与编程轨迹，始终偏离一个刀具偏置量和距离

刀具从起刀点接近工件，在原来编程轨迹基础上，刀具中心向左偏移一个偏置量(G41)。在该过程中不能进行零件加工

图 2-14　刀具半径补偿过程示意图

5. 刀具半径补偿使用注意点

使用刀具半径补偿功能可简化编程坐标点的计算量，但很容易引起干涉、过切、碰撞。以 FANUC 0i-MC 为例，要注意以下几点：

① 要正确选择刀具半径补偿平面 G17～G19；

② 在刀补偿期间不允许存在两段以上非补偿平面内移动的程序段，因要很快读入下一程序段的移动轨迹，以便判断拐角进行计算；

③ 在 G00 指令下进行刀补时，若设置了非直线定位，要注意刀具移动轨迹；

④ 刀具半径补偿建立、撤销的起始、终点位置最好与补偿方向同一侧，如图 2-14 所示，并且只能用 G00、G01 指令；

⑤ 在刀具半径补偿生效期间，当执行 G50、G92、G28、G29 等部分指令时，刀补将暂时取消。

6. 刀具半径补偿转接过渡类型

① 转接曲线方式有四种：直线接直线、直线接圆弧、圆弧接直线、圆弧接圆弧。

② 转接角 α：指相邻两轮廓交接点处的切线在工件非加工面一侧的夹角，其范围为：$0° \leqslant \alpha < 360°$。

③ 转接曲线过渡类型：根据转接角 α 不同，刀具半径补偿曲线过渡有三种类型：当 $0° \leqslant \alpha < 90°$ 时为插入型；当 $90° \leqslant \alpha < 180°$ 时为伸长型；当 $180° \leqslant \alpha < 360°$ 时为缩短型。

在刀具补偿的建立、进行、撤销中都存在转接过渡的问题，下面以右刀补 G42 为例介绍，左刀补 G41 与之相似。由图 2-15 可明显看出伸长型、插入型和缩短型的几何意义：

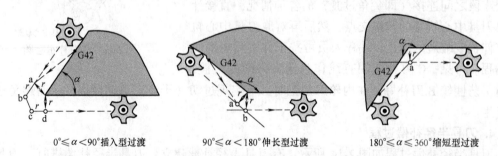

$0° \leqslant \alpha < 90°$插入型过渡　　　$90° \leqslant \alpha < 180°$伸长型过渡　　　$180° \leqslant \alpha \leqslant 360°$缩短型过渡

图 2-15　拐角 α 定义图

插入型——在原来两个轮廓线的基础上再插入一个过渡直线；

伸长型——刀具中心轨迹比实际轮廓线长；

缩短型——刀具中心轨迹比实际轮廓线短。

在求解过渡点坐标时，对于伸长型和缩短型较简单，过渡点就是前后两轮廓线的刀具中心轨迹的交点或延长线的交点。而对于插入型则要复杂些，它必须沿着前后轮廓的刀具中心轨迹同向或反向延长一个刀具半径值的距离，得到插入直线段的起点和终点坐标。

着重指出，刀具补偿计算实际上是由 CNC 数控计算机自动进行的。因为 CNC 具有预读程序段信息功能，例如一般普及型中档系统可预读 36 段或更多零件程序编程轨迹，能提前预判下两段程序轮廓曲线性质、转接角等，进行转接点坐标矢量计算。

刀具半径补偿执行的建立、进行和撤销这三个步骤，都存在上述的转接过渡问题。以右刀补（G42）为例，表2-8、表2-9 示出了直线与直线、直线与圆弧、圆弧与圆弧、圆弧与直线在刀具半径补偿进行时转接过渡的三种情况。

表 2-8　刀具半径补偿进行时的转接过渡类型（1）

转接类型 拐　　角	刀具半径补偿建立（G42）		过渡方式
	直线-直线（L-L）	直线-圆弧（L-C）	
$0° \leqslant \alpha < 90°$	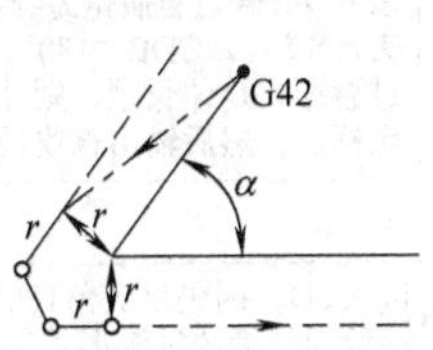	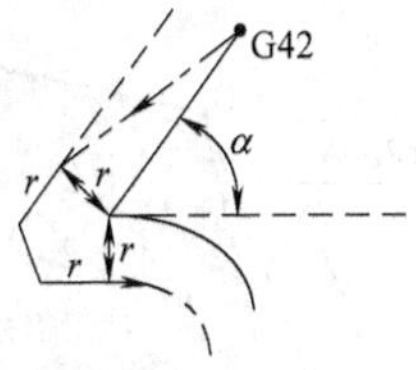	插入型
$90° \leqslant \alpha < 180°$	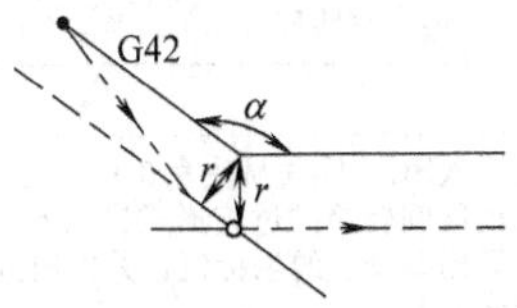	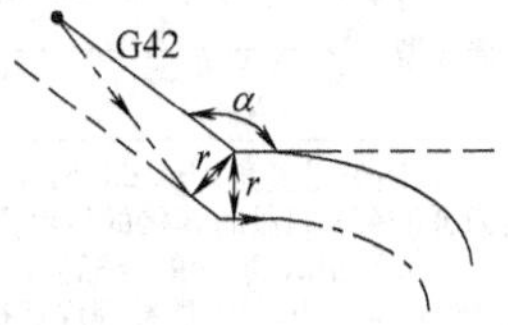	伸长型
$180° \leqslant \alpha < 360°$	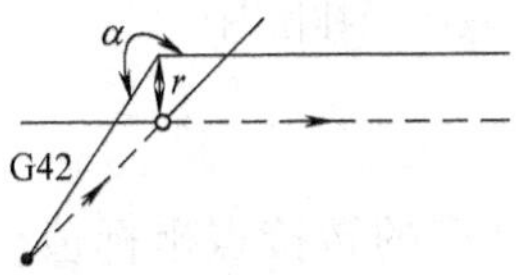	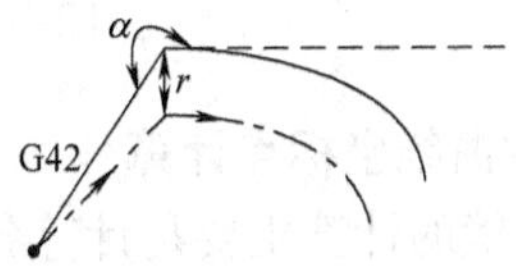	缩短型

表 2-9　刀具半径补偿进行时的转接过渡类型（2）

转接类型 拐　　角	刀具半径补偿建立（G42）		过渡方式
	圆弧-圆弧（C-C）	圆弧-直线（C-L）	
$0° \leqslant \alpha < 90°$	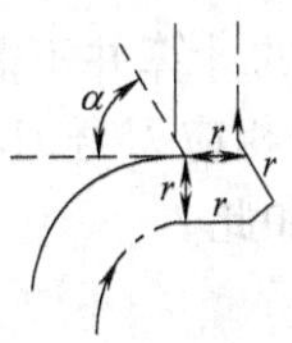	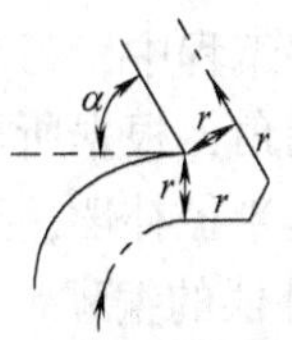	插入型

转接类型 拐角	刀具半径补偿建立（G42）		过渡方式
	圆弧-圆弧（C-C）	圆弧-直线（C-L）	
$90°\leqslant\alpha<180°$	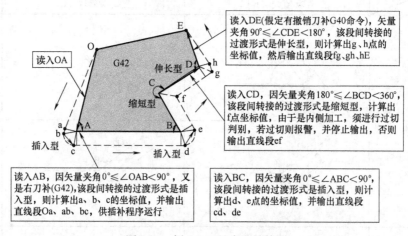		伸长型
$180°\leqslant\alpha<360°$			缩短型

7. 刀具半径补偿的实例

【例2-2】 下面以一个实例来说明刀具半径补偿的工作过程，数控系统完成从 O 点到 E 点的编程轨迹的加工步骤如图 2-16 所示。

读入DE(假定有撤销刀补G40命令)，矢量夹角90°≤∠CDE<180°，该段间转接的过渡形式是伸长型，则计算出g、h点的坐标值，然后输出直线段fg、gh、hE

读入CD，因矢量夹角180°≤∠BCD<360°，该段间转接的过渡形式是缩短型，计算出f点坐标值，由于是内侧加工，须进行过切判别，若过切则报警，并停止输出，否则输出直线段ef

读入OA

读入AB，因矢量夹角0°≤∠OAB<90°，又是右刀补(G42)，该段间转接的过渡形式是插入型，则计算出a、b、c的坐标值，并输出直线段Oa、ab、bc，供插补程序运行

读入BC，因矢量夹角0°≤∠ABC<90°，该段间转接的过渡形式是插入型，则计算出d、e点的坐标值，并输出直线段cd、de

图 2-16 例 2-2 刀具半径补偿图

8. 刀具补偿曲线坐标点计算

刀具半径补偿的计算主要是计算各种转接类型的转接点坐标值，如图 2-16 中 a、b、c、d 点的坐标值。CNC 根据相邻编程轮廓段的起止点坐标值，判断转接类型，然后调用相应的计算程序，自动计算出转接点坐标值。要推导出各种转接类型的转接点坐标值计算公式，需引入矢量概念，它包括方向矢量和刀具半径矢量，再利用刀具半径矢量投影到刀具行进方向上的分量，进行计算就可求得转接点坐标值，读者可参考相关资料学习。

9. 刀具补偿编程

在实际零件程序编程中，刀具补偿曲线坐标点的计算并不需要人工计算，由 CNC 根据工件轮廓自动判别拐角，根据所用刀号调出 CNC 中相应刀号刀具的刀补参数表，如图 2-11 所示，自动进行刀具半径补偿，刀具长度补偿也是如此。

（1）刀具长度补偿的编程

【例2-3】 以 FANUC 0i-D 系统为例，假设刀具长度补偿号为 H1，使用刀具长度补偿功

能对如图 2-17 所示的孔加工进行编程。

加工程序如下：

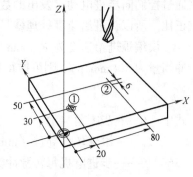

O0029；	（程序号）
N1 G54 G90 G21；	（选择工件坐标系、绝对式编程、公制尺寸）
N2 S1000 F80 M03；	（指令主轴转速、转向、进给速度）
N3 G00 X20.0 Y30.0；	（孔 1 定位）
N4 G43 Z2.0 H1；	（Z 向接近工件表面，并进行 Z 向刀具长度补偿）

图 2-17 刀具长度补偿的编程

N5 G01 Z-18.0 F80；	（孔 1 加工）
N6 G00 Z2.0；	（Z 向退刀）
N7 X80.0 Y50.0；	（孔 2 定位）
N8 G01 Z-18.0；	（孔 2 加工）
N9 G00 Z-50.0 M05；	（Z 向退出，主轴停止）
N10 G53 G49 Z0；	（取消刀具长度补偿，Z 轴回到机床坐标系零点）
N11 M30；	（程序结束）

上例中，Z 轴的机床坐标系零点必须在 Z 轴的最高点上。

（2）刀具半径补偿编程

【例 2-4】 以 FANUC 0i-D 系统为例，假设刀具半径补偿号为 D1，使用刀具半径补偿功能对如图 2-18 所示轮廓加工进行编程。

加工程序如下：

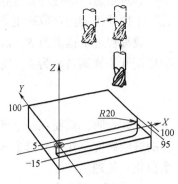

O0030；	（程序号）
N1 G55 G90 G21；	（选择工件坐标系、绝对式编程、公制尺寸）
N2 S800 F50 M03；	（指令主轴转速、转向、进给速度）
N3 G00 X95.0 Y110.0；	（刀具起点上方定位）
N4 Z-15.0；	（Z 向进到加工深度）

图 2-18 刀具半径补偿的编程

N5 G17 G41 G01 Y100.0 D1；	（进行刀具半径补偿）
N6 Y25.0；	（Y 向切削加工）
N7 G02 X75.0 Y5.0 R20.0；	（加工 R20 圆弧）
N8 G01 X-10.0；	（X 向切削加工）
N9 G00 Z100.0 M05；	（Z 向退刀，主轴停止）
N10 G40；	（取消刀具半径补偿）
N11 M30；	（程序结束）

2.2.4 数控加工程序的其他预处理

1. 进给速度处理

零件加工时的进给速度是用 F 代码给定的，经译码后存放在缓冲器指定的单元中，供处理程序使用，并且依插补方式的不同而分为两种不同处理方式。

（1）脉冲增量插补算法的速度处理

脉冲增量插补多用于以步进电动机为执行元件的开环数控系统，各坐标轴的运动速度是通过控制向步进电动机发出的数字脉冲信号的频率来实现的。其脉冲输出频率与进给速度成正比。所以，进给速度处理就是根据进给速度 F 值来确定脉冲源频率 f 的过程。

设编程进给速度为 F（mm/min），插补脉冲源的频率为 f（Hz），数控系统输出插补脉冲当量为 δ（mm/p），则可推得如下关系式：

$$\delta = L_0 \div \frac{360°}{\beta} = L_0 \frac{\beta}{360°} \tag{2-3}$$

式中　β——步距角（°）；

　　L_0——滚珠丝杠导程（mm，如 $L_0 = 4$mm）；

　　$360°/\beta$——步进电机每转脉冲数（p/r）。

由此推得 CNC 输出的插补脉冲的频率 f（Hz）与进给速度 F（mm/min）的关系为：

$$F = 60\delta \cdot f \tag{2-4}$$

$$f = \frac{F}{60f} \tag{2-5}$$

可见，进给速度越大脉冲当量越小，CNC 发出的插补脉冲频率越高。对于给定的 F（mm/min）值只要按上式来选择脉冲源频率 f（Hz），即可实现要求的进给速度。

（2）数据采样插补算法的速度处理

数据采样插补大多用于以交、直流伺服电动机作为执行元件的闭环或半闭环数控系统中，其进给速度的处理就是在稳定状态下（不在加、减速状态时），根据进给速度 F 计算出在一个插补周期内合成速度方向上的位移增量。

设编程进给速度为 F（mm/min），插补周期为 T_s（ms），机床控制面板上的进给速度倍率修调开关修调系数为 K，则在一个插补周期内的位移增量 ΔL（mm）为：

$$\Delta L = \frac{KFT_s}{60 \times 1000} \tag{2-6}$$

上式表明，只要在一个插补周期 T_s 内完成上式所规定的位移增量 ΔL，就可以实现所需要的进给速度。式中分母上 60×1000 是为了将进给速度 F（mm/min）与插补周期 T_s（ms）单位化一处理。

2. 伺服电动机加减速处理

由于机床运动部件存在惯性，因此伺服电动机在起动、停止或在轮廓曲线拐角处运行必须进行加、减速控制处理，使伺服电动机运行速度曲线沿一定斜率上升或下降，以保证伺服系统不产生失步或超调。

伺服电动机的加/减速控制分直线加/减速、指数加/减速（S 形加/减速）控制，如图 2-19

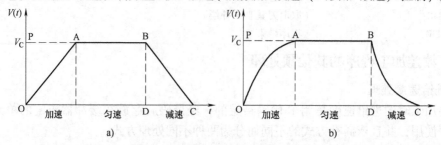

图 2-19　轮廓曲线拐角自动减速控制

a）直线加减速控制　b）指数加减速控制

所示。加/减速控制可以放在插补前进行，也可以放在插补后进行，放在插补前的加/减速控制称为前加/减速控制，放在插补后的加/减速控制称为后加/减速控制。前加/减速控制优点是不会影响实际插补输出的位置精度，缺点是需要预测减速点。后加/减速控制优点是不需要专门预测减速点，缺点是由于它是对各轴分别进行控制，所以在加/减速控制后合成的位置就可能不准确。

3. 工件零点处理

在编制数控加工程序时，一般会根据工件轮廓的特点选择合适的位置作为工件零点，而不会选择机床零点或机床参考点作为编程零点，如图 2-20 所示。但是数控系统在运行时总是以机床零点或机床参考点为坐标计量基准，因此数控系统必须能自动完成工件坐标系与机床坐标系之间的转换。现代数控系统如西门子 802系统中，一般采用 G54～G57 和 G500 五条指令来完成上述功能，当工件装夹到机床上后测出偏移量，通过操作面板输入到规定的偏置寄存器（G54～G57）中，用 G54～G57 来设置工件

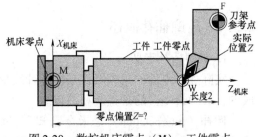

图 2-20 数控机床零点（M）、工件零点（编程原点 W）和刀具参考点（F）位置示意图

零点偏置，用 G500 来撤销所设置的零点偏置。当系统译码到 G54～G57 中的一个指令时，自动调用对应偏置寄存器中的坐标值进行计算。如坐标值为 0，则表示在机床坐标系中的当前位置就是工件坐标系的零点；如坐标值不为 0，表示工件坐标系的零点相对于所选择的当前位置有一定距离，其值就是偏置寄存器中的数值，如图 2-21 所示。

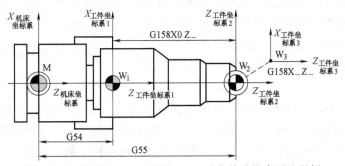

图 2-21 西门子 802S/C 系统 G158 零点偏移指令用法举例

如果工件上在不同位置有重复出现的形状和结构，或选用了一个新参考点，可使用可编程零点偏移指令，由此产生一个当前工件坐标系，新输入的尺寸均是该坐标系中的数据尺寸。用 G158 指令可对所有坐标轴编程零点偏移，后面的 G158 指令取代先前的可编程零点偏移指令。工件零点偏置处理流程如图 2-22 所示。

4. 绝对坐标与增量坐标处理

绝对编程和增量编程的处理，它们的核心任务都是将编程坐标转换成数控系统可以控制的坐

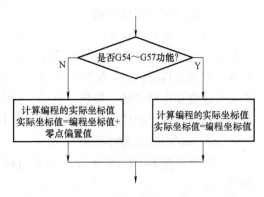

图 2-22 工件零点偏置的处理流程图

标信息。数控系统一般都以 G90、G91 来表示绝对坐标编程方式和增量坐标编程方式。绝对坐标编程方式，是指描述零件轮廓段的坐标值均采用绝对坐标值，即各轮廓段的终点坐标值都是相对于工件坐标系零点的数值。增量坐标编程方式，是指描述零件轮廓段的坐标值均采用增量坐标值，即各轮廓段的终点坐标值都是相对于该轮廓段起点的数值。尽管编程方式不同，但在数控系统内部必须都转化成系统能识别的坐标信息进行处理。

2.3 轮廓插补原理

2.3.1 轮廓插补概述

1. 轮廓插补定义

实际加工零件的轮廓形状是由各种线形如直线、圆弧、螺旋线、抛物线和自由曲线等构成的，其中最主要的是直线和圆弧。

插补（Interpolation）是指在已知零件轮廓曲线段的类型和切削速度、精度等工艺信息的情况下，由 CNC 计算出的曲线段起、止点之间的一系列中间点数据。如图 2-23 所示轮廓曲线 SE，先计算出 X_1、Y_1 至 X_n、Y_n 点的 n 个点的坐标数值，再由 CNC 分别向对应的机床各坐标轴伺服电动机发出速度、方向和力矩都确定并协调的运动指令，驱动刀架或平台沿着这些中间点作矢量运动，从而产生符合零件轮廓程序所要求的刀具切削运动轨迹。插补是 CNC 极其重要的功能模块，插补算法的优劣直接影响 CNC 数控系统的精度、速度、加工能力与加工范围等性能。

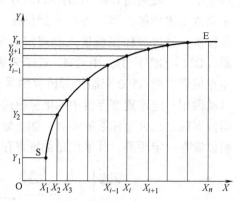

图 2-23 插补即数据点的加密化

简单来说，插补就是按零件加工要求的精度和速度，在已知轮廓曲线的起点与终点之间，密集计算有限个中间坐标点的过程，即对已知数据点的加密，从而使刀具沿着这些坐标点运动并逼近零件理论轮廓曲线。这种数据点的加密化过程就称为插补。

2. 轮廓插补分类

（1）按插补器结构分类

完成插补运算的装置叫插补器。按插补器结构可分为硬件插补器和软件插补器。硬件插补器由专用集成电路完成，特点是速度快，但调整和修改都相当困难，缺乏灵活性。软件插补器利用微处理器通过系统程序完成插补功能，特点是灵活易变，但速度较慢。随着微处理器运算速度和存储容量的提高，具备了由软件实现高速、高精度插补条件。所以现代 CNC 系统常采用软件与硬件相结合的方法，即由软件完成粗插补，硬件完成精插补。

（2）按插补曲线数学模型分类

按插补曲线数学模型分类常分为直线插补、圆弧插补、二次曲线插补、样条曲线插补等。

（3）按插补计算输出的信号方式分类

按插补计算输出的信号方式分类，常分为两大类：脉冲增量插补法和数据采样插补法。

1）脉冲增量插补算法　脉冲增量插补算法是 CNC 将零件轮廓插补计算结果，用发数字脉冲序列的方法经功率放大后驱动步进电动机，带动机床刀架或工作平台作切削加工运动，常用于经济型数控系统。

如图 2-24 所示的零件轮廓曲线 OE，按零件编程进给位置与速度，通过 CNC 向各进给坐标轴依次分配相应频率的脉冲个数，以阶梯折线来逼近 OE，无需用传感器检测位置并反馈，适用于开环的步进电动机伺服系统。虽然该方法简单、经济，但存在进给速度低（如 2～4m/min）、精度差（>0.01mm）、不易实现两轴以上的联动插补等缺点。脉冲增量插补法按算法不同，又分为数字脉冲乘法器法、逐点比较法、数字积分法等。

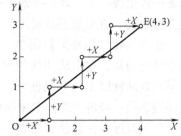

图 2-24　脉冲增量插补算法工作原理图

2）数据采样插补法　数据采样插补法是依据 CNC 插补计算的结果，输出的数字量或模拟量（经过数/模转换）信号，经伺服驱动器进行功率放大，驱动作为驱动元件的直流或交流伺服电动机和位置测量反馈传感器构成的半闭环或全闭环伺服系统，带动机床刀架或工作平台作切削加工运动。由于该算法具有进给速度快（6～10 m/min 以上）、精度高（可到 μm 级），常用于两轴以上联动的中、高档数控系统中。

如图 2-25 所示轮廓曲线 SE，根据 CNC 的运算速度，确定一个合适的采样周期（插补周期），在这个周期内完成一次插补运算，在各进给坐标轴方向上完成一次增量运动，如从 ΔX_i 变化到 ΔX_{i+1}、ΔY_i 变化到 ΔY_{i+1}，从而形成一系列首尾相接的折线段 $P_{i-1} \sim P_i$、$P_i \sim P_{i+1}$…去逼近零件轮廓曲线。如果轮廓曲线是由 S 到 E 方向，显然 X 方向增量越来越大，而 Y 方向增量越来越小。即 X 坐标轴电动机速度越来越快，Y 坐标轴电动机速度越来越慢。由于这些微小直线段是根据编程进给速度，按

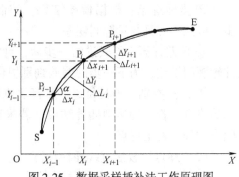

图 2-25　数据采样插补法工作原理图

系统给定时间间隔来进行分割的，所以数据采样插补法又称为时间分割插补法。

2.3.2　逐点比较法插补

1. 逐点比较法直线插补

（1）逐点比较法直线插补原理

逐点比较插补法是脉冲增量插补计算中的一种算法。其基本原理是：按零件编程进给位置与速度，通过 CNC 依次向各进给坐标轴分配相应频率序列脉冲，以阶梯折线来逼近零件轮廓曲线。也就是说 CNC 每次仅向一个坐标轴输出一个进给脉冲，每走一步都要将加工点的瞬时坐标与零件轮廓理论曲线轨迹比较，逐点比较刀具与编程轮廓之间的相对位置，根据比较结果决定下一步进给方向，使刀具向减小偏差的方向做进给运动。每次只有一个方向坐标轴进给，周而复始直至插补全部结束，从而获得一个非常接近于编程轮廓曲线的轨迹。

如图 2-26 所示，对于第 I 象限直线 OE 的插补，当动点在轨迹上方，下一步就向给定直线下方走；若在给定轨迹下方，则下一步就向给定直线上方走。如此走一步比较一步，算一次偏差，再决定下一步走向，以逼近轨迹，直至加工结束。

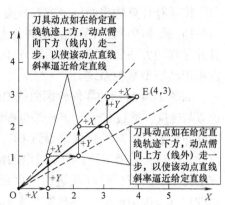

图 2-26　第 I 象限逐点比较法插补原理图

逐点比较法插补运算简单、直观，插补误差小于一个脉冲当量，输出脉冲均匀且速度变化小。缺点是不易实现两轴以上的联动插补，在两坐标的数控机床上如线切割、经济型数控车床等应用较普遍。

可见对逐点比较法，每走一步，刀具动点坐标都要和给定直线轨迹上的坐标值比较一次，根据偏差结果决定下一步进给方向。注意，进给方向总是向逼近给定直线轨迹方向。由上述可知，在逐点比较法插补过程中坐标轴每进给一步，都要经过如图 2-27 所示的四个控制过程：偏差判别、坐标进给、偏差计算、终点判别。

① 偏差判别：判别刀具当前位置相对于给定轮廓的偏离情况，决定刀具运动方向。

② 坐标进给：根据偏差结果，控制相应坐标轴进给一步，以减小刀具与轮廓间误差。

③ 偏差计算：刀具进给一步后，计算出新的刀具点与工件轮廓间误差，为下一步的偏差判别提供依据。

④ 终点判别：刀具每走一步都要判别是否已到达工件轮廓的终点，若已到达则插补结束，若未到达则继续重复上述四个过程，直至终点。

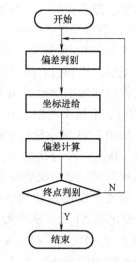

图 2-27　逐点比较法插补流程图

（2）逐点比较法直线插补计算

1）偏差判别式　假设零件轮廓曲线是如图 2-28 所示的第 I 象限的直线 OE，为简化问题，设起点为坐标原点 O，直线终点坐标为 E（X_e，Y_e），M（X_m，Y_m）为加工点或称动点，若 M 在 OE 直线上，则根据相似三角形原理可得：

$$\frac{Y_m}{X_m} = \frac{Y_e}{X_e}，取 F_m = Y_m X_e - X_m Y_e$$

（2-7）

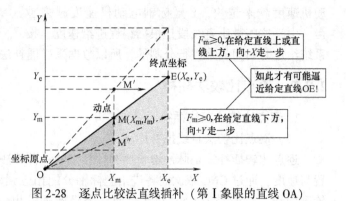

图 2-28　逐点比较法直线插补（第 I 象限的直线 OA）

把式（2-6）作为直线插补的偏差判别式，显然有：

若 M 点在 OE 直线上，	则 $F_m = 0$；
若 M 点在 OE 直线上方的 M′处，	则 $F_m > 0$；
若 M 点在 OE 直线下方的 M″处，	则 $F_m < 0$。

2）坐标进给　为减小偏差，第Ⅰ象限的直线坐标轴进给运动方向必须如下：

$F_m = 0$ 时，控制刀具向 $+X$ 方向前进一步；

$F_m > 0$ 时，控制刀具向 $+X$ 方向前进一步；

$F_m < 0$ 时，控制刀具向 $+Y$ 方向前进一步。

刀具每走一步后，将刀具新的坐标值代入函数式，$F_m = Y_m X_e - X_m Y_e$，再求出新的 F_m 值，以确定下一步进给方向。

注意：① 对于逐点比较法，在起点和终点处刀具均应落在编程轮廓上，即在插补开始与结束时，偏差函数均为 0，否则说明插补过程出现了错误，计算中要注意。② 在以上公式中 X_e、Y_e 是终点坐标增量绝对值，也就是在 X 轴或 Y 轴方向上脉冲插补法所要走的步数。若插补直线起点不在坐标原点上，X_e、Y_e 要经过计算。例如起点为 S (X_S, Y_S)，终点为 E (X_E, Y_E)，则有：

$$X_e = |X_E - X_S| , \quad Y_e = |Y_E - Y_S| \tag{2-8}$$

3）偏差计算　如图 2-28 所示的在第Ⅰ象限的某加工直线动点 M 处，刀具点位置有两种情况，一是在直线上或在直线外，即 $F_m \geq 0$；另一是在直线里，即 $F_m < 0$。

若 $F_m \geq 0$，为了逼近给定轨迹，应向 $+X$ 方向进给一步，在走了一步后新动点 M 的坐标值为：

$$X_{m+1} = X_m + 1 , \quad Y_{m+1} = Y_m$$

由于 $F_m = Y_m X_e - X_m Y_e$，将上式代入该式整理得，新动点的偏差函数为：

$$F_{m+1} = Y_{m+1} X_e - X_{m+1} Y_e = F_m - Y_e \tag{2-9}$$

公式（2-8）表明：当 $F_m \geq 0$ 时，要往减小直线斜率方向走。

若 $F_m < 0$，为了逼近给定轨迹，应向 $+Y$ 方向进给一步，在走了一步后可推得新动点 M 的坐标值为：

$$X_{m+1} = X_m , \quad Y_{m+1} = Y_m + 1$$

同理可推得新动点的偏差函数为：$F_{m+1} = F_m + X_e$ $\tag{2-10}$

公式（2-9）表明：当 $F_m < 0$ 时，要往加大直线斜率方向走。

4）终点判别　逐点比较法的终点判别有多种方法，下面主要介绍两种。

① 终点第一种判别法。设置 X、Y 两个减法计数器，插补开始前，在 X、Y 计数器中分别存入终点坐标增量绝对值 $X_e = |X_E - X_S|$、$Y_e = |Y_E - Y_S|$，在 X 坐标轴或 Y 坐标轴进给一步时，就在 X 计数器或 Y 计数器中减去 1，直到这两个计数器中的数都减到零时，便到达终点。

② 终点第二种判别法。用一个终点计数器，寄存 X 和 Y 两个终点坐标增量绝对值，从起点到达终点的总步数设为 Σ，则有：

$$\Sigma = |X_E - X_S| + |Y_E - Y_S| \tag{2-11}$$

X 或 Y 坐标轴每进给一步，Σ 减去 1，直到 Σ 为零时，就到了终点。

（3）逐点比较法直线插补计算程序设计

由以上逐点比较法直线插补计算步骤，可设计出 CNC 计算程序，其程序逻辑框图如图 2-29 所示。图中 i 是插补循环次数，F_i 是第 i 个插补循环时的偏差函数值，(X_e, Y_e) 是直线终点坐标增量绝对值，N 是加工完直线轮廓时刀具沿 X、Y 轴应进给的总步数。插补时钟是脉冲源，它可发出频率稳定的脉冲序列。插补前，刀具位于直线轮廓的起点即图 2-28

中坐标原点，这时偏差值 F_0 为零。因为还没有进行插补循环，因此插补循环数 i 也为零。总步数寄存器 $N = |X_e| + |Y_e|$，同时 X 寄存器置 X_e，Y 寄存器置 Y_e，这些都属初始化工作。

在每一个插补循环开始时，插补器先在原地等待，只要插补时钟没有脉冲发出就一直处于等待状态。当插补时钟发出脉冲后，插补器就跳出等待状态往下运行，插补时钟每发出一个脉冲，就进行一个插补循环。从而用插补时钟控制了插补速度，也就控制了刀具进给速度。

接着进行偏差判别。若偏差大于或等于零，进给方向应为 X 轴正向，刀具进给后偏差值应变为 $F_i - Y_e$；若偏差值小于零，进给方向应为 Y 轴正向，刀具进给后偏差值应为 $F_i + X_e$。一个插补循环结束前，插补循环次数加 1。

最后进行插补终点判别。若插补循环数 i 与

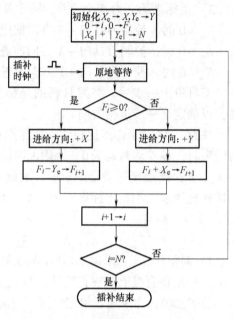

图 2-29　逐点比较法直线插补计算软件逻辑框图

刀具沿 X、Y 轴应进给的总步数 N 相等，说明该直线轮廓已加工完毕，应结束插补工作。若 i 小于 N，说明该直线轮廓加工还没有完毕，应继续插补。

可见，有了插补算法就可以编出 CNC 的计算软件程序，实现轮廓自动计算与插补，控制坐标轴的运动。逐点比较法圆弧曲线插补、积分法插补及数据采样插补等均是如此。关于插补算法软件的编制，读者可参考有关文献。

（4）逐点比较法不同象限的直线插补计算

上面讨论的是关于第 I 象限直线插补计算与软件设计流程图。事实上任何机床都必须具备处理过象限切削能力，即对不同象限、不同走向轮廓曲线插补的处理能力。而此时插补计算公式和脉冲进给方向都是不同的，需要找出共同规律以简化计算。若将第 I、II、III、IV 象限内直线记为 L_1、L_2、L_3、L_4，则可利用第 I 象限的直线插补计算方法，很容易推导出其他三个象限的插补算法与进给方向。以第 II 象限为例，如图 2-30 所示。第 II 象限直线 OE 的起点设在原点 O (0, 0)，终点为 E ($-X_e$, Y_e)，按第 I 象限直线插补计算公式推导方法有：

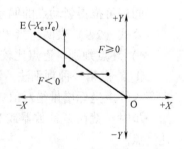

图 2-30　第 II 象限直线插补图

当 $F_m \geq 0$ 时，为（$-X$）方向进给，$F_{m+1} = F_m - Y_e$；
当 $F_m < 0$ 时，为（$+Y$）方向进给，$F_{m+1} = F_m + X_e$。

与第 I 象限比较发现，当插补直线位于不同象限时，只要取 $|X|$、$|Y|$ 分别代替 X、Y，其计算公式及处理过程与第 I 象限时相同，仅仅是进给方向不同。因而可给出四个象限 L_1、L_2、L_3、L_4 直线插补时的偏差计算公式和进给脉冲方向，如表 2-10 所示。计算时，公式中 X_e、Y_e 均用绝对值。

表 2-10　四个象限的偏差计算公式和进给脉冲方向

线型	$F_m \geq 0$ 时，进给方向	$F_m < 0$ 时，进给方向	偏差计算公式
L_1	$+\Delta X$	$+\Delta Y$	$F_m \geq 0$ 时： $F_{m+1} = F_m - Y_e$ $F_m < 0$ 时： $F_{m+1} = F_m + X_e$
L_2	$-\Delta X$	$+\Delta Y$	
L_3	$-\Delta X$	$-\Delta Y$	
L_4	$+\Delta X$	$-\Delta Y$	

（5）逐点比较法直线插补计算举例

【例 2-5】　设欲加工第 Ⅰ 象限直线 OE，起点坐标在 O（0，0），终点坐标为 E（4，3），用逐点比较法进行插补。

【解】　① 终点绝对坐标值为：$X_e = |X_E - X_O| = |4 - 0| = 4$，$Y_e = |Y_E - Y_O| = |3 - 0| = 3$。

② 终点判别总步数：$\because X_O = 0$，$Y_O = 0$；$X_E = 4$，$Y_E = 3$；

$$\therefore \Sigma = X_e + Y_e = 4 + 3 = 7 。$$

③ 因为是第 Ⅰ 象限直线逐点比较法插补，所以其直线偏差函数判别式如下：

当 $F_m \geq 0$，向 $+X$ 走一步，新偏差函数为 $F_{m+1} = F_m - Y_e$；

当 $F_m < 0$，向 $+Y$ 走一步，新偏差函数为 $F_{m+1} = F_m + X_e$。

④ 开始时刀具在直线 OE 的起点 O 上，故 $F_0 = 0$，直线插补轨迹如图 2-31 所示。插补计算表见表 2-11。

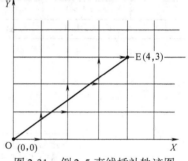

图 2-31　例 2-5 直线插补轨迹图

表 2-11　例 2-5 插补计算表

序　号	偏差进给	进　给	偏差计算	终点判别
1	$F_0 = 0$ （$X_e = 4$，$Y_e = 3$）	$+\Delta X$	$F_1 = F_0 - Y_e = 0 - 3 = -3$	$\Sigma_1 = \Sigma_0 - 1 = 7 - 1 = 6$
2	$F_1 = -3 < 0$	$+\Delta Y$	$F_2 = F_1 + X_e = -3 + 4 = 1$	$\Sigma_2 = \Sigma_1 - 1 = 6 - 1 = 5$
3	$F_2 = 1 > 0$	$+\Delta X$	$F_3 = F_2 - Y_e = 1 - 3 = -2$	$\Sigma_3 = \Sigma_2 - 1 = 5 - 1 = 4$
4	$F_3 = -2 < 0$	$+\Delta Y$	$F_4 = F_3 + X_e = -2 + 4 = 2$	$\Sigma_4 = \Sigma_3 - 1 = 4 - 1 = 3$
5	$F_4 = 2 > 0$	$+\Delta X$	$F_5 = F_4 - Y_e = 2 - 3 = -1$	$\Sigma_5 = \Sigma_4 - 1 = 3 - 1 = 2$
6	$F_5 = -1 < 0$	$+\Delta Y$	$F_6 = F_5 + X_e = -1 + 4 = 3$	$\Sigma_6 = \Sigma_5 - 1 = 2 - 1 = 1$
7	$F_6 = 3 > 0$	$+\Delta X$	$F_7 = F_6 - Y_e = 3 - 3 = 0$	$\Sigma_7 = \Sigma_6 - 1 = 1 - 1 = 0$，到终点

【例 2-6】　加工第 Ⅰ 象限直线 SE，起点坐标为 S（1，1），终点坐标为 E（5，6），试用逐点比较法插补该直线，并画出插补轨迹。

【解】　① 终点绝对坐标值为：$X_e = |X_E - X_S| = |5 - 1| = 4$，$Y_e = |Y_E - Y_S| = |6 - 1| = 5$。

② 终点判别总步数：$\Sigma = X_e + Y_e = 4 + 5 = 9$。

③ ∵ 开始时刀具在直线起点 S 上，∴ $F_0 = 0$。

④ 第 I 象限直线插补，判别函数如下：

当 $F_m \geq 0$，向 $+X$ 走一步，$F_{m+1} = F_m - Y_e$

当 $F_m < 0$，向 $+Y$ 走一步，$F_{m+1} = F_m + X_e$

插补计算表见表 2-12，直线插补轨迹如图 2-32 所示。

表 2-12　例 2-6 插补计算表

序　号	偏差判别	坐标进给	偏差计算	终点判别
起点			$F_0 = 0$	$N = 9$
1	$F_0 = 0$ ($X_e = 4$，$Y_e = 5$)	$+\Delta X$	$F_1 = F_0 - Y_e = 0 - 5 = -5$	$N = 8$
2	$F_1 = -5 < 0$	$+\Delta Y$	$F_2 = F_1 + X_e = -5 + 4 = -1$	$N = 7$
3	$F_2 = -1 < 0$	$+\Delta Y$	$F_3 = F_2 + X_e = -1 + 4 = 3$	$N = 6$
4	$F_3 = 3 > 0$	$+\Delta X$	$F_4 = F_3 - Y_e = 3 - 5 = -2$	$N = 5$
5	$F_4 = -2 < 0$	$+\Delta Y$	$F_5 = F_4 + X_e = -2 + 4 = 2$	$N = 4$
6	$F_5 = 2 > 0$	$+\Delta X$	$F_6 = F_5 - Y_e = 2 - 5 = -3$	$N = 3$
7	$F_6 = -3 < 0$	$+\Delta Y$	$F_7 = F_6 + X_e = -3 + 4 = 1$	$N = 2$
8	$F_7 = 1 > 0$	$+\Delta X$	$F_8 = F_7 - Y_e = 1 - 5 = -4$	$N = 1$
9	$F_8 = -4 < 0$	$+\Delta Y$	$F_9 = F_8 + X_e = -4 + 4 = 0$	$N = 0$

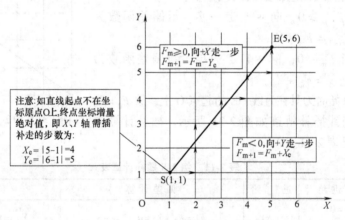

图 2-32　例 2-6 直线插补轨迹

2. 逐点比较法圆弧插补

（1）逐点比较法圆弧插补原理

以第 I 象限逆圆弧为例，如图 2-33 所示。设需要加工的零件轮廓为圆弧 SE，圆弧的圆心在坐标系原点。已知圆弧的起点为 S (X_0, Y_0)，终点为 E (X_e, Y_e)，圆弧半径为 R。令瞬时插补动点为 M (X_m, Y_m)，该点可能在圆弧上的 M 点，也可能在圆弧内 M′点，也可能在圆弧外 M″点，它们与圆心的距离为 R_m。R_m（动点半径）和 R（给定圆弧半径）之差值反映了加工的偏差。

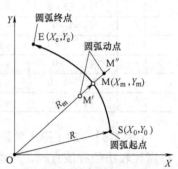

图 2-33　第 I 象限逆圆弧逐点
比较法圆弧插补

$$R_m^2 = X_m^2 + Y_m^2$$
$$R^2 = X_0^2 + Y_0^2 \tag{2-12}$$

由此可得第 I 象限逆圆弧插补偏差函数判别式：

$$F_m = R_m^2 - R^2 = X_m^2 + Y_m^2 - R^2 \tag{2-13}$$

$$F_{m+1} = X_{m+1}^2 + Y_{m+1}^2 - R^2 = F_m - 2X_m + 1 \tag{2-14}$$

显然，对于第 I 象限逆圆插补动点在圆弧上、圆弧内或圆弧外的三种情况，为逼近圆弧，其偏差函数 F_m 的描述及插补运动方向如下：

$F_m = 0$，表明插补动点 M 在圆弧上，需向 $-X$ 方向走一步，要求往减小半径方向走；

$F_m > 0$，表明插补动点 M 在圆弧外，需向 $-X$ 方向走一步，要求往减小半径方向走；

$F_m < 0$，表明插补动点 M 在圆弧内，需向 $+Y$ 方向走一步，要求往加大半径方向走。

第 I 象限除逆圆弧外还有顺圆弧以及其他各象限的逆圆弧与顺圆弧的插补计算，插补动点同样有在圆弧上、圆弧内或圆弧外的三种情况，轨迹的插补计算方法应该是相同的。只不过因插补轨迹运动方向不同，插补坐标轴及运动方向也就不一样。要记住总的原则：一是要由圆弧起点向圆弧终点前进；二是与直线插补必须向减小斜率偏差方向运动的原则一样，也必须向着纠偏圆弧半径偏差方向运动。如动点在圆弧外，要朝减小半径方向运动；如在圆弧内，要朝加大半径方向运动。如图 2-34 所示。

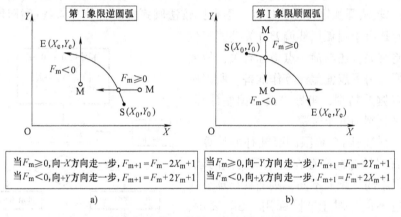

图 2-34　逐点比较法第 I 象限逆圆弧与顺圆弧插补比较图

a) 逐点比较法第一象限逆圆弧插补　b) 逐点比较法第一象限顺圆弧插补

（2）逐点比较法第 I 象限逆圆弧插补计算

1）计算公式推导　如图 2-34a 所示，要插补的零件轮廓曲线为第 I 象限逆圆弧 SE，设加工动点处于 M (X_m, Y_m) 点。若 $F_m \geqslant 0$，为了逼近逆圆弧，X 坐标轴要向绝对值减少方向走，所以应沿 $-X$ 轴方向进给一步，其坐标值为：

$$X_{m+1} = X_m - 1, \quad Y_{m+1} = Y_m, \tag{2-15}$$

新插补动点的偏差函数为：

$$F_m = R_m^2 - R^2 = X_m^2 + Y_m^2 - R^2 \tag{2-16}$$

$$\because X_{m+1}^2 = (X_m - 1)^2 = X_m^2 - 2X_m + 1$$

$$Y_{m+1}^2 = Y_m^2$$

$$\therefore \ F_{m+1} = X_{m+1}^2 + Y_{m+1}^2 - R^2 = F_m - 2X_m + 1 \tag{2-17}$$

若 $F_m < 0$，为了逼近圆弧，Y 坐标轴要向绝对值增加方向走，所以应沿 $+Y$ 方向进给一步，其坐标值为：

$$X_{m+1} = X_m, \ Y_{m+1} = Y_m + 1 \tag{2-18}$$

新插补动点的偏差函数，同理可推得为：

$$\therefore \ F_{m+1} = X_{m+1}{}^2 + Y_{m+1}{}^2 - R^2 = F_m + 2Y_m + 1 \tag{2-19}$$

因为加工是从圆弧的起点开始，起点的偏差为 $F_0 = 0$。由上式知，每一新插补动点的偏差，总可以根据前一插补点的数据计算出来。

同理，对用逐点比较法进行第 I 象限顺圆弧插补，可推导得偏差函数与坐标轴运动方向如下：

若 $F_m \geqslant 0$，偏差判别式为 $F_{m+1} = F_m - 2Y_m + 1$，为逼近圆弧，应向 $-Y$ 方向走一步；

若 $F_m < 0$，偏差判别式为 $F_{m+1} = F_m + 2X_m + 1$，为逼近圆弧，应向 $+X$ 方向走一步。

2）圆弧插补终点判别法　逐点比较法圆弧插补的终点判断方法须对 X、Y 两个坐标轴同时进行。可将从起点到终点 X、Y 轴所走步数的总和 $\varSigma$ 存入一个终点计数器：

$$\varSigma = |X_e - X_0| + |Y_e - Y_0| \tag{2-20}$$

每走一步，就从 $\varSigma$ 终点计数器中减去 1，当 $\varSigma = 0$ 时，发出终点到达信号。

3）逐点比较法圆弧插补计算过程　逐点比较法圆弧插补计算与直线插补计算过程基本相同。不同的是由于圆弧插补偏差计算公式不仅与前一点偏差有关，还与前一点坐标有关，故要进行坐标计算，为下点偏差计算作准备。所以圆弧插补过程有偏差判别、坐标进给、偏差计算、坐标计算、终点判别五个步骤。

4）逐点比较法四个象限圆弧插补的计算圆弧插补与直线插补同样存在过象限切削问题，圆弧所在象限不同、顺逆不同，则插补计算公式和进给方向也不同。对于顺圆弧用"S"表示，用"N"表示逆圆弧，结合象限的区别可获得 8 种圆弧形式，4 个象限顺圆弧可表示为 SR1、SR2、SR3、SR4；4 个象限逆圆弧可表示为 NR1、NR2、NR3、NR4，依照第 I 象限逆圆弧插补计算方法，不难推得这 8 种情况的偏差计算公式和进给方向，见表 2-13。

（3）逐点比较法第 I 象限逆圆弧插补计算程序设计

逐点比较法第 I 象限逆圆弧插补计算程序逻辑框图如图 2-35 所示。该象限顺圆弧与其他象限的逆圆弧或顺圆弧插补流程基本相同，不同的是进给坐标轴与方向，如表 2-13 所示。

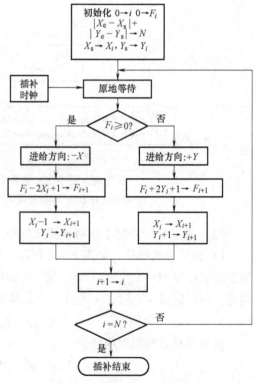

图 2-35　逐点比较法第 I 象限逆圆弧插补计算程序逻辑框图

表 2-13　四个象限的圆弧插补计算公式和进给方向

顺圆（SR）	线型	$F_m \geqslant 0$ 时，进给方向	$F_m < 0$ 时，进给方向	偏差计算公式
$F_m < 0, +\Delta Y$　$F_m \geqslant 0, -\Delta Y$ SR4　　　　　　　　　SR1 $F_m \geqslant 0, +\Delta X$　$F_m < 0, +\Delta Y$ $F_m < 0, -\Delta X$　$F_m \geqslant 0, -\Delta X$ SR3　　　　　　　　　SR2 $F_m \geqslant 0, +\Delta Y$　$F_m < 0, -\Delta Y$	SR1	$-\Delta Y$	$+\Delta X$	$F_m \geqslant 0$ 时：
	SR2	$-\Delta X$	$-\Delta Y$	$F_{m+1} = F_m - 2Y_m + 1$ $Y_{m+1} = Y_m - 1$
	SR3	$-\Delta Y$	$-\Delta X$	$F_m < 0$ 时：
	SR4	$-\Delta X$	$+\Delta Y$	$F_{m+1} = F_m + 2X_m + 1$ $X_{m+1} = X_m + 1$
逆圆（NR） $F_m \geqslant 0, -\Delta X$　$F_m < 0, +\Delta Y$ NR2　　　　　　　　　NR1 $F_m < 0, -\Delta Y$　$F_m \geqslant 0, -\Delta X$ $F_m \geqslant 0, +\Delta X$　$F_m < 0, +\Delta X$ NR3　　　　　　　　　NR4 $F_m < 0, -\Delta Y$　$F_m \geqslant 0, +\Delta Y$	NR1	$-\Delta X$	$+\Delta Y$	$F_m \geqslant 0$ 时：
	NR2	$-\Delta Y$	$-\Delta X$	$F_{m+1} = F_m - 2X_m + 1$ $X_{m+1} = X_m - 1$
	NR3	$+\Delta Y$	$-\Delta X$	$F_m < 0$ 时：
	NR4	$+\Delta Y$	$+\Delta X$	$F_{m+1} = F_m + 2Y_m + 1$ $Y_{m+1} = Y_m + 1$

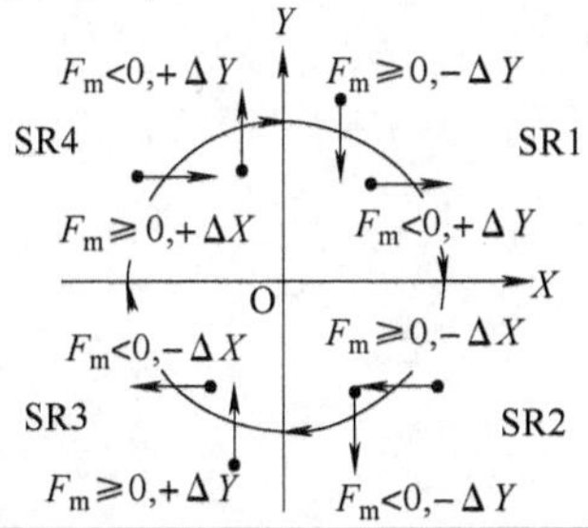

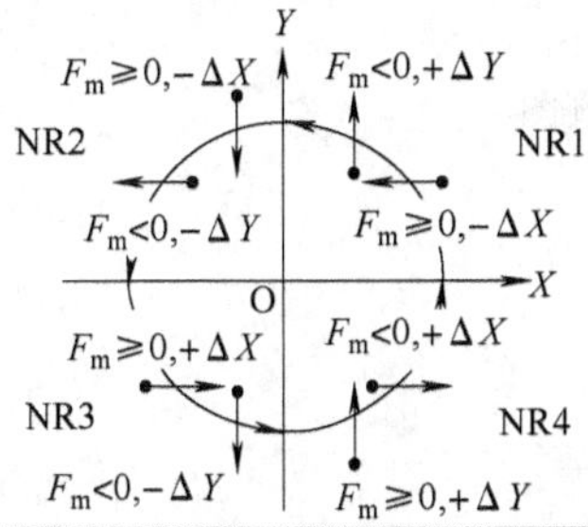

（4）逐点比较法第Ⅰ象限逆圆弧插补计算举例

【例 2-7】　加工第Ⅰ象限逆圆弧 SE，圆心为 O'（1，1），起点坐标为 S（6，1），终点坐标为 E（1，6），试用逐点比较法插补该圆弧，并画出插补轨迹。

【解】　① 终点判别值总步数：$\Sigma_0 = |X_E - X_S| + |Y_E - Y_S| = |6 - 1| + |1 - 6| = 10$

② 第Ⅰ象限逆圆弧插补，其圆弧偏差判别式如下：

当 $F_m \geqslant 0$，为了逼近圆弧，应沿 $-X$ 方向进给一步，圆弧偏差判别式为：

$$F_{m+1} = F_m - 2X_m + 1$$

当 $F_m < 0$，为了逼近圆弧，应沿 $+Y$ 方向进给一步，圆弧偏差判别式为：

$$F_{m+1} = F_m + 2Y_m + 1$$

③ $\because$ 开始时刀具在圆弧 SE 的起点 S 上，$\therefore$ $F_0 = 0$

插补计算表见表 2-14，直线插补轨迹如图 2-36 所示。

表 2-14　例 2-7 第Ⅰ象限逆圆弧插补计算表

序　号	偏差判别	坐标进给	偏差计算	坐标计算	终点判别
起点			$F_{m+1} = F_m - 2X_m + 1$ $F_{m+1} = F_m + 2Y_m + 1$	$X_0 = 6$，$Y_0 = 1$	$N = 10$
1	$F_0 = 0$	$-\Delta X$	$F_1 = 0 - 2 \times 6 + 1 = -11$	$X_1 = 5$，$Y_1 = 1$	$N = 9$
2	$F_1 = -11 < 0$	$+\Delta Y$	$F_2 = -11 + 2 \times 1 + 1 = -8$	$X_2 = 5$，$Y_2 = 2$	$N = 8$
3	$F_2 = -8 < 0$	$+\Delta Y$	$F_3 = -8 + 2 \times 2 + 1 = -3$	$X_3 = 5$，$Y_3 = 3$	$N = 7$
4	$F_3 = -3 < 0$	$+\Delta Y$	$F_4 = -3 + 2 \times 3 + 1 = 4$	$X_4 = 5$，$Y_4 = 4$	$N = 6$
5	$F_4 = 4 > 0$	$-\Delta X$	$F_5 = 4 - 2 \times 5 + 1 = -5$	$X_5 = 4$，$Y_5 = 4$	$N = 5$
6	$F_5 = -5 < 0$	$+\Delta Y$	$F_6 = -5 + 2 \times 4 + 1 = 4$	$X_6 = 4$，$Y_6 = 5$	$N = 4$
7	$F_6 = 4 > 0$	$-\Delta X$	$F_7 = 4 - 2 \times 4 + 1 = 3$	$X_7 = 3$，$Y_7 = 5$	$N = 3$
8	$F_7 = -3 < 0$	$+\Delta Y$	$F_8 = -3 + 2 \times 5 + 1 = 8$	$X_3 = 3$，$Y_8 = 6$	$N = 2$
9	$F_8 = 8 > 0$	$-\Delta X$	$F_9 = 8 - 2 \times 3 + 1 = 3$	$X_9 = 2$，$Y_9 = 6$	$N = 1$
10	$F_9 = 3 > 0$	$-\Delta X$	$F_{10} = 3 - 2 \times 2 + 1 = 0$	$X_{10} = 1$，$Y_{10} = 6$	$N = 0$

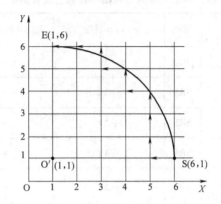

图 2-36 例 2-7 第 I 象限逆圆弧插补轨迹图

2.3.3 数字积分法插补

1. 数字积分法插补原理

（1）数字积分法插补基本原理

数字积分插补法是脉冲增量插补算法的改进插补方法。由前述，逐点比较插补法不能实现坐标轴联动，伺服电动机只能是数字脉冲驱动的步进电动机，各坐标轴依 CNC 发出的插补脉冲指令一步一步地交替进给，速度慢、精度差，不适用于各坐标轴联动、要求位置精度高以及作连续运转的交、直流伺服电动机系统。

数字积分插补法又称数字微分分析法（Digital Differential Analyzer，DDA）。从几何概念看，如果要插补一个给定轮廓轨迹函数 $Y = f(t)$，可以用积分运算方法来求此函数曲线与横轴所包围的面积，如图 2-37 所示。显然，若子区间足够小，则积分运算可以用小矩形面积的累加和来逼近给定插补曲线轨迹。

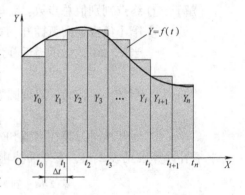

图 2-37 函数 $Y = f(t)$ 的积分图

因此，可利用数值积分原理，将函数积分运算变成被积变量的求和运算，即求积分运算的过程可用数的累加和来近似。如果脉冲当量足够小，则用求和运算代替积分运算而引起的误差就可以控制在允许范围之内。数字积分插补法可以实现一次、二次及高次曲线插补，脉冲分配也均匀，容易实现多轴联动插补，适用于交、直流电动机的伺服系统。因此在轮廓插补运算中，DDA 法获得较广泛的应用。如图 2-37 所示 $Y = f(t)$ 函数曲线所包围的面积，可表示为：

$$F = \int_0^t Y\mathrm{d}t = \sum_{i=1}^n Y_i \Delta t_i \qquad (2\text{-}21)$$

从几何意义上讲，当 Δt 足够小时，轮廓曲线轨迹函数 $Y = f(t)$ 的积分运算可转化为求和运算，即累加和运算。因此数字积分采样插补实际上就是用若干单位宽度小矩形面积之和逼近给定轮廓轨迹函数曲线下方面积的计算过程。

（2）数字积分法插补脉冲分配原理

如图2-38所示，若从O点进行直线插补到点E（5，3），且要求进给脉冲均匀。可设想按如下方式进行脉冲分配，在同一时间内X、Y轴分别产生两串脉冲数5和3，即形成斜率为3/5的折线段的均匀序列脉冲，逼近OE直线的轨迹。可见，数字积分法可以通过两坐标联动方式实现规定的零件轮廓曲线轨迹插补，适用于交、直流电机伺服系统。

设ΔX、ΔY分别表示X、Y轴的脉冲增量，并令ΔX为一个脉冲当量，当刀具沿X轴方向走一步时，Y轴方向的增量为3/5，即0.6步。由于坐标轴位移是以一整步进给的，因此，不能走0.6步的位移，故暂时在Y寄存器寄存起来，这不足一步的数称为余数R。当X轴方向走到第二步时，Y轴方向应走1.2步，实际上只能走一整步，余下的0.2步再在Y寄存器寄存起来。继续上面的运算和脉冲分配，则当X轴走到第五步时，Y轴方向正好走满三步即到达终点A（5，3），刀具运动轨迹如图2-38所示。这里判断Y轴方向是否应该进给的运算，实质上是不断累加0.6步的运算。在上述过程中，要特别注意X与Y两个累加寄存器的作用。

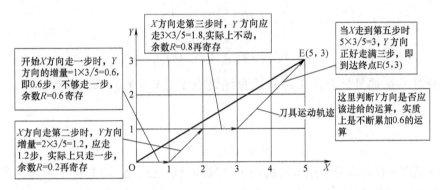

图2-38　直线插补DDA脉冲分配原理图及刀具运动轨迹图

在计算机中，加法是最基本的运算，上述累加和运算是容易实现的。而累加和运算本身就是一个积分过程，数字积分法由此而得名。

在上例直线插补中，采取的方法只对终点坐标值较小的一轴进行累加，而终点坐标值为较大的一轴，在每次累加时均输出一个进给脉冲。显然，该积分插补也可用两个积分器同时各自进行累加运算，并设定余数寄存器的容量是一个单位面积值，当累加和大于1时，整数部分溢出产生溢出脉冲，小数部分则保留作为余数，等待下一次累加。其溢出脉冲由数控装置输出，分别控制X、Y两坐标轴进给，进而获得运动轨迹。这就是脉冲增量插补算法中的数字积分法插补基本原理。

2. 数字积分法直线插补计算

（1）计算公式

设直线OE在OXY平面内，起点为坐标原点O，终点坐标E（X_e、Y_e），如图3-18所示。

设v_x、v_y分别表示插补动点M在X、Y方向的移动速度，则在X、Y方向移动距离的微小增量Δx、Δy应为：

$$\Delta x = v_x \Delta t$$

$$\Delta y = v_y \Delta t \qquad (2\text{-}22)$$

对直线函数来说，v_x、v_y是常数，则：

$$\frac{v_x}{X_e} = \frac{v_y}{Y_e} = k \qquad (2\text{-}23)$$

$$\Delta x = k X_e \Delta t$$

$$\Delta y = k Y_e \Delta t \qquad (2\text{-}24)$$

假设经过 m 次插补后，到达 m（X_m、Y_m）点则有：

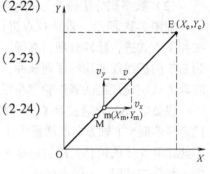

图 2-39　DDA 法直线插补图

$$X_m = \sum_{i=1}^{m} \Delta x_i = \sum_{i=1}^{m} k X_e \Delta t$$

$$Y_m = \sum_{i=1}^{m} \Delta y_i = \sum_{i=1}^{m} k Y_e \Delta t \qquad (2\text{-}25)$$

在（2-25）式中，取 $\Delta t = 1$，即"1 单位"的脉冲时（即用足够窄的单位小矩形，求和逼近曲线），则圆弧上动点 M 坐标可表示为：

$$X_m = k X_e \sum_{i=1}^{m} 1 = m k X_e$$

$$Y_m = k Y_e \sum_{i=1}^{m} 1 = m k Y_e \qquad (2\text{-}26)$$

若是经过 n 次插补，刀具正好到达直线终点 E（X_e、Y_e），即要求 $nk = 1$，$k = 1/n$，则有：

$$x = n k X_e = X_e$$
$$y = n k Y_e = Y_e \qquad (2\text{-}27)$$

为保证精度，设每次分配给电动机的进给脉冲增量 Δx、Δy 不超过 1 个脉冲当量单位，即 n 必须满足以下条件：

$$\Delta x = k X_e \leqslant 1$$
$$\Delta y = k Y_e \leqslant 1 \qquad (2\text{-}28)$$

若插补计算机字长为 N 位，则 X_e、Y_e 的最大脉冲寄存器容量为 2^{N-1}，代入式（2-28），得：$k\,(1/2^{N-1}) \leqslant 1$，即 $k \leqslant 1/(2^{N-1})$，取 $k = 1/2^N$。也就是说，经过 $n = 2^N$ 次累加，刀具将正好到达终点 E（X_e，Y_e）。

可见，直线插补的数字积分法（DDA 法）实质就是：插补运动的动点从原点出发走向终点的过程，可看作是坐标轴每隔一个控制脉冲周期 Δt，以增量 KX_e（即 X 方向速度增量 Δv_x）及 KY_e（即 Y 方向速度增量 Δv_y）同时对 X、Y 坐标的累加器 J_{RX}、J_{RY} 作累加的过程。当累加值超过一个坐标单位时（一个脉冲当量）就会产生溢出，溢出脉冲驱动伺服系统 X、Y 坐标轴进给一个脉冲当量。若经过 n 次累加后，分别到达终点 E（X_e、Y_e），则走出了一个给定的直线轨迹。

据此，可给出如图 2-40 所示 DDA 直线插补器原理框图，该插补器由两个数字积分器组成。其一是：J_{VX}、J_{VY} 为被积函数 X、Y 方向寄存器，分别存放直线终点坐标值 X_e、Y_e（对直线轨迹来说此值不变）。其二是：J_{RX}、J_{RY} 为对应轴方向的余数寄存器，该寄存器是一个累加器，当其容量计满就溢出一个脉冲。每当 CNC 发出一个控制脉冲信号 Δt，X 轴积分器和 Y 轴积分器就各累加 1 次，将被积函数计算值向各自的余数累加器 J_{RX}、J_{RY} 中累加。当 X

轴累加器 J_{RX} 超过寄存器容量 2^N 时，就会产生一个溢出脉冲，驱动 X 轴电动机走一步，同样当 Y 轴累加器 J_{RY} 有溢出脉冲时，就驱动 Y 轴电动机走一步。经过 2^N 次累加后，每个坐标轴的输出脉冲总数就等于被积函数值 X_e、Y_e。用与逐点比较法相同的处理方法，把符号与数据分开，取数据的绝对值作被积函数，而符号作进给方向的控制信号，便可对所有象限的直线进行插补。

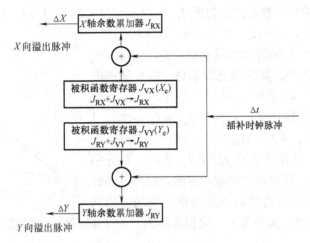

图 2-40　DDA 直线插补器

（2）数字积分法直线插补计算机程序

用数字积分法直线插补时，X 和 Y 两坐标可同时产生溢出脉冲即同时进给，其插补计算流程的逻辑框图如图 2-41 所示。由此可编制出相应的计算机应用程序。

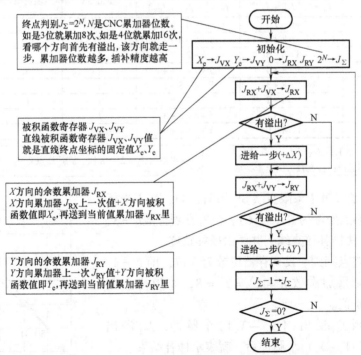

图 2-41　DDA 直线插补计算流程逻辑框图

(3) 数字积分法直线插补计算实例

【例2-8】 设要插补第Ⅰ象限直线 OE，如图2-42所示，起点坐标为 O（0，0），终点坐标为 E（7，5），试用数字积分法进行插补，并画出刀具运动轨迹。

【解】 ① 终点判别值。设寄存器位数为3位，即 $N=3$，则累加次数 $n=2^N=8$，作为终点判别值。

② X 轴被积函数寄存器初值 $J_{VX}=|X_e-X_o|=|7-0|=7$，Y 轴被积函数寄存器初值 $J_{VY}==|Y_e-Y_o|=|5-0|=5$。

③ X 轴与 Y 轴的累加器初值：$J_{RX}=J_{RY}=0$，则其插补计算过程见表2-15，插补轨迹图如图2-42所示。

④ 偏差函数计算。X 方向 $J_{RX}+J_{VX}\rightarrow J_{RX}$，$Y$ 方向 $J_{RY}+J_{VY}\rightarrow J_{RY}$。

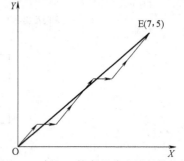

图2-42 例2-8 数字积分法插补轨迹图

注意：计算直线插补累加器 J_{RX} 和 J_{RY} 值时，是分别加被积函数 J_{VX}、J_{VY}，该函数是固定不变的直线终点坐标绝对值，因此被插补直线轨迹斜率是固定不变的。当插补圆弧时，因为动点坐标是变化的，被积函数 J_{VX}、J_{VY} 每插补一次需要计算一次，每次结果都是要变化的。

表2-15 例2-8 插补计算过程

终点判别：$J_\Sigma=2^3=8$ 次	X、Y向余数累加器初值：$J_{RX}=J_{RY}=0$		X、Y向被积函数寄存器初值：$J_{VX}=7$，$J_{VY}=5$		
累加次数 m	X 向余数累加器 $J_{RX}\leftarrow(J_{VX}+J_{RX})$	Y 向余数累加器 $J_{RY}\leftarrow(J_{VY}+J_{RY})$	溢出 ΔX	溢出 ΔY	终点判别 J_Σ
1	7+0=7	5+0=5	0	0	8
2	7+7=8+6	5+5=8+2	1	1	7
3	7+6=8+5	5+2=7	1	0	6
4	7+5=8+4	5+7=8+4	1	1	5
5	7+4=8+3	5+4=8+1	1	1	4
6	7+5=8+2	5+1=6	1	0	3
7	7+2=8+1	5+6=8+3	1	1	2
8	7+1=8+0	5+3=8+0	1	1	1

注意：当 X 或 Y 方向累加器 J_{RX} 与 J_{RY}，其最大累加值为 $2^3=8$ 时，就要溢出，并在该方向上走一步 —— 一直累加至 $J_\Sigma=2^3=8$ 次，到达终点完成

【例2-9】 插补第Ⅰ象限直线 SE 如图2-43，起点坐标为 S（1，1），终点坐标为 E（5，6），设寄存器位数 $N=3$，试用数字积分法法插补该直线，并画出插补轨迹。

【解】 ① 终点判别。设寄存器位数为3位，即 $N=3$，则累加次数 $n=2^N=2^3=8$，作为终点判别值。

当 J_{RX} 溢出（$|X_e-X_s|$）个脉冲，J_{RY} 溢出（$|Y_s-Y_e|$）个脉冲后，就表示插补结束。

② X 轴被积函数寄存器初值 $J_{VX}=|X_e-X_s|$

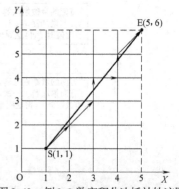

图2-43 例2-9 数字积分法插补轨迹图

$= |\ 5-1\ | = 4$，Y 轴被积函数寄存器初值 $J_{VY} = |\ Y_e - Y_s\ | = |\ 6-1\ | = 5$。

③ X 轴与 Y 轴的累加器初值 $J_{RX} = J_{RY} = 0$，

④ 偏差函数计算。X 方向 $J_{RX} + J_{VX} \rightarrow J_{RX}$，

Y 方向 $J_{RY} + J_{VY} \rightarrow J_{RY}$。

用 $n = 2^3 = 8$ 溢出计算法，插补计算见表 2-16，插补轨迹图如图 2-43 所示。

表 2-16　例 2-9 插补计算过程

X 向与 Y 向余数累加器初值 $J_{RX} = J_{RY} = 0$			X 向被积函数寄存器初值 $J_{VX} = 4$ Y 向被积函数寄存器初值 $J_{VY} = 5$		
序　号	X 向累加器		Y 向累加器		终点判别 $J_\Sigma = 2^3 = 8$
	$J_{RX} = J_{RX} + J_{VX}$	溢出 ΔX	$J_{RY} = J_{RY} + J_{VY}$	溢出 ΔY	
开始	$J_{VX} = 4$，$J_{RX} = 0$		$J_{VY} = 5$，$J_{RY} = 0$		$n = 8$
1	$J_{RX} = 0 + 4 = 4$	0	$J_{RY} = 0 + 5 = 5$	0	$n = 7$
2	$J_{RX} = 4 + 4 = 0$	1	$J_{RY} = 5 + 5 = 2$	1	$n = 6$
3	$J_{RX} = 0 + 4 = 4$	0	$J_{RY} = 2 + 5 = 7$	0	$n = 5$
4	$J_{RX} = 4 + 4 = 0$	1	$J_{RY} = 7 + 5 = 4$	1	$n = 4$
5	$J_{RX} = 0 + 4 = 4$	0	$J_{RY} = 4 + 5 = 1$	1	$n = 3$
6	$J_{RX} = 4 + 4 = 0$	1	$J_{RY} = 1 + 5 = 6$	0	$n = 2$
7	$J_{RX} = 0 + 4 = 4$	0	$J_{RY} = 6 + 5 = 3$	1	$n = 1$
8	$J_{RX} = 4 + 4 = 0$	1	$J_{RY} = 3 + 5 = 0$	1	$n = 0$
一直累加至 $2^3 = 8$ 次，到达终点完成			注意：当 X 或 Y 轴方向累加器 J_{RX} 与 J_{RY}，其最大累加值为 $2^3 = 8$ 时，就要溢出，并在该方向上走一步		

3. 数字积分法圆弧插补

（1）数字积分法圆弧插补原理

以第 Ⅰ 象限逆圆弧 SE 为例，如图 2-44 所示，圆心坐标为 O，起点 S $(X_s$、$Y_s)$，终点 E $(X_e$、$Y_e)$，圆弧半径 R，进给速度为 v，插补动点为 M $(X_i$、$Y_i)$，该动点在两坐标轴上速度分量为 v_x、v_y，显然动点速度矢量是变化的，根据图中几何关系，有关系式：

$$\frac{v}{R} = \frac{v_x}{Y_i} = \frac{v_y}{X_i} = K \ （常数） \quad (2-29)$$

$$\Delta X = -v_x \Delta t = -KY_i \Delta t \quad (2-30)$$

$$\Delta Y = v_y \Delta t = KX_i \Delta t$$

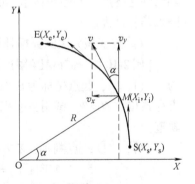

图 2-44　积分第 Ⅰ 象限逆圆弧法圆弧插补原理图

采样时间为 Δt 时，X、Y 轴上的位移增量如式（2-30）所示。要注意，X 轴增量 ΔX 是用该动点的 Y_i 坐标值计算，由于第 Ⅰ 象限逆圆对应 X 轴坐标值逐渐减小，所以 ΔX 表达式取负号；而 Y 轴增量 ΔY 则是用该动点的 X_i 坐标值计算，由于对应的 Y 轴坐标值是增加的，所以 ΔY 表达式取正号。与数字积分法直线插补类似，也可用两个积分器来实现圆弧插补，插补原理框图如图 2-45 所示。

（2）数字积分法圆弧插补器与直线插补器区别

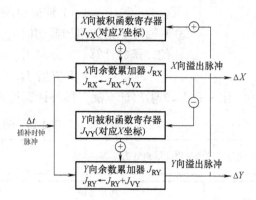

图 2-45　数字积分法第 I 象限逆圆弧插补原理框图

1）被积函数寄存器 J_{VX}、J_{VY} 的内容不同

直线插补时 J_{VX}、J_{VY} 存的是直线终点坐标绝对值，它是固定不变的。而圆弧插补时 J_{VX}、J_{VY} 值随插补动点的圆弧矢量变化而变化，分别对应该点的 X 方向、Y 方向速度增量值。

2）被积函数寄存器中存放的数据形式不同　直线插补时，J_{VX} 和 J_{VY} 分别存放对应终点坐标绝对值，对于给定的直线来讲是一个常数；而在圆弧插补时，J_{VX} 和 J_{VY} 中存放的是动点圆弧矢量坐标，属于一个变量，也就是说随着插补过程的进行，要及时修正 J_{VX} 和 J_{VY} 中的数据内容。例如，对于图 2-44 所示第 I 象限逆圆的数字积分法插补来讲，在插补开始时 J_{VX} 和 J_{VY} 中分别存放起点坐标值 Y_S 和 X_S。在插补过程中，每当 Y 轴溢出一个脉冲（ΔY），J_{VX} 应"+1"；反之，每当 X 轴溢出一个脉冲（$-\Delta X$），J_{VY} 应"-1"。至于何时"+1"，何时"-1"，取决于动点 N 所在象限和圆弧走向。例如第 I 象限逆圆弧插补，为逼近该圆弧，Y 坐标插补脉冲需向正方向走，而 X 坐标轴插补脉冲需向负方向走，图中的 + 和 - 就表示动点坐标的"+1"修正和"-1"修正的关系。

（3）数字积分法圆弧插补终点判别

数字积分法圆弧插补终点判别，须对 X、Y 两个坐标轴同时进行。

利用两个终点计数器来实现插补终点判别：

$$J_{\Sigma X} = |X_e - X_s| \tag{2-31}$$

$$J_{\Sigma Y} = |Y_e - Y_s| \tag{2-32}$$

X 或 Y 坐标轴每输出一个脉冲，就将相应终点计数器减 1，当减到 0 时，则说明该坐标轴已到达终点，并停止该坐标的累加运算。只有当两个终点计数器均减到 0 时，才结束整个圆弧插补过程。

（4）数字积分法圆弧插补计算举例

【例 2-10】　插补第 I 象限逆圆弧 SE，如图 2-46 所示，圆心为 O'（1，1），起点坐标为 S（6，1），终点坐标为 E（1，6），寄存器位数 $N = 3$，试用数字积分法插补该圆弧，并画出插补轨迹。

【解】　① 终点判别：X 方向：$n_x = |X_e - X_s| = |1 - 6| = 5$；$Y$ 方向：$n_y = |Y_e - Y_s| = |6 - 1| = 5$

即当 J_{RX} 溢出 $|X_e - X_s| = 5$ 个脉冲，J_{RY} 溢出 $|Y_e - Y_s| = 5$ 个脉冲后，就表示插补结束。

② X、Y 方向被积函数寄存器初值：

$J_{vx} = |X_s - X_o| = |1 - 1| = 0$

$J_{vy} = |Y_s - Y_o| = |6 - 1| = 5$，

③ X、Y 方向累加器初值：$J_{RX} = J_{RY} = 0$。

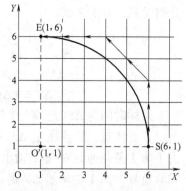

图 2-46　例 2-10 第 I 象限逆圆弧数字积分法插补轨迹图

④ 偏差函数计算：X 方向 $J_{RX} + J_{VX} \rightarrow J_{RX}$；$Y$ 方向 $J_{RY} + J_{VY} \rightarrow J_{RY}$。

用 $n = 2^3 = 8$ 溢出计算法，计算过程见表 2-20，插补轨迹图如图 2-46 所示。

表 2-17　例 2-10 插补计算过程

$n = 2^3 = 8$ 溢出计算法　　　初值：$J_{vx} = 0$，$J_{vy} = 5$，$J_{RX} = 0$

序　号	X 方向积分				Y 方向积分			
	J_{VX}	$J_{RX} = J_{RX} + J_{VX}$	ΔX	n_x	J_{VY}	$J_{RY} = J_{RY} + J_{VY}$	ΔY	n_y
开始	0	0	0	5	5	0	0	5
1	0	0 + 0 = 0	0	5	5	0 + 5 = 5	0	4
2	0	0 + 0 = 0	0	5	5	5 + 5 = 2	1	4
3	1	0 + 1 = 1	0	5	5	2 + 5 = 7	0	4
4	1	1 + 1 = 2	0	5	5	7 + 5 = 4	1	3
5	2	2 + 2 = 4	0	5	5	4 + 5 = 1	1	2
6	3	4 + 3 = 7	0	5	5	1 + 5 = 6	0	2
7	3	7 + 3 = 2	1	5	5	6 + 5 = 3	1	1
8	4	2 + 4 = 6	0	4	4	3 + 4 = 7	0	1
9	4	6 + 4 = 2	1	4	4	7 + 4 = 3	1	0
10	5	2 + 5 = 7	0	3	3	停止		
11	5	7 + 5 = 4	1	2	3			
12	5	4 + 5 = 1	1	1	2			
13	5	1 + 5 = 6	0	1	1			
14	5	6 + 5 = 3	1	0	1			
15	5	停止			0			

2.3.4　数据采样法插补

1. 数据采样法插补概述

（1）数据采样法插补原理

随着伺服电动机与控制技术的发展，在闭环或半闭环系统中都采用了数据采样法插补。

数据采样法插补又称为时间分割法插补，根据 CNC 运算速度，确定一个时间间隔，称为插补周期（一般小于 20ms）。根据编程进给速度，将零件轮廓曲线分割成一系列首尾相接的微小直线段 ΔL_i 去逼近圆弧。然后，计算出每次插补与微小直线段 ΔL_i 对应的各坐标轴位置增量 ΔX_i、ΔY_i，并分别输出到各坐标轴的伺服电动机，用以控制在各进给坐标轴方向上同时完成的一次微小运动。同时，还要完成对各坐标方向的实际运动位移增量值进行测量与采样，提供给数控计算机进行比较，如图 2-47 所示。

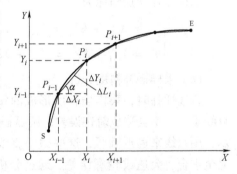

图 2-47　数据采样插补原理图

（2）数据采样插补法与脉冲增量插补算法的比较

数据采样插补法与脉冲增量插补算法相比，有着本质上的不同。脉冲增量插补算法实质是：数控计算机输出一串序列脉冲，每输出一个脉冲，X 或 Y 坐标轴就进给一步，与给定轨迹函数比较一步，计算机也就插补计算一次。数控计算机序列脉冲频率不能太高，否则执行元件步进电动机因动作频率过高造成失步，使进给速度和精度受到限制。所以，脉冲增量插补算法的进给速度不高（$2 \sim 6\mathrm{m/min}$），多轴联动插补困难。因无位置传感器检测，多用于开环的经济型低档数控机床中。

数据采样法插补每次输出结果不再是单个脉冲，而是同时输出了几个联动插补轴的坐标增量如 Δx_i、Δy_i 的数字量。这些坐标增量值即可认为是各轴伺服电动机在前一点运动速度初值基础上所做的直线加减速运动，它们的合成矢量增量值 ΔL_i 为首尾相接的直线段，去逼近编程曲线轨迹。图2-47示出的是二维平面曲线，可以实现 X、Y 两轴联动插补。对空间曲线也是如此，可用三个乃至多个坐标轴增量如 Δx_i、Δy_i、$\Delta z_i \cdots$，合成空间矢量直线段去逼近编程多维空间曲线轨迹，实现多轴联动插补。可见，数据采样插补法的进给速度，只取决于数控计算机的运算速度和伺服电动机速度响应等的性能。数控计算机采样时间越短、伺服电动机加减速度响应越快，插补运算速度也就越快。数据采样法能实现较高的进给速度，达到 $6 \sim 10\mathrm{m/min}$ 以上，三轴甚至五轴以上的多轴联动插补。因为在伺服电动机的同轴端或在平台等运动部件上，安装了编码器或光栅尺等位置测量传感器，所以数据采样法适用于以交、直流伺服电动机作为驱动元件的半闭环或全闭环的中高档数控系统中。

（3）数据采样步长和插补动点坐标值的计算

设编程进给速度为 F，进给速度倍率修调系数为 K_i，系统采样插补周期为 T_s。由图2-47看出，下一插补点的坐标值是前一插补点坐标值与位置增量之和。

步长 ΔL_i 为：

$$\Delta L_i = FT_\mathrm{s} \tag{2-33}$$

$$\Delta L_i = K \times \frac{F_i}{60} \times \frac{T_\mathrm{s}}{1000} \tag{2-34}$$

式中　ΔL_i——一次插补进给量（mm）；

K——实际进给速度倍率修调系数（%）；

F_i——实际进给速度（mm/min，考虑加减速控制）；

T_s——插补周期（ms）。

求得插补动点坐标为：

$$\begin{cases} X_i = X_{i-1} + \Delta X_i = X_{i-1} + \Delta L_i\cos\alpha \\ Y_i = Y_{i-1} + \Delta Y_i = Y_{i-1} + \Delta L_i\sin\alpha \end{cases} \tag{2-35}$$

（4）采样插补精度分析

直线插补时，采样插补所形成的每段小直线与给定直线重合，不会造成轨迹误差。圆弧插补时如图2-48所示，用弦线来逼近圆弧，这些微小直线段不可能与圆弧完全重合，会造成轮廓误差。通过分析，可推导出其最大径向误差为：

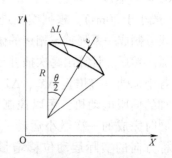

图 2-48　数据采样插补精度分析图

$$e_r = \frac{(T_s F)^2}{8R} \tag{2-36}$$

2. 数据采样法直线插补

（1）数据采样法直线插补原理

如图 2-49 所示，设要插补的是第 Ⅰ 象限内直线 SE，直线起点坐标为 $S(X_0、Y_0)$，终点坐标为 $E(X_e、Y_e)$。插补周期为 T_s，进给速度为 F。

设刀具某时刻处于 M 点，坐标为 (X_{i-1}, Y_{i-1})，下一点为 N 点，其坐标值为 (X_i, Y_i)，插补时实际进给倍率修调系数为 K，则可进行数据采样法直线插补计算。

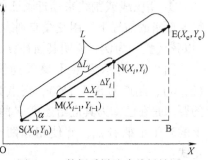

图 2-49　数据采样法直线插补图

（2）数据采样法直线插补计算

① 计算被插补直线段长度。

$$L = \sqrt{(X_e - X_0)^2 + (Y_e - Y_0)^2} \tag{2-37}$$

② 计算单位矢量在各坐标方向的分量（由于每个插补周期内的直线段与坐标的夹角均相同，为简化计算，直接计算单位矢量在各坐标方向的分量）。

$$\begin{cases} R_X = (X_e - X_0)/L \\ R_Y = (Y_e - Y_0)/L \end{cases} \tag{2-38}$$

③ 计算当前插补周期中的插补直线段长度 ΔL_i。

$$\Delta L_i = \frac{KFT_s}{60000} \tag{2-39}$$

注意：F 单位是 mm/min，T_s 单位是 ms，单位要统一。先将 ms 化为 s（除以 1000），再化为 min（除以 60）。

④ 计算下一插补动点的坐标。

$$\begin{cases} X_i = X_{i-1} + \Delta X_i = X_{i-1} + \Delta L_i R_X \\ Y_i = Y_{i-1} + \Delta Y_i = Y_{i-1} + \Delta L_i R_Y \end{cases} \tag{2-40}$$

重复以上计算过程直到终点，就完成了整个直线段的插补计算。

⑤ 终点判别。若余量²≤步长²，即 $(X_e - X_i)^2 + (Y_e - Y_i)^2 \leqslant \Delta L^2$，则将到达终点，将余量（剩余增量）$\Delta X_i = X_e - X_i$，$\Delta Y_i = Y_e - Y_i$ 输出后，插补结束。

（3）数据采样法直线插补计算举例

【例 2-11】　设某数控系统的插补周期 $T_s = 12 ms$，若插补第 Ⅰ 象限的直线 SE，起点坐标为（1，1），终点坐标为（4，5），在第一个插补周期的实际进给速度 $F = 200 mm/min$，进给倍率修调 $K = 60\%$，试计算第一个插补周期的坐标值。（坐标单位：mm）

【解】　$L = \sqrt{(X_e - X_0)^2 + (Y_e - Y_0)^2} = \sqrt{(4-1)^2 + (5-1)^2} = 5 mm$

$R_X = (X_e - X_0) / L = (4-1) / 5 = 0.6$

$R_Y = (Y_e - Y_0) / L = (5-1) / 5 = 0.8$

$\Delta L_i = \frac{KFT_s}{60000} = \frac{0.6 \times 200 \times 12}{60000} = 0.024 mm$

$X_i = X_{i-1} + \Delta X_i = X_{i-1} + \Delta L_i R_X = 1 + 0.024 \times 0.6 = 1.0144 mm$

$$Y_i = Y_{i-1} + \Delta Y_i = Y_{i-1} + \Delta L_i R_Y = 1 + 0.024 \times 0.8 = 1.0192 \text{mm}$$

其余第2个、第3个……插补周期的坐标值计算，依此类推。

3. 数据采样法圆弧插补

（1）数据采样法圆弧插补原理

① 用弦线或割线来逼近圆弧的算法原理　数据采样法圆弧插补基本思路是在满足加工精度要求的前提下，用弦线或割线来代替弧线实现进给，即用直线逼近圆弧。下面以内弦线（以弦代弧）为例，说明其插补算法。

图2-50所示为第Ⅰ象限逆圆弧，圆心在坐标原点$(0，0)$，起点为$S(X_s，Y_s)$，终点为$E(X_e，Y_e)$。圆弧插补的要求是在已知刀具进给速度F的条件下，计算出圆弧段上的若干个插补点，并使相邻两个插补点之间的弦长满足式：

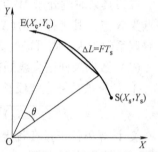

$$\Delta L = FT_s \qquad (2\text{-}41)$$

② 位于圆弧上的插补点坐标计算公式：

$$\begin{aligned} X_i &= X_0 + R\cos\theta_i \\ Y_i &= Y_0 + R\sin\theta_i \end{aligned} \qquad (2\text{-}42)$$

图2-50　数据采样法圆弧插补原理图

③ 当θ很小时相邻两插补点之间的位移角近似关系式：

$$\Delta\theta_i \approx \frac{\Delta L_i}{R} = \frac{KFT_s}{60000R} \qquad \Delta L_i = \frac{KFT_s}{60000} \qquad (2\text{-}43)$$

$$\theta_i = \theta_{i-1} + \Delta\theta_i \qquad (2\text{-}44)$$

注意：F单位是mm/min，K为进给倍率修调系数（%），T_s单位是ms，ms先化为s（除以1000），再化为min（除以60）。根据进给方向、进给速度和精度要求控制θ_i的增减，就可以控制刀具沿顺时针或逆时针运动，从而完成插补任务。

（2）第Ⅰ象限逆圆弧数据采样法圆弧插补

第Ⅰ象限逆圆弧数据采样法圆弧插补计算如图2-51所示。

① 两个插补点之间的弦长：

$$\Delta L = FT_s$$

② 位于圆弧上的插补点坐标：

$$\begin{aligned} X_i &= X_0 + R\cos\theta_i \\ Y_i &= Y_0 + R\sin\theta_i \end{aligned}$$

③ 相邻两插补点之间的位移角：

$$\Delta\theta_i \approx \frac{\Delta L_i}{R} = \frac{KFT_s}{60000R}$$

$$\Delta L_i = \frac{KFT_s}{60000}$$

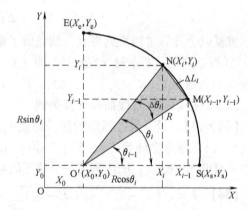

图2-51　第Ⅰ象限逆圆弧数据采样法圆弧插补计算图

$$\theta_i = \theta_{i-1} + \Delta\theta_i$$

注意：$\Delta\theta_i$足够小时，上述公式成立。

（3）数据采样法圆弧插补计算举例

【例2-12】 设某数控系统的插补周期 $T_s = 12\text{ms}$，若插补第 I 象限的圆弧 SE，圆心坐标为 O' （2，1），起点坐标为（7，1），终点坐标为（2，6），半径为 5。在第一个插补周期的实际进给速度 $F = 200\text{mm/min}$，进给倍率修调系数为 $K = 60\%$，试计算第一个插补周期的坐标值。（坐标单位为 mm）

【解】 $X_0 = 2$，$Y_0 = 1$；$R = 5$；$T_s = 200\text{ms}$

$$\Delta L_i = \frac{KFT_s}{60000} = \frac{0.6 \times 200 \times 12}{60000} = 0.024\text{mm}$$

$$\Delta \theta_i \approx \frac{\Delta L_i}{R} = \frac{0.024}{5} = 0.00048\text{rad}$$

$$X_i = X_0 + R\cos\theta_i = 2 + 5 \times \cos 0.0048 = 6.99994\text{mm}$$

$$Y_i = Y_0 + R\sin\theta_i = 1 + 5 \times \sin 0.0048 = 1.02400\text{mm}$$

其余第 2 个、第 3 个……插补周期的坐标值计算，依此类推。

小　　结

本章首先介绍了数控计算机对数控加工程序的预处理。从数控加工程序输入到轮廓插补计算前数据处理的过程，包括程序输入、译码与诊断、刀具补偿、进给速度处理和坐标变换等。

常用的程序输入方式有键盘、CF 存储卡、U 盘以及串行通信输入方式，都要经过缓冲器来过渡存储，以便译码处理。译码分两个步骤进行：先代码识别，然后代码翻译。诊断是在程序输入和译码过程中，对不规范代码进行检查和处理。

刀具补偿的目的在于简化数控加工程序的编制，分为刀具长度补偿和刀具半径补偿两大类。而刀具半径补偿实质就是数控系统根据零件轮廓编制的程序和预先设定的偏置参数，将工件轮廓数据自动转换成相应刀具中心轨迹数据。刀具补偿有 B 刀补、C 刀补两种方法，常用 C 刀补。B 刀补用圆弧、C 刀补用直线逼近相邻两轮廓曲线的转接。进给速度处理的目的在于将数控加工程序给定的速度信息变换成数控系统可以控制的参数变量。其他还有坐标变换、绝对编程和增量编程等的预处理。

其次，介绍了 CNC 数计算机轮廓插补原理。包括插补分类、插补基本原理和各类插补计算方法。重点介绍了典型的逐点比较法、数字积分法和数据采样法。前两种属脉冲增量插补算法，逐点比较法是最经典的插补方法，它原理简单、实现方便，只有四个插补过程（偏差判别、坐标进给、偏差计算、终点判别）。它的特点是 CNC 输出数字脉冲，每次只能驱动一个坐标进给，伺服电动机使用步进电动机，插补速度慢、精度低，不易实现多坐标联动，主要用于经济型或低档型数控系统。数字积分法是在轮廓控制系统中广泛应用的插补方法，是逐点比较法改进的插补计算方法。主要特点是用小矩形面积的累加和来逼近给定轨迹。可以实现多坐标联动插补，进行空间直线和曲线的插补。精度和速度比逐点比较法高，多用于中低档数控系统。

随着计算机技术、伺服技术及传感器等技术的发展，现在闭环或半闭环系统中大多采用数据采样法。数据采样法插补基本原理是：根据 CNC 数字计算机的插补计算速度，确定一个时间间隔作为插补周期，用弦长代替弧长，CNC 在一个插补周期内完成一次插补运算，向各坐标轴同时发出一组伺服电动机运动位移增量的数据值，该数据值可以是模拟量也可以是数字量，同时还要完成对各坐标方向的实际运动增量值进行测量与采样，提供给 CNC 进行比较。数据采样法能实现较高的进给速度、多轴联动的插补，适用于以交、直流伺服电动机作为驱动元件的中、高档的数控系统。

习　　题

1. 什么是加工程序的预处理？简述它们所包含的内容。

2. 常用的数控加工程序输入方式有哪些？程序诊断包括哪些内容？

3. 为什么要刀具补偿，有哪几种？什么是 B 刀补与 C 刀补？各有什么优缺点？

4. 刀具半径补偿曲线转接过渡方式有哪几种？各在什么情况下发生？请分别指出如图 2-52 所示从 O 点建立刀具补偿开始到 E 点结束，刀补各转接点是什么类型的刀具补偿？（先对转接角 α 作说明）。

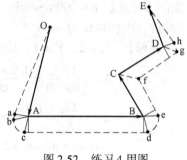

图 2-52　练习 4 用图

5. 什么是插补？常用脉冲增量插补与数据采样插补各有什么特点？

6. 若第 I 象限直线轮廓的起点 S 的坐标为（1，1），终点 E 的坐标为（6，5），试用逐点比较法进行插补。要求：①列出插补运算表；②用坐标格纸画出插补轨迹图。

7. 若第 I 象限逆圆的圆心为 O（0，0），起点 S 坐标为（5，1），终点 E 坐标为（1，5），用逐点比较法进行插补。要求：①列出插补运算表；②用坐标格纸画出插补轨迹图。

8. 若第 I 象限直线轮廓的起点 S 的坐标为（2，1），终点 E 的坐标为（6，7），试用数字积分法进行插补。要求：①列出插补运算表；②用坐标格纸画出插补轨迹图。

第3章 数控检测反馈装置

教学重点

本章学习数控系统中常用的位置和速度检测反馈装置。掌握检测机械运动行程的传感器，如光电式、霍尔式或电感式无触点接近开关；检测机械运动位置与速度的传感器和旋转变压器、光电编码器、光栅尺和测速电动机等。了解检测机床位置精度的激光干涉仪。

3.1 数控检测反馈装置概述

3.1.1 数控检测反馈装置的用途和要求

为使伺服运动机构能够准确跟踪由零件轮廓程序所规定的轨迹运动，数控系统必须有位置、速度等检测与反馈装置，与伺服驱动器、伺服电动机构成闭环控制的伺服系统，如图3-1所示。

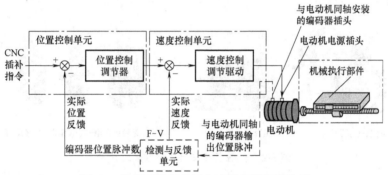

图3-1 数控系统的位置与速度检测反馈装置

数控系统中位置检测反馈装置主要作用是检测机械位移和速度，并发出反馈信号与CNC数控计算机发出的零件轮廓插补位置指令信号相比较，若有偏差经过伺服驱动器进行纠偏调节并功率放大后驱动伺服电动机，经传动机械带动刀架或平台等运动机构向消除偏差方向运动，直至逼近零件轮廓，达到所要求的加工精度为止。可见，位置检测反馈装置是进给伺服系统闭环控制的重要环节之一，其精度和分辨率直接影响进给伺服系统的控制精度和动态性能，从而影响数控加工机床的定位精度。现代数控系统对检测传感器要求是：高可靠性和高抗干扰性、高精度（如0.001～0.01mm/m）、高分辨率（如0.0001～0.01mm/m）、高响应速度、维护使用方便以及适应计算机的连接、信号传输等。

3.1.2 常用数控检测反馈装置

① 机床运动行程检测传感器——机械式有触点行程开关、接近式无触点行程开关（光

电、霍尔和电感等接近开关)。

② 机床运动位移检测传感器——模拟式传感器如旋转变压器、感应同步器、磁栅尺等;数字脉冲式传感器如光电编码器、光栅尺等。

③ 机床运动速度传感器——测速发电机、光电编码器、光电式或霍尔式速度传感器等。

实际上,与伺服电动机同轴安装的旋转变压器、光电编码器及光栅尺等转速传感器,可以测量出伺服电动机角位移 θ,然后将其进行微分便可得到电动机的角速度 $\omega = \mathrm{d}\theta/\mathrm{d}t$。例如数控机床常用光电编码器测量电动机的角位移,来间接测量机床运动的机械位移。同时,通过编码器输出频率与电动机旋转轴速度成正比的序列脉冲,用 F-V 转换器(频率-电压转换器)将其转换为与速度成正比的电压值,作为速度反馈信号。

3.2 机床运动行程检测传感器

机床运动行程检测传感器,用于检测包括 X、Y、Z 等各伺服坐标轴的正反向超限行程、回参考点、自动换刀位置等。它们均是开关量输出,通常分机械式有触点开关和无触点接近开关两类,如图 3-2 所示。常用的机械式有触点开关包括微动开关、行程开关、组合式行程开关(由 3～5 个行程开关组成,外有推杆头)等,因有机械触点,所以其寿命短、信号有抖动、可靠性差。接近式无触点接近开关按工作原理可分为光电式、电容式、电感式和霍尔式等。因无触点,所以其工作可靠、寿命长,常用于检测机床参考点、超限行程保护等。

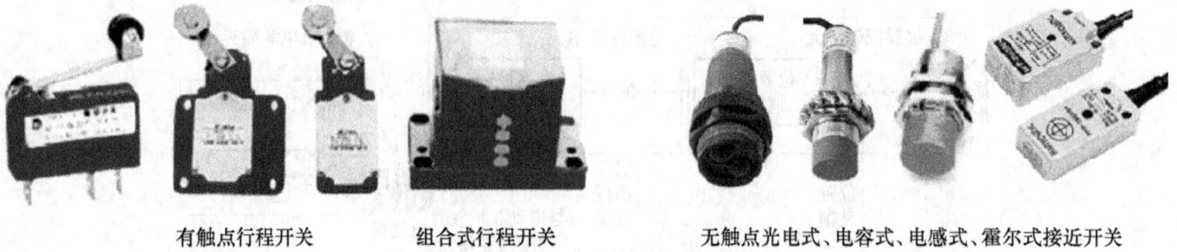

有触点行程开关　　组合式行程开关　　　　无触点光电式、电容式、电感式、霍尔式接近开关

图 3-2　有触点开关与无触点接近开关

1. 光电开关

(1) 光电开关测量原理

利用发光二极管作光源发射可见光或不可见红外光,通过与之相对的光敏二极管或光敏晶体管接收光线,如图 3-3 所示。若中间没有物体遮挡,光敏晶体管接收到光信号,输出大电流;若中间有遮挡物,光敏晶体管接收不到光信号,无电流通过。利用晶体管的开关作用可以产生光电脉冲信号,用于位置检测、工件计数或物体转度测量。光电开关有遮挡式与反射式两种工作方式。

(2) 光电开关的应用

光电开关价廉物美、体积小、性能可靠,广泛应用于自动控制系统、生产流水线、办公设备和家用电器中。例如检测生

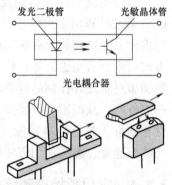

图 3-3　光电开关工作原理图

产流水线上的工件有无、工件计数、工件位置等，如图3-4所示为用遮挡式光电开关检测和控制螺钉的有无及长度；用反射式光电开关控制钢板长度的切割。

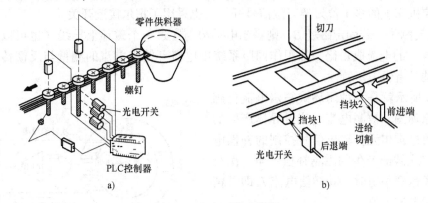

图3-4 光电开关应用图

a）用遮挡式光电开关检测螺钉供料 b）用反射式光电开关控制钢板长度切割

2. 霍尔传感器

霍尔传感器是基于半导体材料如锗（Ge）、锑化铟（InSb）、砷化铟（InAs）等的霍尔效应制成的。

（1）霍尔效应

将半导体薄片置于磁感应强度为B的磁场中，磁场方向垂直于薄片（也可以成一定角度），当有电流I流过这个半导体薄片一侧时，由于洛仑兹力的作用，在垂直于电流和磁场的方向上另一侧将产生电动势U_H，称霍尔电动势，该现象称为霍尔效应，如图3-5所示。该现象是在1879年被霍尔（E. H. Hall）发现的，故称之为霍尔效应。

$$U_H = K_H IB \tag{3-1}$$

式中　U_H——霍尔电动势；

　　　K_H——霍尔元件的灵敏度；

　　　B——磁感应强度；

　　　I——流过半导体薄片一侧电流。

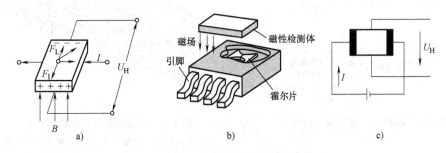

图3-5 霍尔效应原理图

a）霍尔效应原理 b）器件外观 c）连接原理

（2）霍尔传感器的应用

1）霍尔接近开关　从霍尔效应原理图看出，若固定I，让B有一突变，则U_H将有大的变化，这就是霍尔型接近开关的原理。依此可以制成接近开关用来测量物体的位置，用于机床或机械手位置如超限行程、回零点等的测量与控制。此外，电动自行车无刷电动机的换向开关及数控机床上的多工位刀架刀位信号开关，也采用了霍尔接近开关。

2）电流测量 若固定磁场 B，则霍尔电动势与穿过一个磁环上导线（也可以在磁环上绕一定匝数）的电流成正比，常用作伺服系统中电流环输出电流的测量与反馈传感器，以保证伺服轴具有恒力矩特性。

图 3-6 所示就是一种闭环式霍尔电流传感器的工作原理图。被测电流 I_n 流过导体产生的磁场，由通过霍尔元件输出信号控制的补偿电流 I_m 流过二次线圈产生的磁场补偿，当一次与二次的磁场达到平衡时，其补偿电流 I_m 即可精确反映一次电流 I_n 值。

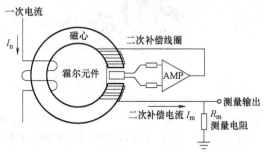

图 3-6 闭环式霍尔电流传感器工作原理图

3）转速测量 在控制电流 I 恒定的条件下，如图 3-7 所示在被测转速盘上对称位置放置四个小磁铁，当转盘旋转至与旁边霍尔晶体管接近时，磁感应强度大小发生突变，输出霍尔电动势高。当离开时，输出霍尔电动势则低。这就产生了一个脉冲信号，继续转下去会产生一串序列脉冲信号。由于单位时间内脉冲数目是与转速成正比的，因此可用作速度测量。

4）行程控制 如图 3-8 所示，用霍尔接近开关检测和控制机械手或机床工作台运动的行程。小磁铁安装在运动部件上，霍尔晶体管安装在相对固定的部件上。

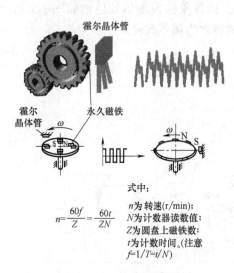

式中：
$$n = \frac{60f}{Z} = \frac{60t}{ZN}$$
n 为转速(r/min)；
N 为计数器读数值；
Z 为圆盘上磁铁数；
t 为计数时间。(注意 $f=1/T=t/N$)

图 3-7 用霍尔传感器测量转速

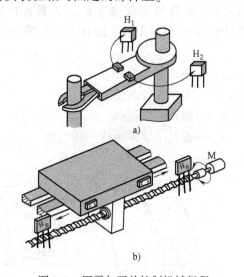

图 3-8 用霍尔开关控制机械行程
a）控制机械手行程 b）控制机床工作台行程

3. 电感式接近开关

1）涡流效应 电感式接近开关是利用涡流效应制成的，由一个螺线管线圈加上被测金属板组成，如图 3-9 所示。当线圈置于金属导体附近并且通有电流 i_1 时，线圈周围就产生一个交变磁场 H_1，置于该磁场中的金属导体就产生感应涡流 i_2，并产生新磁场 H_2。该磁场与原磁场方向相反，从而使线圈中有效阻抗发生变化，利用谐振电路可以测量这种变化。

2）电感式接近开关的应用　因为电感线圈的阻抗变化与金属导体的电导率σ、磁导率μ、厚度t、线圈与金属导体的距离δ以及线圈的几何参数等因素有关，所以可利用此原理测量机械位移、厚度、振幅、裂纹和缺陷等，而且是非接触式的传感器。在数控机床中，常用电感式接近开关作为检测各伺服轴超限行程开关与回参考点开关。

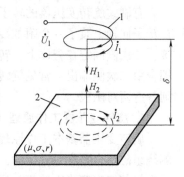

图 3-9　涡流传感器工作原理

1—线圈　2—金属导体

3.3　机械运动位移检测传感器

机械运动位移的检测包括线位移检测与角位移检测两大类。常用光栅尺和感应同步器等测量线位移，用光电编码器测量角位移。有了角位移θ后，将其进行微分后便得角速度$\omega = \mathrm{d}\theta/\mathrm{d}t$，二阶微分则是角加速度。

3.3.1　旋转变压器

旋转变压器是一种角位移测量元件，其输出电压随转子转角变化。外形如图 3-10 所示。旋转变压器一般安装在电动机尾端同轴上，随电动机旋转，通过传动机械间接反映机械运动直线位移，可用于检测坐标轴的进给速度和位置、工作台转角等。特别适合高温、严寒、潮湿、高震动等不宜选用光电编码器的恶劣环境。

图 3-10　旋转变压器外形图

1. 旋转变压器结构

旋转变压器结构类似于二相绕线式交流电动机，按转子绕组引出方式的不同，分有刷式和无刷式两种结构形式，它们均分为定子（定子铁心、定子绕组）和转子（转子铁心、转子绕组）两大部分，如图 3-11 所示。

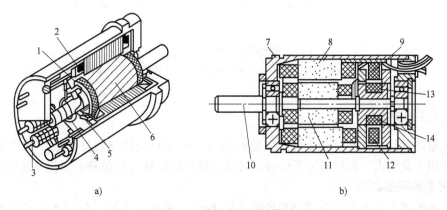

a)　　　　　　　　　　　　　b)

图 3-11　旋转变压器结构图

a）有刷式旋转变压器　b）无刷式旋转变压器

1、8—定子绕组　2、11—转子绕组　3—接线柱　4—电刷　5—换向器　6、10—转子　7—壳体
9—附加定子　12—附加二次绕组　13—附加一次绕组　14—附加转子线轴

有刷式旋转变压器的转子绕组是通过滑环和电刷的滑动接触引出感应电势，而无刷式则在转子同轴上装了一个附加变压器。附加变压器一次绕组固定在转子轴上并与转子绕组相接，二次侧固定在壳体上。转子绕组的感应电动势，通过附加变压器一次侧与二次侧的电磁耦合由二次侧输出。常见旋转变压器绕组有两极和四极，两极绕组各有一对磁极，四极绕组则各有两对磁极。

2. 旋转变压器工作原理

旋转变压器基本工作原理与普通变压器类似。两者区别是：普通变压器的一次侧与二次侧绕组磁耦合是相对固定的，输出与输入电压之比是常数（与匝数成反比）；而旋转变压器一次侧与二次侧绕组的相对位置随转子的角位移 θ 时刻改变着，因而输出电压也随之变化。旋转变压器（以两极绕组为例）的工作原理如图 3-12 所示，转子绕组输出电压 u_2 的大小，取决于定子与转子两个绕组磁轴在空间相对位置角 θ。设加在定子绕组的交流电压 u_1 为

$$u_1 = U_m \sin \omega t \tag{3-2}$$

当转子与定子磁轴垂直时：

$$u_2 = 0 \tag{3-3}$$

当转子绕组转过 θ 角时：

$$u_2 = K u_1 \sin \theta = K U_m \sin \theta \sin \omega t \tag{3-4}$$

可见转子转过 90°，即转子与定子绕组平行时转子绕组输出电压为最大。转子绕组输出电压频率与定子电源相同，其幅值随转子与定子的相对角位移 θ 的正弦函数而变化。因此只要测出转子绕组输出电压 u_2 幅值，即可得到转子相对定子角位移 θ 的大小。

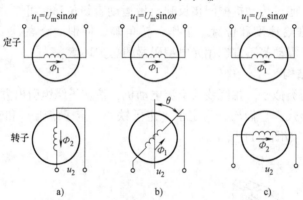

图 3-12　两极绕组式旋转变压器工作原理

a）转子与定子转轴垂直　b）转子转过 θ 角　c）转子与定子磁轴平行

3.3.2　光电编码器

光电编码器是一种通过光电转换，将被测轴上机械角位移量转换成数字脉冲量的传感器，主要用于机器人、数控机床等伺服轴或运动部件的位移（角位移）和移动速度的检测。

1. 光电编码器结构

光电编码器产品外形和内部结构如图 3-13 所示，主要由光源（带聚光镜发射光敏二极管）、编码盘、检测光栅板、接收光敏晶体管及信号处理电路板组成。

图 3-14 是增量式光电编码器的光学原理图，由该图看出在发射光敏二极管和接收光敏晶体管之间由检测光栅板与编码盘隔开，在编码盘上刻有栅缝（透光式）或镀镍反射 A 相、

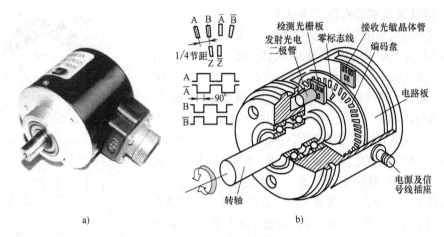

图 3-13 增量式光电编码器结构图

a）编码器产品外形图 b）编码器内部结构图

B 相条纹（反射式），该盘可随被测转轴一起转动。在与编码盘很接近的距离上安装有检测光栅板，该光栅板不动，上刻有与编码盘上 A 相、B 相条纹相差 1/4 极距即 90° 的条纹。当编码盘随被测轴旋转时，每转过一个刻线（狭缝），就与不动的检测光栅板上条纹发生光干涉的明暗变化，经过光敏晶体管转换为电脉冲信号，经放大、整形处理后，得到序列方波脉冲信号输出，再将该脉冲信号送到计数器中计数，计数值就反映了被测轴转过的角度。

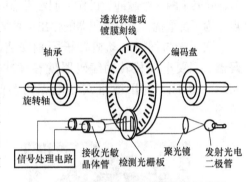

图 3-14 增量式旋转编码器光学原理图

在编码盘上还刻有 1 条零标志线 Z 条纹，每转发一个脉冲，作为机床回参考点的基准点。每两个零脉冲标志对应丝杠移动的直线距离，称之为一个"栅格"。在伺服电动机直连丝杠时，它就等于一个丝杠螺距，即导程 L_0。

编码盘分为透光式和反射式两种，透光式编码盘由光学玻璃制成，玻璃表面在真空中镀一层不透明的膜，然后在圆周的半径方向上，用照相腐蚀的方法制成许多条可以透光的狭缝和不透光的刻线，刻线的数量可达几百条或几千条；反射式编码盘一般是在金属圆盘的圆周上用真空镀镍的方法制成许多条可以反光的刻线，例如每转 2500 线，利用反射光进行测量，其发射光电二极管和接收光敏晶体管位于光码盘的两侧（为便于安装，实际产品的发射管与接收管在同一侧）。此外，也可在金属圆盘的圆周上刻上一定数量的槽或者孔，使圆盘形成透明和不透明区域，其原理和透光式光栅盘相同，只是槽的数量受限，常制成每转 100 线，分辨率较低，主要用于电子手轮和回转刀架的刀位检测。

综上所述，光电编码器是把轴旋转的角度转换成光电数字脉冲信号的传感器，常安装在数控机床或机器人的伺服电动机或主轴电动机转子的尾端同轴上，构成一个整体。通过传动机构如滚珠丝杠间接测量机床运动部件位移，以实现伺服电动机旋转角度的精确控制。也可以用 1 ∶ 1 齿轮或同步带安装在主轴转动机构上，用于主轴速度测量与反馈。

2. 光电编码器工作原理

光电编码器按工作原理和用途不同，常分为增量式光电编码器与绝对式光电编码器。

（1）增量式光电编码器工作原理

增量式光电编码器是通过与被测轴一起转动时，对产生的序列方波脉冲计数来检测被测轴的旋转角度，如图 3-15 所示。例如用 2500p/r（脉冲/转）的编码器，当计数到 5000 个脉冲时，则表示该电动机旋转了 2 周。每当增加一个脉冲，就表示被测轴转动了一个角度增量值 $360°/2500 = 0.144°$。它是相对某个基准点的相对位置增量，不能直接检测出轴的绝对位置信息。增量式光电编码器有 A 相、B 相、Z 相三条光栅，A 相与 B 相两相脉冲信号互差 $90°$ 电度角。从而可方便判断出旋转方向。例如：当用 B 相的上升沿触发 A 相的状态时，若 B 相上升沿对应 A 相的"1"状态（高电平），则被测轴按顺时针方向旋转；若 B 相下降沿对应 A 相的"0"状态（低电平），则被测轴按逆时针方向旋转。Z 相为零点标志信号，每转 1 圈一个脉冲，可作为回参考点时的零点位置基准点。为了抗干扰，光电编码器的输出信号常以差动方式输出。

可见，与伺服电动机转子同轴安装的增量式光电编码器，只要电动机转动编码器就有脉冲输出，如图 3-16 所示。图 3-17 为用增量式光电编码器间接测量工作台位移。

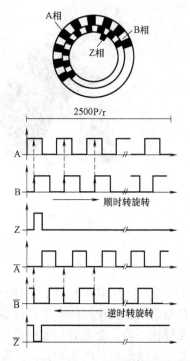

图 3-15　增量式光电编码器工作原理图

图 3-16　光电编码器在电动机转子尾端同轴上安装图

图 3-17　增量式光电编码器间接测量工作台位移

输出脉冲是有相位变化的 A、B、Z 三相序列脉冲（如并行 6 脉冲信号：A、$\overline{A}$，B、$\overline{B}$，Z、$\overline{Z}$），脉冲个数反映电动机转角的变化或进给轴坐标位置变化的增量值，而用编码盘和检测光栅板上的 A、B 相干涉条纹相位的变化来判别电动机正反转。显然，光栅数目越多，每转脉冲数就越多，所反映的位置精度就越高。因此在数控机床、机器人等轮廓插补和运动位置控制中获得广泛的应用。

增量式光电编码器的主要技术参数包括：每转脉冲数（p/r）、电源电压、输出信号相数和输出形式等。其型号由每转发出的脉冲数来区分。数控机床、机器人等常用的增量式编码器每转脉冲数有 2000p/r、2500p/r 和 3000p/r 等，若再进行脉冲变频技术的特殊处理，则位置测量精度能达到微米级。

（2）绝对式光电编码器工作原理

增量编码器在运动轴静止时就没有信号输出，而且在停电时位置信息就丢失。可是在数控机床、机器人等运动机械控制中常常要求一开机就需要立即知道准确位置，如机床旋转工作台、机械手底座旋转角度等位置信息，这就需要用绝对式编码器。

绝对式光电编码器是一种直接编码式的测量元件。它能把被测转角转换成相应代码指示的绝对位置，没有累积误差。其编码器有光电式、接触式和电磁式三种，通常用光电式编码器。

在绝对式编码器光码盘上，有许多由里至外的刻线码道，每道刻线依次以 2 线、4 线、8 线、16 线编排，这样，在编码器的每一个位置，通过 n 个光栅读取每道刻线的明、暗就获得一组从 2^0 向 2^{n-1} 变化的唯一编码，称为 n 位绝对编码器。现以接触式四位绝对编码器为例，来说明其工作原理。图 3-18 为四位编码器，共有 5 个同心环道，涂黑部分是导电区，空白部分是绝缘区。外圈的 4 个环道，分为 16 个扇形区，每个扇形区的 4 个环道按导电为"1"、绝缘为"0"组成二进制编码。对应 4 个码道并排装有 4 个电刷，电刷经电阻接到电源的负极。内圈的 1 个环道是公用环道，全部导电，也装有 1 个电刷，并接到电源的正极。码盘的转轴可与被测轴一起转动，而 5 个电刷则是固定不动的。当被测轴带动码盘转动时，与码道对应的 4 个电刷上将出现相应的高、低电平，形成二进制代码。若码盘按顺时针方向转动，就依次得到 0000，0001，0010，…，1111 的二进制输出。

图 3-18　四位绝对式光电编码器工作原理图

为提高码转换的可靠性降低误码率，常用格雷码，格雷码的特点是当码区转换时编码只需变化 1 位。如表 3-1 所示，当第 7 码区向第 8 码区转换时，二进制码需改变 4 位，而格雷码只需变化最高位 1 位。绝对式光电编码器一般都带有后备电池保护数据，在断电时位置信号不会丢失。但是需注意后备电池电压的监控与更换，特别是对长久不开机的数控机床，若绝对编码器后备电池因得不到开机及时充电，数据会因电池电压的不足而丢失。

表 3-1　绝对式光电编码器输出真值表

电刷位置	二进制码	格雷码	电刷位置	二进制码	格雷码
0	0000	0000	8	1000	1100
1	0001	0001	9	1001	1101
2	0010	0011	10	1010	1111
3	0011	0010	11	1011	1110
4	0100	0110	12	1100	1010
5	0101	0111	13	1101	1011
6	0110	0101	14	1110	1001
7	0111	0100	15	1111	1000

3. 四倍频技术与分辨率

在数控机床位置控制中，为提高分辨率，常对 A 相、B 相差动脉冲信号的上升沿与下降沿进行微分与整形电路处理，得到一个新的四倍频矩形脉冲信号，如图 3-19 所示。显然经四倍频处理后提高了光码盘的位置分辨率与反馈精度。例如：当选用 2000p/r（脉冲/转）脉冲编码器，进给伺服电动机直接驱动滚珠丝杠带动刀架或工作台，丝杠螺距 L_0 为 8mm，经四倍频细分后，光电编码器变为8000p/r，则位置反馈分辨率或反馈精度为：

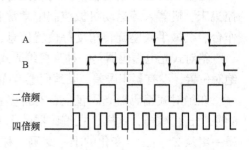

图 3-19　增量光电编码器四倍频信号

$$位置分辨率 = \frac{丝杠螺距（\mu m）}{编码器每转脉冲数（p/r）\times 4} = \frac{8 \times 10^3}{2000 \times 4} = 1\mu m \quad (3\text{-}5)$$

机床厂常以此计算公式，来初选伺服电动机编码器线数（每转脉冲数，p/r），线数越高价格越高。

近年来，在 FANUC 和西门子公司开发的高精度、高速度的数字伺服系统中，在电动机内都安装了分辨率极高的增量或绝对编码器，由于采用了正余弦等细分技术，每转能达到几十万甚至数百万脉冲，位置反馈精度极高，可以实现高精度的纳米插补。以 FANUC 公司为例，与 αi、βi 系列伺服电动机配套的光电编码器规格如表 3-2 所示。与传统的 A、B 信号的编码器不同，没有输出常见的 A、$\overline{A}$，B、$\overline{B}$，Z、$\overline{Z}$ 并行 6 脉冲信号，而只有两根 RD、RD* 信号线的串形输出，编码器与伺服驱动器之间有专门通信协议，故称之为串行编码器。

表 3-2　FANUC 高分辨率的光电编码器规格表

型　号	分辨率（ppr）	绝对/增量	型　号	分辨率（ppr）	绝对/增量
αiA 16000	16 000 000	绝对	αiM	4 096	主轴用编码器（不带一转信号）
αiA 1000	1 000 000	绝对	αiMZ	4 096	主轴用编码器（带一转信号）
αiI 1000	1 000 000	增量	αiBZ	360 000	内装主轴用编码器（带一转信号）
αiA 128	131 072（2^{17}）	绝对	αiCZ	3 600 000	高精度轮廓控制用编码器（带一转信号）
βiA 64	65 536（2^{16}）	绝对			

4. 光电编码器的应用

在数控机床与机器人的交、直流伺服控制系统中，光电编码器广泛用作位移、速度测量与反馈的传感器。也可用作主轴交流异步电动机的转子位置检测器，在矢量变频坐标变换计算中使用，如图 3-20 所示。

在用作位置测量反馈信号的同时，如果用 F-V 转换器（频率-电压转换器）将编码器输出的序列脉冲转换为与脉冲频率成正比的信号电压，可用作伺服电动机速度的反馈信号。此外，光电编码器在机械自动化中还有很多其他用途，例如图 3-21 所示钢板定长切割控制中用到增量式光电编码器，而在图 3-22 转盘工位控制中则用到绝对式光电编码器。因为钢板定长切割每次定长计量可归零，而后者则要求转盘转完一个工位后记忆当前工位位置。

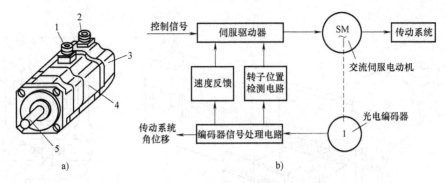

图 3-20 光电编码器在交、直流伺服系统中的应用原理图

a) 交流伺服电动机产品外形图　b) 交流伺服系统控制原理框图

1—三相动力电源连接插座　2—光电编码器信号插座　3—光电编码器　4—电动机本体　5—电动机转子轴

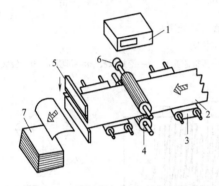

图 3-21　剪切机钢板定长切割控制

1—控制器　2—加工板料　3—传送带　4—进给驱轮
5—切刀　6—增量式编码器　7—成品

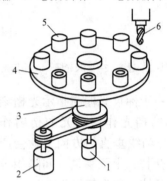

图 3-22　转盘工位控制

1—绝对式编码器　2—伺服电动机　3—转轴
4—转盘　5—工件　6—刀具

3.3.3　光栅传感器

光栅传感器是一种非接触式光电测量系统，它利用光衍射现象产生干涉条纹的原理制成，又称为光栅尺。光栅尺精度高（可达 $1\mu m$ 以上）、响应快、量程大，广泛应用于机床直线位移或角位移的精密测量。

1. 光栅尺的结构

光栅尺常分为长光栅和圆光栅，长光栅测量长度，圆光栅测量角度。以长光栅尺为例，其结构如图 3-23b 所示。它是由光源（如光电二极管）、透镜、标尺光栅（主光栅）、指示光栅（读数头光栅）、零标志光栅和光敏元件（如硅光电池）等组成。主光栅长（同最大行程），指示光栅短。在两个光栅上刻有条纹（光刻或掩模），其密度一般为每毫米 25 条、50 条、100 条等。标尺光栅装在机床运动部件上，称为"动尺"，读数头光栅则装在机床固定部件上，称为"定尺"。当运动部件带"动尺"移动时，读数头光栅和标尺光栅也随之产生相对移动。零标志光栅用来产生零标志脉冲，用于机床回参考点。零标志光栅间隔距离一般为 10mm、20mm 等整数。

2. 光栅尺的工作原理——莫尔干涉条纹的放大作用

光栅尺的指示光栅与标尺光栅平行安装，之间保持很小的距离（0.05～0.1mm），并使它们的刻线互相倾斜一个小角度 θ，如图 3-24 所示。当标尺光栅随工作台移动时，在光源照

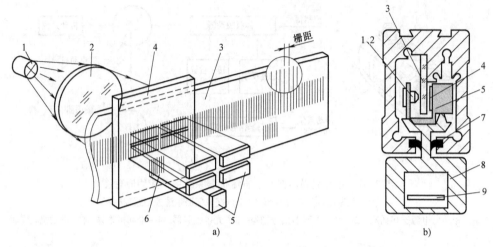

图 3-23　光栅尺的结构原理图

a) 原理图　b) 结构图

1—光源　2—透镜　3—标尺光栅　4—指标光栅　5—光敏元件　6—零标志光栅　7—密封橡胶　8—读数头　9—放大电路

射下，由于标尺光栅与指示光栅刻线之间的挡光作用和光的衍射作用，在与刻线垂直的方向上就会产生明暗交替、上下移动、间隔相等的干涉条纹，称为莫尔条纹。

由图 3-24 看出，光栅尺每移过一个栅距 W，莫尔条纹也恰好移动一个节距 B。若用光敏元件将这种

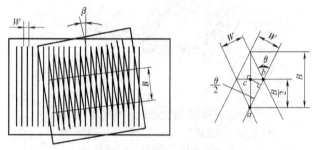

图 3-24　莫尔条纹工作原理图

干涉条纹明暗相间的变化进行接收，并转换成电脉冲数，用计数器记录该脉冲数，测得莫尔条纹移过的数目，便可得到主光栅尺移动的距离，即被测机械移动的距离。若光栅尺朝相反的方向移动，莫尔条纹也往相反的方向移动。从而根据莫尔条纹移动的数目，可以计算出光栅尺移动的距离，并根据莫尔条纹移动的方向来判断移动部件的运动方向。

指示光栅与主光栅因光干涉产生的莫尔条纹，具有位移的光学放大作用，即把极细微的栅距 W 变化，放大为很宽的莫尔条纹节距 B 的变化。这是因为当两者交角 θ 很小时，主光栅栅距 W 即主光栅随机械单位移动量，总位移 $X = N \cdot W$。N 为莫尔条纹移过的数目，与莫尔条纹节距 B 有下列关系，当取 θ 角足够小时有近似式：

$$B \approx \frac{W}{\theta} \tag{3-6}$$

式中　B——莫尔条纹节距；

W——光栅栅距；

θ——两光栅的刻线夹角。

上式表明，可以通过改变 θ 的大小来调整莫尔条纹的宽度，θ 越小，B 越大，相当于把栅距放大为原来的 $1/\theta$ 倍。例如，对于刻线密度为 100 条/mm 的光栅，其 $W = 0.01$mm，如果通过调整，使 θ 足够小，例如 $\theta = 0.001$rad（0.057°），则 $B = 0.01/0.001 = 10$mm，其放大倍数为

1000倍，从而无须复杂的光学系统，简化了电路，大大提高了精度，这是莫尔条纹独有的一个重要特性。此时，若在莫尔条纹相应位置（例如有四条莫尔条纹）安装四排光电接收元件，将莫尔条纹节距 B 的变化接收下来，变为电脉冲信号，该脉冲信号就反映了机械位移变化。

光栅尺精度高但贵，制成 1m 以上规格较困难，要根据被测距离及精度做合理选择。在安装时，一般主尺装在机床拖板上，副尺装在床身上。也可反之安装，但因敷设电缆困难一般不予采用。安装时，要避免切屑、润滑油污染，并做防尘装置。

3. 光栅尺测量系统电路工作原理

光栅尺测量系统电路原理框图如图 3-25 所示。

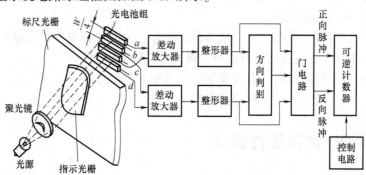

图 3-25　光栅尺测量系统电路原理框图

光栅尺随机床运动机械如工作台移动时，产生的莫尔条纹明暗信号的变化，可用光敏元件接收。图中 a、b、c、d 是四块硅光电池，它们产生的信号相位彼此差 90°，经过差动放大、整形、方向判别，最后利用这个相位差控制正反向脉冲计数，从而可测量正反向位移。图 3-26 为德国 HEIDEHAIN公司的光栅尺产品图。

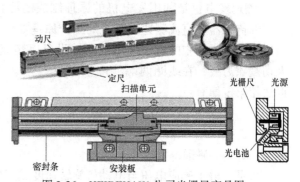

图 3-26　HEIDEHAIN 公司光栅尺产品图

3.3.4　其他位移传感器简介

对机械运动位移测量，在一些特殊场合还会用到磁栅尺、感应同步器等传感器。

1. 感应同步器

感应同步器是利用两个平面印制电路绕组的电磁感应原理制成的位移测量装置。该装置有两个绕组，类似变压器的一次绕组和二次绕组，所以又称为平面变压器。按结构和用途可分为直线式感应同步器和旋转式感应同步器两类，前者用于测量直线位移，后者用于测量角位移。两者的工作原理基本相同。在感应同步器工作时，定尺和动尺相互平行安装，其间有大约（0.25±0.05）mm 的间隙，间隙的大小会影响电磁耦合度。定尺是固定的，动尺是可动的，它们之间可以做相对移动。感应同步器具有较高的测量精度和分辨率，工作可靠，抗干扰能力强，使用寿命长。目前，直线式感应同步器的测量精度可达 1.5μm，分辨率可达0.05μm，并可测量较大位移。因此，感应同步器广泛应用于数控坐标镗床、坐标铣床及其他数控机床的定位、控制和数显等，旋转式感应同步器常用于雷达天线定位跟踪、精密机床或测量仪器的分度检测等。

2. 磁栅尺

磁栅尺是一种录有等节距磁化信号的磁性标尺或磁盘，是一种高精度的位置检测装置，可用于数控系统的位置测量，其录磁和拾磁原理与普通磁带录音机相似。磁栅测量装置由磁性标尺、拾磁磁头和测量电路组成，按结构可分为直线磁栅和圆磁栅，分别用于直线位移和角位移的测量。其中，直线磁栅又分为带状磁栅、杆状磁栅。在检测过程中，磁头读取磁性标尺上的磁化信号并把它转换成电信号，然后通过检测电路把磁头相对于磁尺的位置送入计算机或数显装置。磁栅与光栅、感应同步器相比，测量精度略低。但它有以下独特的优点，也常被一些机电一体化装置采用。

1）制作简单，安装、调整方便，成本低。磁栅上的磁化信号录制完成后，若不符合要求可抹去重录，亦可安装在机床上再进行录磁，避免安装误差。

2）磁尺的长度可任意选择，亦可录制任意节距的磁信号。

3）耐油污、灰尘等，对使用环境要求低。

3.4　机械运动速度检测传感器

1. 测速发电机

测速发电机是利用发电机的原理制成的测量机械旋转速度的传感器。直流测速发电机的工作原理如图 3-27 所示，当位于永久磁场中的转子线圈随机械设备以转速 n 旋转时，因切割磁力线，在线圈两端将产生空载感应电动势 E_0，根据法拉第定律有：

$$E_0 = C_e \cdot \varphi_0 \cdot n \qquad (3-7)$$

式中　C_e——电势常数；

　　　φ_0——磁通。

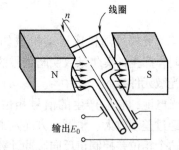

图 3-27　测速发电机工作原理图

可见，输出感应电压与电动机旋转速度成正比，可用于角速度测量。如果测速发电机与伺服电动机轴相连，可作速度反馈。测速发电机分为电磁式（定子有两组在空间互成 90° 的绕组）和永磁式两种，常用永磁式。

2. 光电式转速传感器

光电式转速传感器由装在被测轴上的带缝隙圆盘、光源、光电器件和指示缝隙盘组成，如图 3-28 所示。当光源发出的光，通过带缝隙圆盘和指示缝隙盘照射到光电器件上，在带缝隙圆盘随被测轴转动时，由于圆盘上的缝隙间距与指示缝隙间距相同，因此圆盘每转一周，光电器件输出与圆盘缝隙数相等的电脉冲，测出转速 n 如下式：

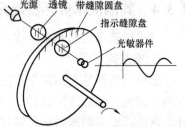

图 3-28　光电传感器测量转速原理图

$$n = \frac{60 \cdot N}{Z \cdot t} \qquad (3-8)$$

式中　n——转速（r/min）；

N——计数器所计脉冲数；

　　Z——圆盘缝隙数，或反射标记数；

　　t——测量时间（s）。

　　利用两排缝隙与指示缝隙的相位差，可判别正反转。光电式转速传感器分透光式与反射式，如图 3-29 所示。

　　利用以上原理制成的红外光电转速测试仪，常用于回转轴运转速度的测量。只要在待测回转轴上粘贴一个白色反射标签，然后用红外光电测速仪对准反射标签测量即可。

3. 光电编码器转速传感器

　　在数控机床、机器人等伺服系统中，增量式光电编码器常用作位置反馈测量信号，如果用 F-V（频率-电压）转换器将脉冲频率转换成正比于频率的信号电压，即可同时用于机床进给伺服电动机的速度反馈信号。所以，一个传感器做了两种用途，如图 3-30 所示。

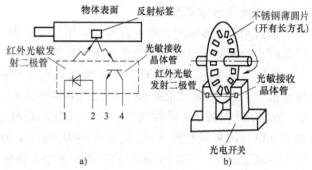

图 3-29　透光式与反射式光电传感器测量转速原理图

a）反射式光电开关　b）透光式光电开关

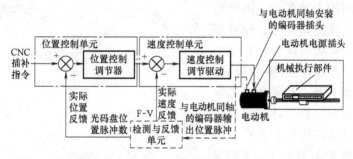

图 3-30　伺服系统中用光电编码器测量位置、转速及其反馈图

3.5　机床位置精度测量用激光干涉仪

1. 激光特点

　　激光是 20 世纪 60 年代末兴起的一种新型光源，其应用范围非常广泛。它与普通光相比具有以下特点。

　　（1）高度相干性

　　相干波是指两个具有相同方向、相同频率和相同相位差的波。普通光源是自发辐射光，是非相干光。激光是受激辐射光，具有高度的相干性。

　　（2）方向性好

　　普通光向四面八方发光，而激光散射角很小，几乎与激光器的反射镜面垂直。如配置适当的光学准直系统，其发散角可小到 10^{-4}rad 以下，是一束理想平行光。

　　（3）高度单色性

　　普通光源包括许多波长，所以具有多种颜色。如日光包含红、橙、黄、绿、青、蓝、紫七种颜色，其相应的波长为 380~760nm。激光的单色性高，波长分布范围非常窄，颜色极纯，如氦氖激光的波长分布范围只有 6~10nm。

（4）高亮度

激光束极窄，所以有效功率和照度特别高，比太阳表面高 200 亿倍以上。

由于激光具有以上特点，因而广泛应用于长距离，高精度的位置检测。

2. 激光干涉法测距原理

根据光的干涉原理，两束具有固定相位差、相同频率、相同的振动方向或振动方向之间夹角很小的光相互交叠，将会产生干涉现象。

如图 3-31 所示，由激光器发射的激光经分光镜 A 分成反射光束 S1 和透射光束 S2。两光束分别由固定反射镜 M1 和可动反射镜 M2 反射回来，两者在分光镜处汇合成相干光束。若两束光 S1 和 S2 的路程差为 $N\lambda$（λ 为波长，N 为零或正整数），实际合成光的振幅是两个分振幅之和，光强最大，如图 3-32a 所示。当 S1 和 S2 的路程差为 $\lambda/2$（或波长的奇数倍）时，合成光的振幅和为零，如图 3-32b 所示，此时光强最小。

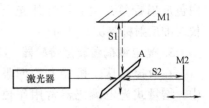

图 3-31　激光干涉法测距原理图

激光干涉仪就是利用这一原理使激光束产生明暗相间的干涉条纹，由光电转换元件接收并转换为电信号，经处理后由计数器计数，从而实现对位移量的检测。用激光干涉法测距的精度极高。激光干涉仪是由激光镜、稳频器、光学干涉部分、光电接收元件、计数器和数字显示器组成。目前应用较多的有单频激光干涉仪和双频激光干涉仪，常用来精密测量数控机床的位置精度，作为数控系统位置控制精度的重要评价手段。

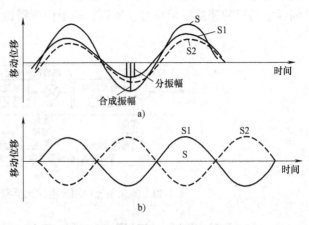

图 3-32　激光干涉法测距波形图

3. 单频激光干涉仪

单频激光干涉仪工作原理如图 3-33 所示。由于分光镜 5 上镀有半透明反射的金属膜，所以产生的折射光和反射光的波形相同，但相位上有变化。适当调整光电元件 3 和 2 的位置，使两光电信号相位差 90°。工作时，两者相位超前或滞后的关系，取决于棱镜 7 的移动方向。当工作台 6 移动时棱镜 7 也移动，则干涉条纹移动，每移动一个 $\lambda/2$，光电信号就变化一个周期。如果用四倍频电子线路细分技术，采用波长 $\lambda = 0.6328\mu m$ 的氦-氖激光作为光源，则一个脉冲周期信号相当于机床工作台的实际位移量。单频激光干涉仪使用时受环境影响较大，调整麻烦，放大器存在零点漂移。为克

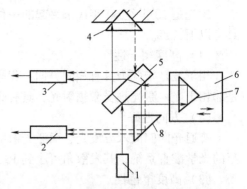

图 3-33　单频激光干涉仪工作原理

服这些缺点，可采用双频激光干涉仪。

4. 双频激光干涉仪

双频激光干涉仪的基本原理与单频激光干涉仪不同，它是一种新型激光干涉仪，如图 3-34 所示。双频激光干涉仪是利用光的干涉原理和多普勒效应产生频差的原理来进行位置检测的。

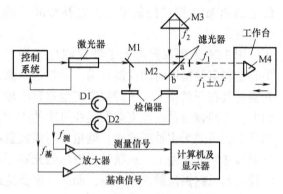

如图 3-34 所示激光管放在轴向磁场内，发出的激光为方向相反的右旋圆偏振光和左旋圆偏振光，其振幅相同，但频率不同，分别用 f_1 和 f_2 表示。经分光镜 M1，一部分反射光经偏振器射入光电元件 D1 作为基准频率 $f_{基}$（$f_{基} = f_2 - f_1$）。另一部分通过分光镜 M1 的折射光到达分光镜 M2 的 a 处，频率为 f_2 的光束完全反射经滤光器变为线偏振光，投射到固定棱镜 M3 后反射到分光镜 M2 的 b 处。频率为 f_1 的光束完全反射经滤光器变为线偏振光，投射到固定棱镜 M4 后反射到分光镜 M2 的 b 处，两者产生相干光束。若 M4 移动，则反射光的频率发生变化而产生多普勒效应，其频差为多普勒频差 Δf。

图 3-34　双频激光干涉仪的工作原理图

频率为 $f' = f_1 \pm \Delta f$ 的反射光与频率为 f_2 的反射光在 b 处汇合后，经检偏器射入光电元件 D2，得到测量频率 $f_{测} = f_2 - (f_1 \pm \Delta f)$ 的光电流，这路光电流与经光电元件 D1 后得到频率为 $f_{基}$ 的光电流，同时经放大器放大进入计算机，经减法器和计数器，即可算出差值 $\pm \Delta f$、可动棱镜 M4 的移动速度 v 和移动距离 L。

$$\Delta f = \frac{2v}{\lambda}$$

$$v = \frac{\mathrm{d}L}{\mathrm{d}t}$$

$$\mathrm{d}L = v\mathrm{d}t$$

$$L = \int_0^t v\mathrm{d}t = \int_0^t \frac{\lambda}{2}\Delta f \mathrm{d}t = \frac{\lambda}{2}\int_0^t \Delta f \mathrm{d}t = \frac{\lambda}{2}N \tag{3-9}$$

式（3-9）中，N 是由计算机记录下来的脉冲数，将脉冲乘以半波长就得到所测位移长度。双频激光干涉仪与单频激光干涉仪相比有下列优点。

1）接收信号为交流信号，前置放大器为交流放大器，而不用直流放大，没有零点漂移等问题。

2）采用多普勒效应，计数器用来计算频率差变化，不受激光强度和磁场变化的影响。

3）测量精度不受空气湍流的影响，无须预热时间。

用激光干涉仪作为机床的测量系统可以提高机床的精度和效率。但由于激光干涉仪的抗振性、抗干扰性和环境适应性差，而且价格较贵，因此目前在机械加工现场使用不多，主要用于机床的校准和调试。

图 3-35 所示为 RENISHAW ML10 激光测量系统。其组成包括：三脚架、ML10 激光器、

PCM10 控制接口卡、光学镜组、EC10 环境补偿器和分析软件等。激光器波长为 $0.633\mu m$，采用 PCM10 接口卡与计算机进行数据传输。系统的 EC10 环境补偿器，用于测量温度、气压、相对湿度这三个关键环境参数，并把数据传送到 PCM10 接口控制单元，以补偿波长的综合变化。

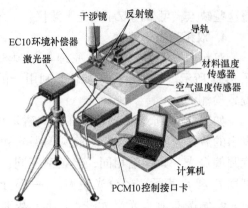

图 3-35　RENISHAW ML10 激光测量系统

　　图 3-36 为用双频激光干涉仪测量某加工中心主轴定位精度时的仪器布局。通常是将激光器安装在三脚架上，三脚架稳定地放置于地面上；干涉镜通过磁性支架安装在机床的固定部件上，一般为主轴或轴座；测量反射镜放置在移动的机床工作台上，干涉镜置于激光器与反射镜之间的光路上。从激光器发出的光在干涉镜处分为两束相干光束，一束光从附加在干涉镜上的反射镜反射回激光器，而另一束要透过干涉镜至反射镜处，再反射回激光器的探测孔，由激光器内的检波器监控这两束光的干涉情况。核查软件主显示屏幕左侧的信号表，显示返回信号的强度。

图 3-36　用双频激光干涉仪测量加工中心主轴定位精度仪器布局

小　结

　　数控系统中位置检测反馈装置主要作用是检测机械位移和速度，并发出反馈信号与 CNC 数控装置发出的零件轮廓插补位置指令信号相比较，若有偏差，由伺服驱动器功率放大后驱动伺服电动机，经传动机械带动刀架或工作台等运动机构向消除偏差方向运动，直至逼近零件轮廓，达到所要求的加工精度为止。可见，位置检测反馈装置是进给伺服系统闭环控制的重要环节之一，其精度和分辨率直接影响进给伺服系统的控制精度和动态性能，从而影响数控加工机床的定位精度。

　　目前常用的位置检测装置分两大类：一类是检测运动机械行程的位置，主要包括机械式有触点行程开关，无触点行程开关如光电开关、霍尔开关、电感式涡流开关等，视不同场合选用。另一类是可连续检测并反馈位置信息的传感器，目前常用的有旋转变压器、光栅、光电编码器等。双频激光干涉仪是利用光干涉原理和多普勒效应产生频差的原理来进行位置检测的，具有受环境影响小、调整简单、无零点漂移等优点，常用于数控机床位置精度检查、校准和调试。

光栅尺和光电编码器都是利用两个光栅相互重叠时形成的莫尔条纹放大作用现象，制成的光电式位移测量装置。光栅尺是一种直线位移测量装置，用来测量直线位移量，一般安装在机床工作台上；光电编码器是一种回转式位置测量装置，用来测量电动机的角位移量，一般安装在电动机尾端同轴上或丝杠轴端。

光电编码器分增量式光电编码器和绝对式光电编码器两类。增量式光电编码器常用作数控机床轮廓插补运动位置和速度的传感器。增量式光电编码器只有在运动位置有变化时才有增量序列脉冲输出，运动停止了就没有输出。所以在需要记忆位置时，例如分度头在停止状态时的旋转角度或切削暂停再恢复加工时的位置等情况，则最好使用有后备电池的绝对式光电编码器。

近年来 FANUC 公司在 0i 系列数控系统中，进给伺服系统由于 HRV 高速矢量控制技术的需要，都选装了带后备电池的高精度绝对式光电编码器，每转能输出数百万脉冲信号。

习　题

1. 数控系统中，位置检测反馈装置在伺服系统闭环调节中的作用是什么？
2. 数控机床中常用的检测装置有哪几类？举例说明其用途。
3. 为什么霍尔传感器常用作无接触式测量机械位移的接近开关？基本原理是什么？
4. 简述光栅尺的莫尔条纹效应，为什么它的测量精度可达 μm（画图说明）？
5. 什么是增量式和绝对式光电编码器？各有何特点，适用在哪种场合下？
6. 绝对式光码盘为什么要用格雷码作编码？本章中图 3-21、图 3-22 各用了什么类型的编码器，为什么？
7. 增量式编码器的四倍频细分技术有什么作用？如果连在机床进给电动机同轴上的光电脉冲编码器选用 2500p/r，电动机驱动丝杠轴螺距为 10mm，求转角位置反馈精度能达到多少？
8. 简述单、双频激光器工作原理有什么不同，如何应用其来检测机床位置精度？

第4章　伺服驱动系统

教学重点

本章主要介绍机床数控系统中伺服驱动系统的组成、工作原理等基本概念以及步进电动机伺服驱动系统、直流电动机伺服驱动系统和交流电动机伺服驱动系统等内容。通过本章学习，读者应熟悉步进电动机、直流伺服电动机和交流伺服电动机的结构特点和工作原理，重点掌握三环控制结构伺服驱动系统的构成、工作原理、应用和典型的伺服驱动原理电路等，了解伺服进给驱动运动参数的设定作用与设定、进给运动误差补偿及新型直线电动机伺服驱动系统等基础知识。

4.1　伺服驱动系统概述

4.1.1　伺服驱动系统基本概念

1. 伺服驱动系统定义

伺服（Servo）驱动系统又称随动系统，是一种能够跟随控制指令信号的变化而动作的自动控制装置。在这里，机床运动机构如刀架和工作台等在伺服电动机驱动下，要绝对跟随并执行计算机数控装置的指令，按所指定的进给位置与速度沿着零件轮廓曲线轨迹而运动，故称伺服驱动系统。就像人的手、足等"执行机构"一样，要听从大脑这个"司令部"的指挥而动。图4-1为一个带机器人的八轴数控液压折弯机，其中机器人在计算机数控装置控制下执行上下料的工作。而机器人的夹紧、放松、转动、伸缩等动作，均要求伺服电动机执行计算机命令，按既定轨迹运动。

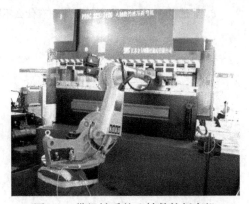

图4-1　带机械手的八轴数控折弯机

图4-2为数控车床和加工中心的伺服驱动系统，它是以机床工作台、刀架、主轴等运动部件的位置、速度作为被控制量的自动控制系统，习惯上称为伺服系统。

数控机床的伺服驱动系统，接收来自CNC数控计算机装置输出的零件轮廓插补指令信号，经伺服驱动器功率放大后驱动伺服电动机旋转，并通过齿轮、滚珠丝杠或同步带等传动机械，将电动机的旋转运动转化为各进给坐标轴和机床主轴的直线或旋转运动，从而带动机床主轴、工作台或刀架等机床运动部件以一定速度和力矩做位置移动，即随数控计算机指令而动。各轴的合成矢量运动逼近零件轮廓曲线，从而按预定的刀具轨迹加工出零件。数控机床的最高运动速度、定位精度、加工表面质量、生产率及可靠性等技术指标主要取决于伺服驱动系统的动态与静态特性。

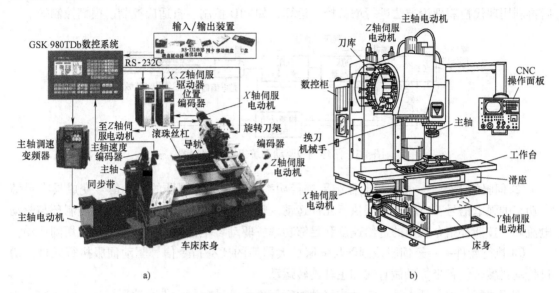

图 4-2　数控机床伺服驱动系统

a）GSK 980TDb 数控车床伺服装置　b）加工中心（或铣床）伺服装置

2. 伺服驱动系统的控制

数控机床的伺服驱动系统根据用途不同，常分为进给伺服驱动系统和主轴驱动系统。前者是以机械位移（位置控制）为目标的控制系统，用来保证加工零件轮廓；后者则是以速度为目标的控制系统，用来提供切削过程中所需要的切削功率。

① 进给伺服驱动系统控制。通常是指完成零件轮廓加工切削运动的各坐标轴进给控制。控制对象通常是以机床各进给坐标轴的直线位移，包括位置、速度、方向和力矩作为控制目标的自动控制系统，用以保证刀具按要求的精度沿零件的轮廓轨迹运动，控制模式是恒力矩调节。

② 主轴驱动系统。主轴一般不参加插补，仅提供切削过程中的力矩和功率，故又称为主动力轴，其运转速度一般取决于加工工艺和加工材料。因此，主轴驱动系统一般是速度控制系统，只要满足主轴调速、正反转与准停等控制即可，控制模式是恒功率调节。

当机床有刚性攻螺纹、主轴定位或定向准停（在 0~360° 范围内任意定位）要求时，就有了位置控制功能。特别是如果需要进行螺纹铣或轴类零件的表面铣削加工时，主轴的旋转速度与角度（位置）必须时刻与基本进给坐标轴保持同步，并参与基本坐标轴的插补控制，这种更高要求的主轴位置控制称为"Cs 轮廓控制（Cs Contouring Control）"，简称 Cs 控制。此时，主轴驱动系统才算是具有了伺服的功能，故可称为伺服主轴。

3. 伺服驱动系统构成

伺服驱动系统主要由伺服控制器、伺服放大器、执行元件（如伺服电动机）和检测反馈装置（位置、速度等传感器）四个部分构成，所构成的闭环伺服驱动系统的原理框图如图 4-3 所示。伺服控制器与伺服放大器一般合在一起，统称为伺服驱动器或伺服单元。对于传动机械部分，读者可参考机械设计相关图书，本书不再赘述。

① 伺服控制器——根据 CNC 计算机数控装置的轮廓插补指令位置信号，对被控制量

（机床运动机械的位置、速度、力矩）的目标控制值和实时反馈值进行比较，将其差值放大后再利用现代控制理论方法进行增益校正运算，如 PID 控制、自适应控制、模糊控制等。

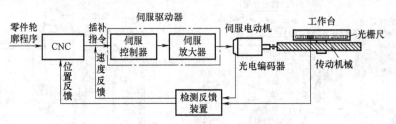

图 4-3　闭环伺服驱动系统组成原理框图

② 伺服放大器——根据控制器结果进行功率变换，把控制器的弱电信号变成具有足够大功率的强电信号，以驱动伺服执行元件运动。目前伺服驱动器大多包括速度控制环与驱动电流环，按插补指令规定的进给速度和足够功率，驱动各坐标轴和主轴电动机做切削运动。

③ 执行元件——经伺服控制器与伺服放大器后的插补指令信号驱动伺服执行元件，通过传动机械带动各坐标轴做直线和主轴旋转运动。

伺服执行元件包括电动、液动或气动执行元件。液动执行元件有液压马达、液压缸、液动伺服调节阀等，常用于大功率机械控制。气动执行元件有气压马达、气压缸、气动调节阀等，常用于自动生产线、机器人控制，特别是防燃、防爆场所的机械控制。数控机床一般多采用伺服电动机作为执行元件。

常用的伺服电动机有：步进电动机、直流电动机、交流异步电动机、交流永磁同步电动机以及新型伺服电动机如直线电动机、电主轴电动机等。

④ 传动机械——传动机械的作用是把伺服电动机的旋转运动变成直线运动，将电能转换成机械能，以驱动工作台或刀架等机床运动部件作插补切削运动。常用的传动机械主要有齿轮、滚珠丝杠、同步带、谐波齿轮等。

⑤ 检测反馈装置——用光电编码器、光栅尺、霍尔传感器等，分别检测并反馈机床运动部件的位置、速度、力矩等被控量。

4.1.2　伺服驱动系统工作原理

下面以闭环伺服驱动系统的三环控制结构为例，说明伺服驱动系统的控制过程。

闭环伺服驱动控制系统，通常采用位置环、速度环和电流环的三环控制结构，如图 4-4

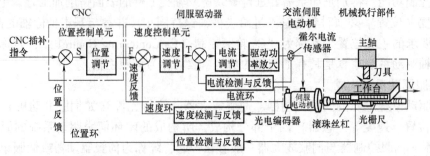

图 4-4　伺服进给驱动系统三环调节结构原理图

所示。内环是电流环，中环是速度环，外环是位置环。对于传统的模拟量控制的伺服驱动系统，位置环在 CNC 内，速度环与电流环则在伺服驱动器中。

由图 4-4 看出，CNC 数控装置的位置调节器输出的位置与速度指令作为速度环的给定值，经速度调节器并功率放大后输出到电流调节器，再经电流调节器调节后输出具有足够大的功率、速度和转矩的功率控制信号到伺服电动机，并且是恒转矩切削的功率信号，经传动机械驱动刀架或工作台运动，带动刀具按插补指令完成零件轮廓的切削加工。

位置环由 CNC 数控装置内位置控制模块和位置检测反馈元件组成。位置检测反馈常用光电编码器或光栅尺，它们可装在电动机转子尾端同轴上（半闭环系统），也可直接装在工作台等运动部件上（全闭环系统）。速度环由速度调节器、驱动功率放大器和速度反馈检测元件组成，常用测速电动机或光电编码器（要经 F-V 转换）来检测。电流环由电流调节器和电流传感器组成。电流环输出的电流大小，常用套在驱动功率放大器输出动力电缆上的霍尔电流传感器来检测。

1. 位置环控制

如图 4-4 所示，安装在电动机转子尾端同轴上的光电编码器或安装在工作台上的光栅尺位置传感器，将机械位移转换成数字脉冲信号，送至 CNC 位置测量接口，由计数器进行计数。CNC 计算机以固定采样时间对该位置反馈值进行采样，并将采样值与插补指令所规定的位置（插补曲线坐标值，由 G 代码给出）进行比较，得到位置偏差 S。该偏差经 CNC 的 PID 自动调节运算软件进行增益放大（增益视偏差变化规律进行调整），再经数模转换器转换成模拟量电压，也可以是数字量信号，然后输送给伺服驱动器的速度环和驱动功率放大器，驱动伺服进给电动机通过传动机械带动工作台或刀架以规定的进给速度往减少位置偏差方向运动。速度环给定信号接口通常有三种：数字脉冲接口（脉冲个数、脉冲频率、方向脉冲）、模拟电压接口和数字信号接口。数字信号接口如 FANUC 公司使用的 FSSB 高速串行伺服通信总线接口、西门子 802D 使用的 Profibus 异步串行通信总线接口等。

2. 速度环控制

速度环的速度调节器从 CNC 得到进给速度指令 F 信号，与安装在进给电动机内的光电编码器所测量反馈的工作台或刀架实际位移速度信号（位置编码器输出频率正比于电动机速度的序列脉冲，经 F-V 转换器可转换成模拟电压信号）相比较，其偏差经放大后按偏差变化规律进行 PID 速度自动调节，使伺服电动机在最短时间内达到并保持插补指令所规定的进给速度 F，去消除位置偏差。

3. 电流环控制

为了在达到切削刀具的进给速率的同时又能做到恒力矩切削，以保证零件轮廓表面切削质量，在速度环后面设计有电流环。电流环接收速度环的输出信号，与从驱动功率放大器输出到伺服电动机的电流用霍尔电流传感器检测反馈的信号进行比较，经 PID 运算调节再经功率放大，使伺服电动机获得足够大且稳定的电流，以驱动工作台或刀架以插补指令所规定的进给速度和足够大的切削力矩去消除位置偏差。

需要指出的是，传统的伺服驱动器将速度环和电流环电路集成在"伺服单元"上，如 FANUC 6 系列，FANUC 10 系列等。目前最新设计的全数字伺服驱动系统，位置环、速度环与电流环这三环调节均通过软件的方式"融入"CNC 数控计算机中。如 FANUC 0i 系统中有单独的数字伺服软件 Servo ROM 装在系统软件 F-ROM 中，支撑的硬件就是 DSP 数字信号处理器。这样，伺服驱动器就没有了控制调节器部分，仅有驱动功率放大器模块。

4.1.3 伺服驱动系统分类

1. 按控制系统结构分类

① 开环伺服驱动系统。该系统 CNC 输出数字脉冲量指令信号（CP 脉冲的个数 N、频率 f 和方向控制 DIR 信号），经步进电动机驱动器，进行脉冲分配和功率放大后给电动机定子各相绕组轮流通电，驱动电动机运转，如图 4-5a 所示。由于没有装位置传感器，脉冲指令信号不能与实际位置反馈信号进行实时比较和控制，机床最终移动位置精度也就不能准确控制，所以是开环控制系统。一般用于精度要求不高（如 0.01mm）的经济型机床数控系统中。

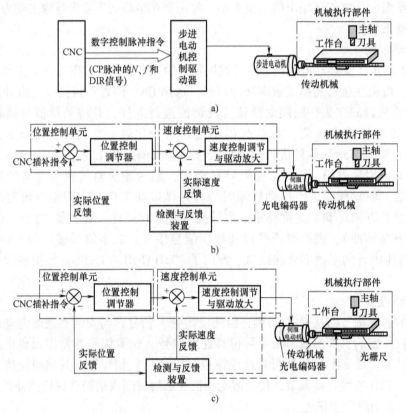

图 4-5　伺服驱动系统控制结构的三种类型
a）开环伺服系统　b）半闭环伺服系统　c）全闭环伺服系统

② 半闭环伺服驱动系统。该系统 CNC 输出模拟量或数字量指令信号，经交流伺服驱动器，进行功率放大后驱动交流伺服电动机，经传动机械带动工作台或刀架按零件轮廓轨迹位移，如图 4-5b 所示。位置传感器一般为光电编码器，装于电动机转子尾端同轴上，实时检测和反馈电动机转角位移量，电动机轴转角精度可以控制得较精确。但是由于电动机轴后传动链不包含在位置环内，所以传动链精度损失如丝杠或齿轮的误差、间隙、热变形所引起的传动误差无法控制和消除。光电编码器只能间接反映工作台或刀架位移量，精度虽比开环高但是低于全闭环伺服驱动系统。该系统安装方便、调试容易，运行稳定可靠，目前被普及型

机床数控系统广泛采用。

③ 全闭环伺服驱动系统。该系统 CNC 输出数字量指令信号，经交流伺服驱动器，进行功率放大后驱动交流伺服电动机，带动工作台或刀架按零件轮廓轨迹位移，如图 4-5c 所示。由于位置传感器如光栅尺、磁栅尺安装在工作台或刀架的机床运动部件上，能够直接检测和反馈机床运动部件的真实位移，并反馈至 CNC 的位置环。显然，传动链误差已被包含在位置环内，所以跟随精度与定位精度高。该系统分辨率可达 $1\mu m$，甚至达 $0.1\mu m$ 以上，定位精度可达 $0.01 \sim 0.005\mu m$。因安装、调试难度大，传感器价格高，一般仅用于高精机床数控系统中。

2. 按控制量性质分类

① 模拟伺服驱动系统。该系统所有控制量（电流、电压）均为按时间连续变化的模拟量。CNC 输出电压对应电动机的转速，例如当 10V 对应 2000r/min，则电动机转速 100r/min 时对应 0.5V。驱动控制器包含速度环和电流环，而位置环一般在 CNC 中，如西门子 802C 所配 611U 型驱动器。

② 数字伺服驱动系统。该系统所有被控制量（电流、电压）均为二进制形式的数字量。CNC 输出数字量对应电动机的转速。例如：以二进制数字 7DOH 代表 2000r/min，则当电动机转速为 100r/min 时对应二进制数字为 64H。速度环、电流环和位置环均在数字伺服驱动控制器中，例如西门子 802D 系统所配 611Ue 驱动器和 FANUC 0ic 系统所配 $\alpha i/\beta i$ 系列伺服驱动器，均可由串行数字总线连接并传输数字量信号，如 Profibus 和 FSSB 总线。

3. 按反馈比较控制方式分类

根据所使用的位置与速度测量反馈传感器的不同，可分为数字脉冲比较伺服驱动系统、相位比较伺服驱动系统、幅值比较伺服驱动系统和全数字伺服驱动系统。

① 脉冲数字比较伺服驱动系统。位置检测元件一般采用光栅尺或光电编码器，其输出的数字脉冲信号的脉冲个数与机械位移成正比，给定量与反馈量都是数字脉冲信号，可直接比较，系统简单、容易实现。

② 相位比较伺服驱动系统。位置检测元件一般采用旋转变压器，它是把指令信号和反馈信号都变成某个载波的相位，信号的相位角度数与机械位移对应，然后通过两者相位比较得到实际位置偏差。其速度高、抗干扰性好。

③ 幅值比较伺服驱动系统。位置检测元件一般采用旋转变压器、感应同步器等，输出模拟反馈信号，其幅值与机械位移成正比。

④ 全数字伺服驱动系统。位置检测元件一般采用数字式光栅尺或光电编码器。该系统用计算机软件实现数控系统中的位置环、速度环、电流环控制。在全数字伺服驱动系统中，各种增益系数可随外界条件变化而自动更改，能自动适应外界条件变化，使系统始终处在最优状态运行。目前，新型数控系统正向此发展。

4. 按使用的伺服电动机分类

① 步进电动机伺服驱动系统。步进电动机伺服驱动系统的驱动执行元件为步进电动机，无传感器，开环系统。由步进电动机固有的特性使得位置控制精度可达到 0.01mm。改变 CNC 输出脉冲的个数，控制步进电动机运动的角位移；改变 CNC 输出脉冲的频率，控制步进电动机的速度；改变 CNC 输出脉冲的循环顺序方向，控制定子绕组中电流通断的相序，从而改变步进电动机运动方向。该系统多用于经济型数控机床，如 802S/Step drive C 型驱动

器的五相十拍步进电动机。

② 直流电动机伺服驱动系统。早期数控机床多使用直流电动机伺服驱动系统，由 CNC 输出 0 ~ ±10V 的模拟量经驱动器放大后，至直流电动机驱动机床各轴。在电动机转子尾端同轴上常装有速度与位置反馈传感器，可构成闭环控制系统，控制精度达到 μm 级。直流电动机有电刷和换向器，结构复杂、维修量大。直流伺服电动机可实现恒力矩调速，多用于伺服进给电动机；而弱磁恒功率调速多用于主轴电动机的速度控制。

③ 交流电动机伺服驱动系统。由于现代 PWM 脉宽调制调速技术与矢量变频调速技术的发展，交流伺服电动机克服了直流电动机的缺点，已广泛应用于普及型和中高档的数控机床。由 CNC 输出 0 ~ ±10V 模拟或数字控制信号，通过模拟或数字驱动器放大后，带动交流伺服电动机驱动机床各坐标轴。在电动机转子尾端同轴上装有速度与位置反馈传感器，可构成闭环控制系统，控制精度达到 μm 级，甚至达 nm 级（要装有达百万脉冲/每转的编码器）。

交流伺服电动机又分为交流永磁同步电动机和交流感应异步电动机，前者常用于进给轴驱动，后者常用于主轴驱动。

4.1.4　数控机床对伺服驱动系统的要求

数控机床的最高运动速度、定位精度、加工表面质量、生产率及可靠性等技术性能，主要取决于伺服驱动系统的动、静态特性，因此数控机床对伺服驱动系统有如下要求。

1. 精度高

数控机床伺服驱动系统的精度是指机床工作的实际位置跟随插补指令信号位置的精确程度。当伺服驱动系统接收 CNC 输出的一个数字脉冲时，工作台或刀架相应移动的单位距离叫分辨率，一般数控机床要求达到 1μm。为了保证数控机床运动部件的定位精度和零件加工精度，定位精度要求为 0.01 ~ 0.001mm，高档系统则要求达到 0.1μm，并要求抗干扰能力强，有较高轮廓加工跟踪精度。

2. 调速范围宽

调速范围是指在额定负载和符合一定的正反转速差条件下，伺服电动机最高转速与最低转速之比。数控机床在加工过程中，切削速度因加工刀具、材料及工艺要求的不同而不同，为保证最佳的切削速度，要求伺服进给驱动系统必须具有较大的调速范围。因此，数控机床一般要求伺服电动机的调速比达到 1:10 000 以上，进给快移速度达到 24m/min，高档系统则要能达到 60 ~ 120m/min，切削进给速度要高达 60m/min。

3. 低速大转矩

数控机床加工要求在低速时能进行重切削，即在低速时进给驱动要有大的转矩输出。系统具有低速大转矩特性可以简化传动链，增强系统的刚性。过去是通过齿轮箱实现，现在则可通过调节电动机转子电流来实现。目前 SIEMENS 公司与 FANUC 公司制造的数控机床用伺服电动机，都能达到该要求。

4. 响应快速稳定性好

动态特性品质的重要指标，反映了系统跟随能力与精度。当在起动、制动和加减速时，缩短伺服驱动系统的响应过渡时间是保证零件轮廓加工精度的关键。一般要求过渡过程时间小于 200ms，并且超调量要小，如图 4-6a 所示。稳定性是伺服驱动系统的静态特性品质指标，是指在给定输入或外界干扰作用下，经过短暂的调节过程后（过渡时间）到达新的稳态或回复到原有平衡状态（在一定误差范围内）的能力。通常伺服电动机在承受额定转矩变换时静态速降应小于 5%，动态速降应小于 10%。

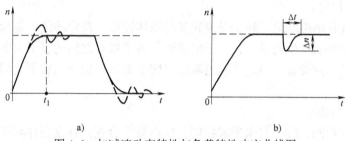

图 4-6　加减速动态特性与负载特性响应曲线图

a）加减速动态特性响应曲线图　b）负载特性响应曲线图

5. 负载特性硬

在额定负载内，当负载突变时输出速度应基本不变，如图 4-6b 所示的速度降 Δn 应尽可能小，并且恢复时间短且无振荡，即 Δt 尽可能短；另外还要有足够的过载能力。

6. 能耐频繁起停和正反转的可逆运行

在此种情况下，不应有反向间隙和运动损失，制动时能把机械惯性能量回馈给电网，实现快速制动。

4.2　步进电动机伺服驱动系统

4.2.1　步进电动机结构与工作原理

步进电动机产品如图 4-7 所示。它是将数字脉冲控制信号转换成相应角位移的伺服执行元件。给一个数字脉冲信号，步进电动机就旋转一个固定的角度，称为一步，所以称为步进电动机。其转动角度由脉冲个数控制，不需要检测反馈装置，构成的伺服系统是开环控制。由于系统简单、经济，因此在经济型数控机床上得到广泛应用。

1. 步进电动机的结构

步进电动机主要由定子和转子两部分构成，按其构造不同，可分为永磁式、反应式、混合式三种，如图 4-8 所示。

图 4-7　混合式步进电动机产品

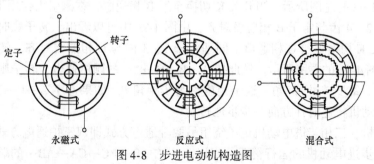

图 4-8　步进电动机构造图

（1）永磁式（PM）

定子凸极上绕有励磁绕组，转子是永久磁铁。当定子绕组通脉冲电流时，就产生电磁力吸引或排斥永磁转子，驱动转子转动。断电时，有自锁力矩。

（2）反应式（VR）

定子凸极上绕有励磁绕组，转子是齿轮状导磁体铁心。当定子绕组通脉冲电流时，由于转子产生感应电动势而产生电磁力，定子电磁铁与转子铁心之间的吸引力驱动转子转动，转子始终转向磁阻最小的位置。当定子绕组断电时转子失磁，定子与转子之间吸引力消失，自锁力矩也就消失。

（3）混合式（HB）

定子与反应式相同，转子与永磁式相同，所以称混合式。在永磁体转子和电磁铁定子表面上加工许多轴向齿槽，产生的转矩原理与永磁式相同。断电时，有自锁力矩。

2. 步进电动机工作原理

下面以三相反应式步进电动机为例，说明步进电动机的工作原理。该电动机结构简图如图 4-9a 所示，通电工作图如图 4-9b 所示，其工作过程用图 4-9c 来说明。

如图 4-9a 所示三相反应式步进电动机定子上有 6 个均匀分布的磁极，每 2 个相对的磁极组成一组，即 A-A′、B-B′、C-C′三相，磁极上缠有励磁绕组。为简化分析，假设转子只有 4 个均匀分布齿距为90°的齿，分别称 1、2、3、4 齿。三对定子磁极的 6 个齿与转子齿在圆周方向依次错过 1/3 齿距（30°）。直流电源通过开关 K1、K2、K3 分别给 A、B、C 相绕组通电，并按单三拍规律通电（"拍"是指步进电动机从一相通电状态，切换到另一相通电状态）即 A→B→C→A…，如图 4-9b所示。设开始 A 相通电，A 相绕组的磁力线为保持磁阻最小，给转子施加电磁力矩，使转子离 A 相磁极最近的 1、3 号齿与 A 相磁极对齐，B 磁极上齿相对于转子齿在逆时针方向错过 30°，C 磁极上齿错过 60°，如图 4-9c 的左图所示。当开关 K 切换至给 B 相通电，在磁引力作用下，使转子离 B相磁极最近的 2、4 齿与定子 B 相磁极对齐，由图 4-9c 中可以看出，转子顺时针方向转过了30°角。当开关 K 切换至给 C 相通电，同理转子 1、3 齿与 C 相磁极对齐，转子顺时针又转过 30°角，如图 4-9c 的右图所示。照此按 A→B→C→A…的顺序通电，转子则按顺时针方向一步步地转动，每步转过 30°角，这个角度称为步距角 θ。如果逆序 A→C→B→A→…通电时，则步进电动机将逆时针方向一步步地转动。

同理可分析，三相步进电动机定子绕组另两种通电方式即双三拍通电方式和三相六拍通电方式对应的步进电动机的运行情况。当以双三拍 AB→BC→CA→AB…的顺序轮流通电时

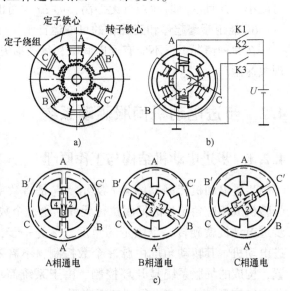

图 4-9　三相反应式单三拍步进电动机工作原理图

a）步进电动机结构简图　b）三相单三拍步进电动机控制
电路原理图　c）三相单三拍步进电动机的步进过程

步进电动机正转，以 AC→CB→BA→AC…的顺序轮流通电时步进电动机反转；当以三相六拍 A→AB→B→BC→C→CA→A…的顺序轮流通电时步进电动机正转，以 A→AC→C→CB→B→BA→A…的顺序轮流通电时步进电动机反转。

3. 步进电动机特点

综上所述，步进电动机有如下特点。

1）步进电动机转过的角度与输入脉冲数成正比，转速与输入脉冲频率成正比；

$$\beta = N\theta \tag{4-1}$$

$$\theta = \frac{360°}{MZk} \tag{4-2}$$

式中　β——电动机转过的角度（°）；

　　　N——控制脉冲数；

　　　θ——步距角（°）；

　　　M——电动机定子相数；

　　　Z——转子齿数；

　　　k——通电方式系数（单拍、双拍轮流通电时 $k=1$；单双拍轮流通电时如三相六拍或五相十拍轮流通电时，$k=2$）。

若 $\beta = 360°$，$\theta = 0.9°$，则电动机旋转一圈所需的控制脉冲数 N 为：

$$N = 360°/0.9° = 400\text{p/r（脉冲数/每转）}$$

当用步进电动机连接滚珠丝杠时，若其导程为 L_0（mm），则电动机每旋转一圈时丝杠螺母就直线位移一个导程 L_0。因此由伺服进给速度 F（mm/min）可计算出步进电动机转速 n：

$$n = \frac{F}{L_0} \tag{4-3}$$

并得到控制器需要输出的控制信号脉冲率 f 与步进电动机转速 n 的关系式：

$$n = \frac{\theta}{360°} \times 60f = \frac{\theta f}{6} \tag{4-4}$$

式中　n——电动机转速（r/min）；

　　　f——控制信号脉冲频率（Hz），即 p/s（脉冲数/秒），60f 表示 p/min（脉冲数/分）。

2）改变定子绕组通电顺序，可以方便地改变电动机运动方向。

3）电动机有自锁能力。断电时有一定自锁定位力矩，能保持既定位置。永磁与混合式有定位力矩，而反应式则没有，断电时可自由转动。

4）无累积误差。虽然步距角有误差，但在一周内定子与转子的分度是在 360°圆周上闭合的，理论上累积误差视为"零"。

5）可直接用数字脉冲信号控制，与计算机容易交换数据，且抗干扰能力强。

6）无须传感器反馈，就能实现开环位置控制。

由于定子与转子的分度是在 360°圆周上闭合的，累积误差理论上为"零"。所以，可以认为步进电动机本身隐含了一个位置传感器，能获得一定的位置控制精度（如 0.01mm）。这就是步进电动机伺服系统仍在经济型数控系统中占有一席之地的原因。

4.2.2 步进电动机主要特性

1. 运行相数

步进电动机的运行相数是指产生不同对极 N、S 磁场的励磁线圈对数。以反应式步进电动机为例，可有二相、三相、四相电动机等，相数与电动机机座尺寸不同，所通的相电流、输出力矩（N·m）也不同。

2. 运行拍数

步进电动机的运行拍数是指要完成一个磁场周期性变化，在定子绕组上所需的通电相序和脉冲数。以三相步进电动机为例，三相双三拍正转运行方式的通电相序是 AB→BC→CA…，三相六拍正转运行方式的通电相序是 A→AB→B→BC→C→CA…，反转通电相序则相反。

3. 步距角

步进电动机步距角是指每通电一个脉冲走一步，所转过的角度。增加步进电动机的齿数和运行拍数可减小步距角。例如，对齿数为 30，运行拍数为三相六拍，则步距角由下式计算出为 2°。显然，齿数越细、运行拍数越多，步距角就越小。

$$\theta = 360°/ZkM = 360°/(30 \times 2 \times 3) = 2°$$

4. 最大空载起动频率与起动转矩

步进电动机最大空载起动频率与起动转矩是指在空载时，由静止突然起动并进入不失步运行状态时，所允许的最高频率及允许的负载转矩。

5. 定位转矩

由于永磁式与混合式步进电动机的转子或定子是永久磁铁构造，在不通电状态下，电动机本身有自锁定位转矩。反应式步进电动机则因为转子不是永久磁铁而是导磁体，所以只有当定子绕组通电时，在转子上由于产生感应电动势而生磁，对定子有吸引力才保持有一定的自锁转矩。显然，当断电时自锁转矩随着转子感应电动势消失而消失，没有定位转矩。

6. 最大静转矩与失调角

步进电动机最大静转矩与失调角是指在通电状态下，转子不转时的电磁转矩。若施加一个负载转矩，转子会转一个角度，当撤销此负载转矩时，转子又会回到原静止状态位置。此时施加的转矩称为静转矩，所转过的角度为失调角。为有良好起动能力，一般选负载转矩为最大静转矩的 1/2 使用。

7. 运行矩频特性

步进电动机在某种测试条件下，测得运行中输出的转矩与频率关系曲线，称为运行矩频特性，又称动态特性，一般由电动机制造商给出。如图 4-10 所示是国产 85YGH 型步进电动机运行矩频特性曲线与负载特性曲线，它是设计者选用步进电动机的重要依据。

从图 4-10a 可以看出，曲线平坦部分是较理想的运行区，频率从 1.2kHz 变化到 2.8kHz 时，力矩变动不大；当运行频率至 2800Hz 时，力矩则急速下降。显然，该段不能成为正常工作运行区。由图 4-10b 负载特性曲线看出，相平均电流越大，电动机输出转矩越大，电动机频率特性越硬。图中曲线 3 电流最大，曲线 1 电流最小，矩频曲线与负载转矩的交点为负载可运行的最低与最高频率区间点。

94

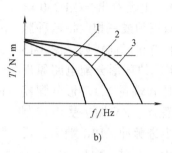

图 4-10　85YGH 型步进电动机运行矩频与负载特性曲线

a）运行矩频特性曲线　b）负载特性曲线

8. 加减速控制

步进电动机在起动和停止时，要按一定规律进行加减速控制，如图 4-11 所示，以保证不失步，能准确定位与稳定运行。

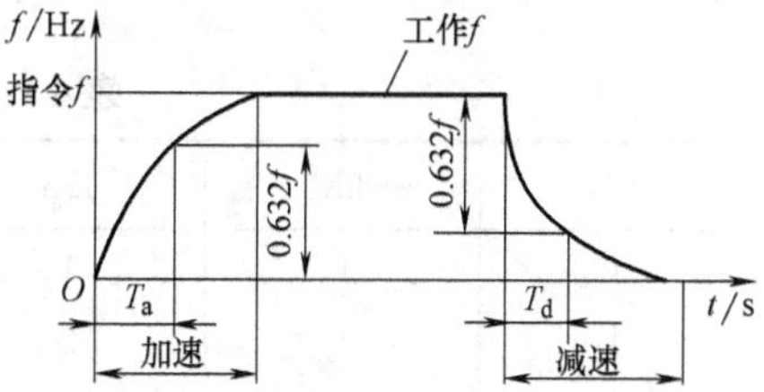

4.2.3　步进电动机驱动控制电路

1. 驱动控制电路原理

图 4-11　步进电动机的加减速控制图

由前述，步进电动机运行时要求将数控计算机输出的 CP 序列数字脉冲信号，先按电动机定子绕组相数分配成按一定节拍变化的序列脉冲，如双三拍、三相六拍或五相十拍等；然后再经功率放大以提供足够大的电流，轮流给步进电动机各相绕组通电。并且需要按插补指令要求，该节拍序列脉冲能够有正反相序变化，以控制步进电动机的正反转。这就需要在数控计算机和步进电动机之间有一个步进电动机功率驱动器接口，它包含环形脉冲分配器和功率放大器两部分。图 4-12 为三相步进电动机驱动控制电路原理图。

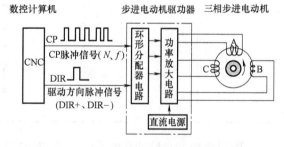

图 4-12　步进电动机驱动控制电路原理图

从图 4-12 可以看出，通过控制数控计算机输出 CP 脉冲的频率 f，改变步进电动机运行的速度；控制 CP 脉冲个数 N 即电动机运行步数，改变电动机的旋转角度；而控制 DIR 驱动方向脉冲信号的高、低电平，改变步进电动机各相定子绕组轮流通电循环的顺序，从而控制电动机的旋转方向（即 DIR + 为高电平时电动机正转，DIR - 为低电平时电动机反转）。控制器输出的脉冲信号，经环形分配器进行判断、分配（如通电次序、节拍），再经功率放大按励磁通电次序给步进电动机绕组轮流通电，使步进电动机按要求的位置、速度和方向运行。

2. 环形脉冲分配器

环形脉冲分配器任务是要解决按一定节拍和相序变化的序列脉冲，给步进电动机各相定子绕组轮流通电，它有以下两种形式。

① 专用集成电路脉冲分配方法，如 CH-250 环形分配电路。CH-250 的功能真值表见表 4-1。由表看出，CH-250 电路芯片能产生双三拍或三相六拍两种脉冲分配方式，并有正反向控制。图 4-13 是由 CH-250 构成的环形分配电路原理图。开始起步时 R 端置 1，环形分配器进入三相六拍程序。EN 端接受由控制计算机发送的步进脉冲，DIR 端为正反转控制。当 DIR = 1 时，输出 A_0、B_0、C_0 为正转顺序；当 DIR = 0 时，输出 A_0、B_0、C_0 为反转顺序。PE 为输出允许控制端，PE = 1 有效。

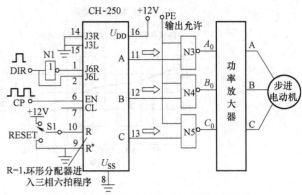

图 4-13　CH-250 环形分配电路原理图

表 4-1　CH-250 集成电路功能真值表

CL	EN	J3R	J3L	J6R	J6L	功　能
↑	1	1	0	0	0	双三拍正转
↑	1	0	1	0	0	双三拍反转
↑	1	0	0	1	0	单六拍反转
↑	1	0	0	0	1	单六拍正转
0	↓	1	0	0	0	双三拍正转
0	↓	0	1	0	0	双三拍反转
0	↓	0	0	1	0	单六拍正转
0	↓	0	0	0	1	单六拍反转
↓	1	X	X	X	X	不变
X	0	X	X	X	X	不变
0	↑	X	X	X	X	不变
1	X	X	X	X	X	不变

② 计算机软件脉冲分配方法。采用计算机软件，利用查表或计算方法来进行脉冲的环形分配，简称软件环形分配。如表 4-2 为三相六拍脉冲分配逻辑表，可将表中状态代码 01H、03H、02H、06H、04H、05H 列入程序数据表中，通过软件顺序在程序数据表中读取数据并通过输出接口输出数据。依正向顺序读取或依反向顺序读取，控制电动机进行正反转。通过控制读取一次数据的时间间隔，可控制电动机的转速。该方法能充分利用计算机软件资源以降低硬件成本，尤其是对多相的脉冲分配具有更大的优点。图 4-14 是用单片机 80C51 P1 口输出的 U′、V′、W′ 三相脉冲信号，经功率放大电路放大后，给步进电机三相定子绕组 A、B、C 轮流通电，以驱动电动机正、反转运行。

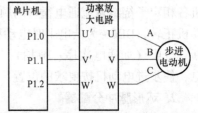

图 4-14　单片机控制步进电动机的原理图

表4-2　三相六拍脉冲分配逻辑表

转　　向	1-2相通电	CP	W	V	U	代　　码	转　　向
	A	0	0	0	1	01H	
	AB	1	0	1	1	03H	
↓ 正	B	2	0	1	0	02H	反 ↑
	BC	3	1	1	0	06H	
	C	4	1	0	0	04H	
	CA	5	1	0	1	05H	
	A	0	0	0	1	01H	

3. 功率放大电路

从数控计算机或环形分配器输出的脉冲信号电流一般只有几毫安，不能直接驱动带负载的步进电动机运转，必须用功率放大电路进行放大。该电路按所驱动负载的要求，能够输出足够大幅值的脉冲电压，且脉冲前后沿也必须陡峭，输出的励磁电流能达到几安培甚至几十安培。常用的功率放大电路有单电压、高低压、斩波型、调频调压型和细分电路型等。

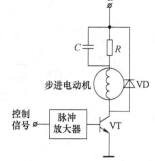

（1）单电压功率放大器电路

单电压功率放大器电路原理如图4-15所示。脉冲分配器输出脉冲到控制信号端后，通过脉冲放大器放大，加到晶体管VT的基极，使其导通，并利用电容C使电动机定子绕组中的电流迅速上升。在稳态时，串联电阻R起限流作用。在换相时，晶体管VT截止，利用二极管VD的续流作用，防止定子绕组电感电流不能突变而在VT集电极产生高电压击穿。这种电路适用于小型步进电动机，且性能要求不高的场合。

图4-15　单电压功率放大电路图

（2）双电压功率放大器电路

高低电压切换型驱动电路如图4-16所示。这种电路的特点是高压充电，低压维持。步进电动机的定子绕组每次通电时，首先接通高压，以保证电流以较快的速度上升；然后改由低压供电，维持定子绕组中的电流为额定值。

在图4-16中，由脉冲变压器T组成了高压控制电路。当输入信号为低电平时，VT_1、VT_2、VT_g、VT_d均截止，电动机定子绕组中无电流通过。当输入信号

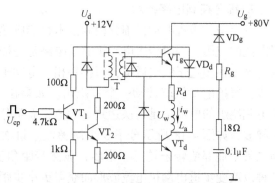

图4-16　高低压切换型功率放大器电路

为高电平时，VT_1、VT_2、VT_d饱和导通，在VT_2由截止过渡到饱和导通期间，与脉冲变压器T一次侧串联在一起的VT_2集电极回路的电流急剧增加，在T的二次侧产生感应电压，加到高压功率管VT_g的基极上，使VT_g导通，80V的高电压经功率管VT_g加到步进电动机定子绕组上，使电流按$L_a/(R_d+r)$的时间常数上升，达到电流稳定值$U_g/(R_d+r)$。经过一段时间，当VT_2进入稳定状态（饱和导通）后，T一次电流暂时恒定，无磁通量变化，脉

冲变压器 T 二次侧的感应电压为零，VT_g 截止。这时 12V 低压电源经二极管 VD_d 加到绕组 L_a 上，维持 L_d 中的额定电流不变。当输入脉冲结束后，VT_1、VT_2、VT_g、VT_d 截止，储存在 L_a 中的能量通过 R_g、VD_g 及 U_g、U_d 构成放电回路，R_g 使放电时间常数减小，电流迅速减小为 0，改善电流波形后沿。该电路由于采用高压充电，电流增长加快，定子绕组脉冲电流前沿变陡，使电动机转矩、起动及运行频率都得到提高。又由于额定电流由低电压维持，故只需较小的限流电阻，功耗较小。

（3）恒流斩波型驱动电路

单电压斩波型驱动电路如图 4-17 所示。当输入信号为低电平时，VT 截止，步进电动机定子绕组中无电流通过。当输入信号为高电平时，VT 导通，由于绕组回路没有串接限流电阻，所以绕组中电流迅速上升，当绕组中电流上升到预定值时，由于 R_1 的反馈作用，通过斩波电路使 VT 截止，绕组中电流迅速下降，当下降到预定值以下时，又由于 R_1 的反馈作用，通过斩波电路使 VT 导通，绕组电流又上升。如此反复进行，形成一个在预定值上下波动的电流波形，近似恒流。这种电路功耗小，效率高，运行特性好。

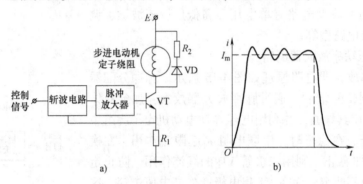

图 4-17　单电源斩波型驱动电路

a）电路　b）电流波形

4. 细分控制电路技术

近年来，步进电动机细分控制技术日趋成熟，获得了广泛的应用。一般步进电动机驱动电路都是按工作方式轮流给各相定子绕组通电，每换一相，电动机就转动一步，每拍电动机就转动一个步距角。如果在一拍中，通电相绕组的电流不是一次达到最大值，而是分成若干阶梯波，如图 4-18 所示分了 5 个阶梯波。每次定子绕组电流增加都使转子转过一小步，显然步距角变小了。

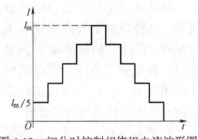

图 4-18　细分时控制相绕组电流波形图

这种以改变步进电动机电流波形而获得更小步距角的方法，称为步进电动机的步距角细分技术。例如步进电动机原步距角为 1.5°，齿数不变，若取步距角 20 细分，则步距角将减小为 1.5°/20 = 0.075°。这不但使步进电动机大大提高了分辨率，改善了低频噪声与振荡，使电动机运行更平稳，而且增大了力矩（比不细分要提高 30% ~ 40%），从而使步进电动机获得更广泛的应用。当然也不能无限制细分，一般按实际需求取 2、5、10、20 等细分为宜。因为细分高了，必然使运转频率增高，电动机反电动势阻尼力矩随之增大，力矩反而下降，电动机发热增加。步进电动机相电流与细分数的设定，可通过驱动器上的编码开关进行。

4.2.4 开环步进电动机伺服驱动系统的控制方法

在如图 4-19 所示的开环步进电动机伺服驱动系统中，常采用混合式步进电动机作为执行元件，因带载能力、运行速度等限制，精度也不高，一般用于经济型数控机床中。在图中，步进电动机接受 CNC 的插补指令脉冲，每来一个脉冲走一步，转子转过一定角度。所以，步进电动机通过控制脉冲个数 N 来控制电动机角位移，用控制脉冲频率 f 来控制电动机转速，而用 DIR 驱动方向控制信号，改变电动机定子各相绕组轮流通电的顺序来控制电动机转向。

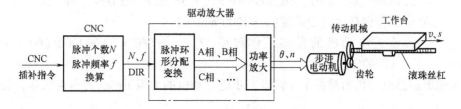

图 4-19 开环数控系统的工作原理图

（1）工作台位移量的控制

① 电动机与丝杠直接连接的平台位移。

为简化问题，先设步进电动机不带齿轮减速（为增大力矩有时带一至两级减速齿轮），直接与滚珠丝杠连接。如图 4-20 所示，当步进电动机转一圈，滚珠丝杠也转一圈，工作台直线位移走一个滚珠丝杠的导程（一个螺距）L_0，设：进给脉冲的数量为 N，步进电动机的

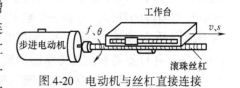

图 4-20 电动机与丝杠直接连接

转子角位移为 θ，机床工作台位移量为 L_0，步进电动机的脉冲当量为 δ（mm/p），则有：

$$L_0 = N\delta, \quad N = 360°/\theta, \quad \theta = 360°/MZk$$

$$L_0 = 360°/\theta \times \delta,$$

$$\delta = L_0 \times \theta/360° \tag{4-5}$$

② 电动机与丝杠带一级齿轮减速连接的平台位移。

设减速比为 $i = Z_1/Z_2$，如图 4-21 所示，当步进电动机转一圈，由于有一级减速齿轮，滚珠丝杠走 $1/i$ 圈，工作台直线就移动 L_0/i，则有：

$$L_0 = 360°/\theta \times i\delta, \quad \delta = L_0 \times \theta/360° \times i \tag{4-6}$$

（2）工作台进给速度控制

开环系统进给速度 v（mm/min）为：

$$v = 60\delta f \tag{4-7}$$

式中 f——输入到步进电动机的脉冲频率（p/s，记为 Hz）。

（3）工作台运动方向的控制

改变步进电动机输入脉冲序列信号的循环顺序方向，就可改变步进电动机各相定子绕组

99

轮流通电的顺序，从而使步进电动机实现正转和反转，相应地工作台进给方向就被改变。

【例】 设某步进电动机转子有 160 个齿，采用三相六拍驱动方式，与滚珠丝杠直连，工作台做直线运动，滚珠丝杠导程为 6mm，工作台最大进给速度为 1200mm/min，求：

①步进电动机的步距角 θ；②此开环系统的脉冲当量 δ；③步进电动机最高工作频率 f。

【解】 ①∵ 步进电动机转子齿数 $Z = 160$，三相六拍驱动方式 $m = 3$，$k = 2$；

∴ 步进电动机的步距角 $\theta = 360°/mZk = 360°/3 \times 160 \times 2 = 0.375°$。

②∵ 步进电动机与丝杠直连，丝杠导程 $L_0 = 6$mm，即步进电动机转一周，滚珠丝杠直线移动 6mm；

∴ 脉冲当量：$\delta = L_0 \times \theta/360° = 6 \times 0.375°/360° = 0.00625$ mm/p。

③∵ 工作台最大进给速度：$v = 1200$ mm/min；

∴ 步进电动机的最高工作频率：$f_{max} = v/(60 \times \delta) = 1200/(60 \times 0.00625) = 3200$Hz。

如果超出步进电动机的最高工作频率，步进电动机的力矩下降，可能会失步，位置精度将下降。

4.2.5 步进电动机驱动系统在数控机床中的应用

由上述知，步进电动机是由数字脉冲控制的。由于不需要 D-A 转换，I/O 接口简单，特别适合单片机、PLC 及计算机的控制，为构成开环控制系统提供了方便条件。此外，步进电动机具有独特的特性，即通一个数字脉冲走一步，每一步的步距角基本恒定且无累积误差，只要注意动态矩频特性，传动机构设计得当，运行时不失步，控制精度一般能达到 0.01mm，并且不需要位置传感器反馈。由于系统简单、价格便宜、控制精度能够满足一般要求，因而在经济型数控机床、雕铣机等设备中得到了广泛应用。

我国与西门子公司合资生产的 STEPDRIVE C/C + 步进驱动器与 BYG55 系列五相十拍混合式步进电动机组成的步进电机伺服系统，是西门子 802S 数控系统的配套产品，广泛用于经济型数控车床中。STEPDRIVE C/C + 系列步进驱动器由电源、控制和功率放大器 3 部分组成。电源部分用来产生驱动器所需的 DC 24V、DC 5V 等控制电压及步进电动机定子绕组驱动用的 DC 120V 电压，控制部分包括"五相十拍"环形分配、恒流斩波控制、过电流保护等环节，功率放大部分用来产生电动机定子绕组控制用的高压大电流信号。驱动器还设计有完善的保护电路如过压、欠电压、过载、短路等。该驱动器额定电压为120V，每相绕组最大输出：STEPDRIVE C 型为 DC 120V/2.5A，可与 3.5 ~ 12N·m 的 BYG 型系列五相十拍步进电机配套；STEPDRIVE C + 型输出为 DC120V/5A，可与 18 ~ 25N·m 的 BYG 型系列五相十拍步进电机配套。STEPDRIVE C/C + 步进驱动器与 BYG55 系列五相十拍混合式步进电机产品图如图 4-22 所示。

步进驱动器　　　　　　步进电动机

图 4-22　STEPDRIVE C/C + 步进驱动器与 BYG55 系列五相十拍混合式步进电动机产品图

4.3　直流伺服电动机驱动系统

4.3.1　直流伺服电动机驱动系统概述

直流伺服电动机驱动系统是数控机床上应用较早、比较成熟的闭环控制系统。它以直流伺服电动机作为执行元件，具有调速范围宽、低速性能好、过载能力强、价格适中等优点，曾广泛应用于早期数控系统的伺服进给驱动控制中。直流伺服电动机接上直流电（DC）就能运转，这是一大突出优点。它具有以下特点。

1）起动力矩大。广泛用于宽调速范围和精确位置控制系统。输出功率从几十瓦到几十千瓦，电压由几伏、几十伏到110V、220V，转速可达 2000 ~ 4000r/min。

2）可控性好。有良好的线性调节特性，转速正比于控制电压，旋转方向取决于电压极性。当控制电压为零时，因转子惯量很小可立即停止。

3）响应快速。因为具有较大的起动力矩和较小的转动惯量，当控制信号变化瞬间（增加、减小、消失），直流伺服电动机能迅速响应（增速、减速、停止）。

4）稳定性好。直流伺服电动机具有理想机械特性，能在较宽范围内稳定运行。

5）容易控制、控制功率低、损耗小。

在直流电动机中，为了将外加的直流电源转换为电枢线圈中的交变电流，使电磁转矩方向恒定不变，直流电动机能带额定负载持续地转动下去，需要安装机械换向器与电刷。但是机械换向器存在机械磨损大、寿命短、噪声大、维修工作量大等缺点，所以发展了由电子换向器构成的无刷直流永磁电动机，广泛用在数控机床伺服进给电动机上。

4.3.2　直流伺服电动机结构与工作原理

1. 直流电动机结构

按励磁方式不同，直流伺服电动机有永磁式（铝镍钴、稀土钴等）和电磁式两类。电磁式大多是他激励磁式（简称他励式）。直流伺服电动机构造与工作原理如图 4-23 所示，它是由永磁体定子、线圈转子（电枢）、电刷和换向器三部分组成。定子在电动机工作中固定不动，定子磁极用于产生磁场。在永磁式直流伺服电动机中，磁极用永磁材料制成，充磁后即可产生恒定磁场。在他励式直流伺服电动机中，磁极由冲压硅钢片叠成，外绕线圈，靠外加励磁电流才能产生磁场。电枢是电动机转动部分，要连接驱动负载运动，故称转子。它由硅钢片叠成，表面嵌有线圈，通过电刷和换向片与外加直流电源相连。

2. 直流电动机工作原理

由图 4-23 看出，直流电流 I，通过电刷 A 和换向器 B，流入处于定子永磁体磁场（方向向下）中的转子线圈时，就会在左手定则的方向上产生电磁力矩 F-F'，上线圈电磁力 F 向左、下线圈电磁力 F' 向右，而形成旋转力矩，驱使转子逆时针转动。为了使该旋转运动能持续下去，必须随着转子的转动角度变化，不断改变电流方向，即所供给直流电流不断地换向流动，因此需要设置电刷和换向器。

3. 常用直流伺服电动机

（1）小惯量直流伺服电动机

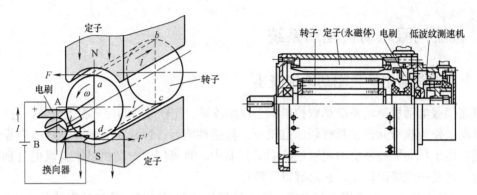

图 4-23　直流伺服电动机构造与工作原理图

小惯量直流伺服电动机因转动惯量小而得名,它是通过减小电枢转动惯量来提高力矩/惯量比的。与一般直流电动机相比转子为细长型并是光滑无槽的铁心,用绝缘粘合剂直接把线圈粘在转子铁心表面上。小惯量直流伺服电动机的机电时间常数小、响应快、低速运转稳定、能频繁起动制动。但其过载能力低,并且自身惯量比机床运动部件惯量小,因此必须用齿轮等减速机构与丝杠连接才能与运动部件惯量匹配,这样就增大了传动链误差。小惯量直流伺服电动机在早期数控机床上得到广泛应用。

（2）大惯量宽调速直流伺服电动机

大惯量宽调速直流伺服电动机,通过提高输出力矩来提高力矩/惯量比,所以又称直流力矩电动机。具体措施是:① 增加磁极对数并采用高性能的钐钴合金等稀土材料以产生强磁场;② 在同样转子的外径和电枢电流情况下,增加转子槽数和截面积,这样在不影响快速响应性下提高了输出力矩。由于转动惯量比其他类型电动机大,能够在较大过载力矩时长时间地工作,因此可以直接与丝杠相连驱动机床运动部件,中间不需要其他传动装置。

大惯量宽调速直流伺服电动机的特点是:过载能力强（能承受 10 倍额定电流峰值冲击）,能承受过载运行几十分钟;大的力矩/惯量比,快速性好,抗机械负载扰动能力强并且在低速时输出力矩大;调速范围宽,能达到 1：10 000;传动精度高。一般,在电动机转子尾端同轴安装光电编码器或旋转变压器作为速度位置传感器,构成闭环伺服控制系统。大惯量直流伺服电动机的机械特性硬,其机械特性曲线和调压调速特性曲线与永磁式直流电动机相同。

以 FANUC BESK 15 直流伺服电动机为例,该伺服电动机的工作特性曲线如图 4-24 所示,可分为三个区域。连续工作区,在该区内力矩转速的任意组合都可长期连续工作;间断工作

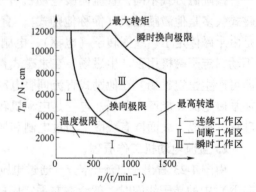

图 4-24　大惯量直流伺服电动机工作特性曲线

区,在该区内电动机可根据负载周期曲线所决定的允许工作时间与断电时间间歇工作;瞬时加减速区,电动机只能在加减速时工作于该区,并只能工作极短时间。

（3）直流无刷伺服电动机

直流无刷伺服电动机又叫无整流子电动机，使用电子换向器代替机械换向器，由同步电动机和逆变器组成，逆变器由装在转子上的转子位置传感器控制。电动机结构如图4-25所示，其中电子开关为霍尔开关。无刷电子换向器电路原理如图4-26所示，在换向位置开关作用下，将直流电调制成脉宽可控的脉冲电流轮流加在电动机的电枢线圈上，起了电子换向作用，使直流电动机转动。从转子往外看，无刷直流伺服电动机实质是一种交流调速电动机，其调速性能可达到直流伺服电动机的水平，而且取消了换向装置和电刷部件，大大地提高了电动机使用寿命。

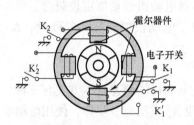

图4-25 无刷直流伺服电动机结构

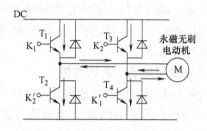

图4-26 直流无刷伺服电动机电子换向器

4.3.3 直流伺服电动机调速方法

1. 直流伺服电动机调速原理

直流电动机由磁极（定子）、电枢（转子）和电刷与换向片三部分组成。直流电动机是基于电流切割磁力线，产生电磁转矩来进行工作的。下面以他励式直流伺服电动机为例，研究直流电动机的机械特性。由图4-27所示的他励直流电动机等效工作原理图，可得电枢回路的电压平衡方程式：

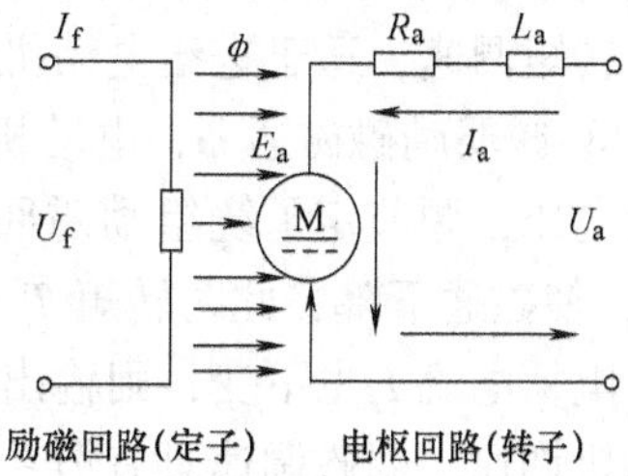

图4-27 他励直流电动机等效工作原理图

$$U_a = E_a + I_a R_a \qquad (4-8)$$

式中　R_a——电动机电枢回路的总电阻；

　　　U_a——电动机电枢的外加端电压；

　　　I_a——电动机电枢的电流；

　　　E_a——电枢绕组的感应电动势。

当励磁磁通 ϕ 恒定时，电枢绕组的感应电动势与转速成正比。则有：

$$E_a = K_e \phi n \qquad (4-9)$$

式中　K_e——电动势常数，表示单位转速时所产生的电动势；

　　　n——电动机转速。

电动机的电磁转矩为：

$$T_m = K_T \phi I_a \qquad (4-10)$$

式中　T_m——电磁转矩；

　　　K_T——电磁转矩常数，表示单位电流所产生的转矩。

将式（4-8）、式（4-9）和式（4-10）联立求解，可得到他励式直流伺服电动机的转速公式：

$$n = \frac{U_a}{K_e\phi} - \frac{R_a}{K_e K_T \phi^2} T_m = n_0 - \frac{R_a T_m}{K_e K_T \phi^2} \qquad (4\text{-}11)$$

$$\Delta n = n_0 - n = \frac{R_a T_m}{K_e K_T \phi^2} \qquad (4\text{-}12)$$

式中　n_0——电动机理想空载转速 $n_0 = U_a/K_e\phi$；

　　　Δn——转速降落，可描述电动机机械特性。

　　直流电动机的转速与转矩的关系称为机械特性，机械特性是电动机的静态特性，是稳定运行时带动负载的性能，此时电磁转矩与外负载相等。当电动机带动额定负载时，电动机实时转速与理想转速产生转速差 Δn 即转速降落，它反映了电动机机械特性的硬度，Δn 越小表明机械特性越硬。

2. 直流伺服电动机调速方法

　　由直流伺服电动机的转速公式（4-11）可知，直流电动机的调速基本方式有三种。

　　① 改变电枢回路电阻 R_a，电动机转速 n 与电枢电阻 R_a 成反比。显然，使用电枢电阻调速不经济而且调速范围也不高，一般为 $1:1.5$，实际上很少采用。

　　② 调节电枢回路端电压 U_a，电动机转速 n 与电枢端电压 U_a 成正比。由于在恒定励磁条件下，ϕ 为额定值保持不变，电枢稳态电流 I_a 与电枢端电压无关，由式（4-10）知电动机电磁转矩 T_m 保持不变为恒定值。因此，称调压调速为恒转矩调速。此法可得调速范围较宽的恒转矩调速，适于进给电动机驱动控制及主轴电动机低速段驱动控制。

　　③ 减弱励磁磁通 ϕ，电动机转速 n 与磁通 ϕ 成反比，称弱磁调速。保持电枢电压 U_a 为额定电压，调节定子绕组励磁回路电流 I_f 向减小方向变化（励磁回路的电流不能超过额定值），使磁通下降，此时转矩 T_m 也下降，转速上升。在调速过程中，电枢电压 U_a 不变，若保持电枢电流 I_a 也不变，则输出功率维持不变，故弱磁调速又称为恒功率调速，常用于主轴电动机调速。弱磁调速具有恒功率特性，适用于主轴电动机高速段调速。

3. PWM 晶体管脉宽调制调速系统

　　直流电动机的调速一般采用调节电枢回路两端电压的调速方式，按功率放大电路元件不同，可分为 SCR 晶闸管直流伺服驱动系统和 PWM 晶体管脉宽调制直流伺服驱动系统两大类。近年来，由于新型大功率晶体管如功率场效应晶体管 MOSFET、绝缘栅双极晶体管 IG-BT 等器件的快速发展，已普遍采用 PWM 晶体管脉宽调制调速系统。

　　（1）PWM 调速工作原理

　　晶体管脉宽调制调速系统，简称 PWM（Pulse Width Modulation）调速系统。PWM 技术是一种将直流转换为宽度可变的脉冲序列技术。PWM 晶体管脉宽调制调速系统是利用脉宽调制器对大功率晶体管放大器的开关时间进行控制，将直流电压转换成某一频率的矩形波电压，加到直流伺服电动机的电枢两端，通过对矩形波脉冲宽度的控制，改变加在电枢两端直流平均电压和通电电流换向频率，达到调节直流伺服电动机转速的目的。

　　由图 4-28 可以看出，PWM 电路的作用相当于一个高频开关，将直流控制电压 U 调制成序列脉冲电压加在电动机电枢绕组上。该序列脉冲电压周期一定，脉冲宽度随控制电压大小可调。脉宽调速就是通过改变加在电动机电枢绕组上的序列脉冲宽度，来改变电动机电枢电压的大小，从而改变电动机的转速。图中，U 为稳恒的直流电压，PWM 为脉宽功率放大器。通过开关 S 的周期性开和关，二极管 VD 周期性导通与截止，随着占空比 μ（$\mu = \tau_i/t$）不同，输出到电动机转子绕组中的平均电压 U_{VD} 也随之变化，其中 $U_{VD1} > U_{VD2}$，图中 $U_{VD} = \mu U$；$\mu = \tau_i / t$；μ 为占空比。

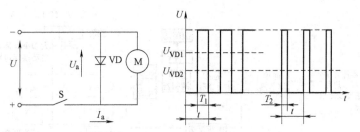

图 4-28 PWM 调速系统的构成与工作原理图

与晶闸管相比，功率晶体管控制电路简单，不需要附加关断电路，开关特性好。因此，在中、小功率直流伺服驱动系统中，PWM 调速系统已得到了广泛应用。

（2）PWM 调速电路

图 4-29 是一个小功率直流伺服电动机 PWM 调速电路。比较运算放大器的一个输入端接收计算机控制器输出并经 D-A 转换器转换后的模拟指令信号 V_{in}，另一个输入端接一个标准的具有高稳定度频率的三角波信号，这两个信号在运算放大器中比较，进行叠加运算后输出一个 PWM 方波调制信号，该信号随着 V_{in} 大小的不同，占空比也不同。然后，用该 PWM 调制信号控制接高压电源的 100V 或 200V 的 MOSFET 型或 IGBT 型功率晶体管。当它导通时，就输出高电压大电流，即驱动直流电动机运转。由于 PWM 方波脉冲占空比不同，脉宽随着 V_{in} 变化而变化，功率晶体管导通的时间长短也随之变长或缩短，电动机速度也就变快或变慢，从而实现了直流伺服电动机速度的自动调节。

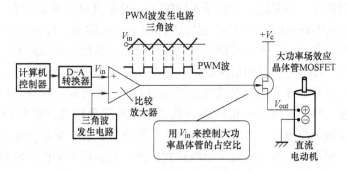

图 4-29 PWM 晶体管脉宽调制调速电路原理图

4.3.4 直流伺服电动机 PWM 调速系统在机床数控中的应用

PWM 调速系统在 FANUC 和西门子公司直流伺服产品中曾得到广泛应用，图 4-30 为其电路原理框图。该系统由控制部分、功率晶体管放大器和全波整流器三部分组成。控制部分包括速度调节器、电流调节器、固定频率振荡器、三角波发生器、脉宽调制器和基极驱动电路。其中速度调节器和电流调节器与晶闸管调速系统相同，控制方法仍然是采用双环控制，不同的部分是脉宽调制器、基极驱动电路和功率放大电路。晶体管脉宽调制调速系统具有频带宽、电流脉动小、电源功率因数高和动态特性好等特点，现在仍然在交流永磁同步电动机的控制电路中得到应用。只不过 PWM 脉宽调制开关的调压电源不是加在直流电动机的转子绕组上，而是加在交流永磁同步电动机的三相定子绕组上。

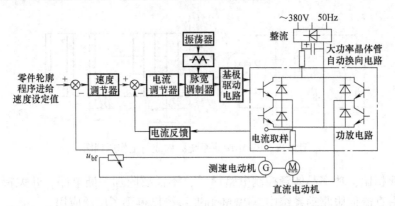

图 4-30　直流伺服电动机 PWM 调速系统在机床数控中的应用电路原理图

4.4　交流伺服电动机驱动系统

4.4.1　交流伺服电动机概述

交流伺服电动机与直流伺服电动机相比其特点是：交流电动机供电是交流电；没有电刷与换向器，因而维护少，也不易产生火花；体积小、重量轻、过载力强，适宜高速、高精度、频繁起动的场合，与直流伺服电动机相比其缺点是驱动控制电路复杂、成本高。

交流伺服电动机与一般交流电动机是不同的，一般交流电动机多用在一般机械设备中，多采用有触点的继电电路系统和 PLC 控制器进行固定负载的起、停或有限档调速等。但是交流伺服电动机则要通过伺服驱动控制器将数控计算机来的指令变成所期望的机械运动，实现可变负载的定位、转矩与速度的精密控制。因此，交流伺服电动机是经过特别设计的。定子铁心较一般电动机开槽多且深，围绕在定子铁心上，绝缘可靠、磁场均匀。可对定子铁心直接冷却，散热效果好，因而传给机械部分热量小。转子采用具有精密磁极形状的永久磁铁，因而可实现高转矩惯量比，动态响应好，运行平稳。在转子尾端同轴上还装有高精度的光电脉冲编码器、旋转变压器等做转子磁极位置检测，可实现电动机的转角、转速及转矩的精确控制。

在 20 世纪 80 年代中期后，随着精密位置检测传感器、计算机机控制、大功率晶体管、交流矢量变频等技术发展，已实现了交流异步电动机的磁场矢量控制。矢量控制是通过对交流异步电动机定子电流励磁分量和转矩分量的分别控制，实现了对转子的转速与转矩控制。目前交流异步电动机的转速和转矩控制性能，已经达到了可以与直流伺服电动机媲美的水平，改变了过去对运动机械位置和速度的精密控制依赖直流伺服电动机的状况，在数控机床、机器人、军用火控系统及智能家电、医疗等控制系统中均得到广泛应用。

近年来，国外先进企业如日本三菱、富士，美国的 AB 公司，德国西门子公司等都已开发出了数字式交流伺服系统。计算机采样控制系统输出数字指令信号，该信号通过串行通信总线（例如 Profibus 工业现场总线，多用光缆）直接连接数字伺服放大器，驱动伺服电动机按指令要求运转，不但简化了接口、节约了电缆，可靠性也大大提高。因为采用了 DSP 等直接数字处理器等技术，所以位置插补速度更快、精度更高、性能更优良。

4.4.2 交流伺服电动机结构与工作原理

交流伺服电动机按结构可分为：交流永磁同步电动机、交流异步电动机。交流永磁同步电动机定子绕组通交流电，转子由永磁体构成。而转子在导磁体上由通电绕组形成电磁铁的是异步电动机。在交流永磁同步电动机基础上，定子绕组不用机械式换向器而用电子式换向器的，就是永磁无刷电动机。

1. 交流永磁同步电动机

（1）交流永磁同步电动机结构与特点

交流永磁式同步电动机产品外形如图 4-31a 所示，产品内部结构如图 4-31b 所示。图中，同步电动机转子是永磁体，定子是在导磁件上装有能产生旋转磁场的绕组线圈。当三相交流电流通过定子绕组时，在定子上产生旋转磁场。可见，同步电动机转子与直流电动机定子不同，直流电动机定子是永磁体，而同步电动机是将永磁体如钕铁硼、钐钴合金等装在转子上。

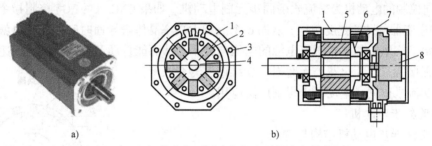

a)   b)

图 4-31　三相交流永磁同步伺服电动机内部结构图

a）产品外形　b）产品内部结构

1—定子　2—永久磁铁　3—轴向通风孔　4—转轴　5—转子　6—压板　7—定子三相绕组　8—脉冲编码器

同步电动机的特点是结构简单、运行可靠、效率高，缺点是体积大、起动特性欠佳。在采用高剩磁感应、高矫顽力的稀土类磁铁材料后，同步电动机在外形尺寸、质量及转子惯量方面都比直流电动机大幅度减小。

（2）交流永磁同步电动机工作原理

若在同步电动机定子绕组上通三相交流电 U、V、W，则产生空间旋转磁场，如图 4-32 所示。该旋转磁场与转子永久磁场的磁极之间产生相互作用，在电磁力推动下，驱动转子磁极同步运转，故称为同步电动机。该电动机的速度控制有两种方法，即他控换向和无刷自控换向。

他控换向与交流异步电动机变频器一样，用独立的变频器，变化供给定子三相绕组的交流电源频率来调节电动机转速，故称他控换向调速。

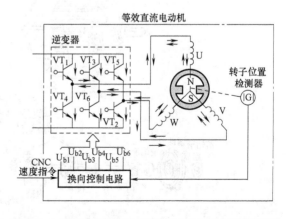

图 4-32　交流永磁同步电动机无刷换向器电路原理图

无刷自控换向如图 4-32 所示。三相交流市电（AC 380V/50Hz）经整流再经滤波变成直流，加在由三对六只大功率晶体管构成的逆变器上（将直流电又逆变为频率和电压可变的交流电的电路称逆变器），它们的通断是由装于电动机轴上的转子位置的检测器 G（如霍尔开关）控制换向电路来控制的，从而实现加在定子三相绕组的电流自动换向。例如用三个成 120° 布置的霍尔开关，当转子转到 U 相绕组换向位置时，对应的霍尔开关接通，换向控制电路中的 U_{b1}、U_{b6} 发出高电平信号使 VT_1、VT_6 接通，逆变器上的直流电 " + " 极由 VT1→U 绕组→V 绕组→VT_6 回到 " – " 极；当转子转到 V 相绕组换向位置时，对应的霍尔开关接通，换向控制电路中的 U_{b3}、U_{b2} 发出高电平信号使 VT_3、VT_2 接通，加在逆变器上的直流电 " + " 极由 VT3→V 绕组→W 绕组→VT2 回到 " – " 极；同理当转子转到 W 相绕组换向位置时，对应的霍尔开关接通，换向控制电路中的 U_{b5}、U_{b4} 发出高电平信号使 VT_5、VT_4 接通，加在逆变器上的直流电 " + " 极由 VT_5→W 绕组→U 绕组→VT_4→回到 " – " 极，电动机转动了一周。

显然，无刷换向器电路功能与直流电动机机械换向器相同，转子绕组电流随机械换向器变换电流方向，使直流电动机能持续转动下去，只不过是用电子换向器代替了机械换向器，所以称这种换向控制的电动机为交流永磁同步无刷电动机。如果 CNC 来的速度控制指令变化，使 PWM 控制逆变器的脉冲宽度变化，从而 6 个三相大功率晶体管导通时间变化，也就改变了加在电动机定子绕组上的三相交流电源的电压与频率，从而能自动调节电动机的转速。电子换向器具有无接触式、无火花、无磨损、少维修、寿命长等特点，在交流永磁同步电动机中得到广泛应用。

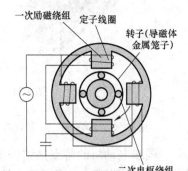

2. 交流异步电动机

（1）交流异步电动机结构与特点

交流异步电动机在定子与转子导磁体上（如硅钢片）都装有绕组，分别称为一次激磁绕组、二次电枢绕组。也有的转子线圈用铝合金等金属导体铸成笼型框架来代替，故称感应式笼型异步电动机，其结构原理如图 4-33 所示，普通笼型交流异步电动机产品构造如图 4-34 所示。

图 4-33　交流异步电动机构造原理图

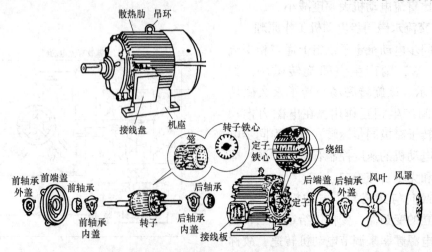

图 4-34　笼型交流异步电动机产品构造图

笼型交流异步电动机的特点是结构简单、制造容易，输出功率大、运行可靠平稳，转子惯性矩可做得很小，所以响应快。另外由于无电刷和换向器，所以维护少。广泛应用于中等功率的伺服驱动系统中。与直流电动机相比，其驱动控制电路复杂，价格高。但随着近年来新型大功率开关器件、专用集成电路和矢量变频控制算法等的发展，推动了交流电动机新型驱动电源的发展，使其调速性能更能适应数控机床伺服驱动系统的要求，因此在数控机床上交流伺服电动机已逐步取代了直流电动机。

（2）交流异步电动机工作原理

以笼型交流异步电动机为例，其工作原理模型如图4-35a所示。在一个马蹄形磁铁定子中，放入一个笼型导体的转子，当顺时针转动马蹄形磁铁时，笼型导体会跟着同方向旋转。这因为当定子磁铁顺时针转动时，就相当于转子导体在 F-F' 力矩作用下做逆时针运动，切割磁力线，在转子导体中产生感应电动势。根据右手定则（磁力生电），可确定电动势方向：转子上半部电动势方向朝外，用⊙表示；下半部朝里，用×表示，如图4-35b所示。由于鼠笼导体转子是短路的，在电动势作用下导体中有感应电流流过，其方向与感应电动势相同。带电转子导体在磁场中要产生力的作用，力的方向由左手定则决定（电生磁力），即在转子上半产生 F-F' 力矩，驱动转子随着定子旋转磁场转动，这就是异步电动机工作原理。

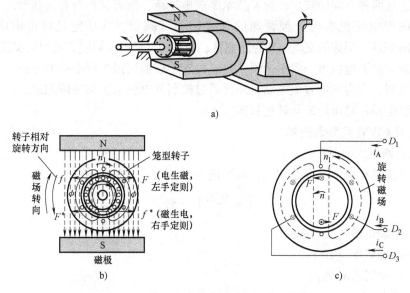

图4-35　笼型交流异步电动机工作原理图

a）手摇旋转磁场模型　b）电磁关系图　c）三相旋转磁场异步电动机

实际异步电动机的定子是在其三相绕组里通入了三相交流平衡电流，在电动机空气隙中产生旋转磁场，如图4-35c所示。n_0 为同步转速即电动机空载转速（r/min），由电源频率 f（Hz）、定子绕组磁极对数 p 来决定。即：

$$n_0 = \frac{60f}{p} \tag{4-13}$$

转子实际转速 n 一定低于定子旋转磁场同步转速 n_0，即存在转差率 S：

$$S = \frac{(n_0 - n)}{n_0} \tag{4-14}$$

这是因为只有当转子与定子磁场间存在相对运动时，转子导体才能切割磁力线，产生感应电流，进而才能产生力矩驱使转子运动，这就是交流异步感应电动机（本书简称交流异步电动机）名称的由来。显然，因为交流永磁同步电动机转子磁场与定子电源磁场是同步的，所以同步电动机转差率为零。当切削负载变化时，由于同步电动机速度跟随性好，容易实现恒力矩调节，因此进给伺服电动机多选用交流永磁式同步电动机。

4.4.3 交流伺服电动机的变频调速技术

1. 交流伺服电动机变频调速技术概述

分析数控机床、机器人等对伺服电动机控制有两大要求。一是随各坐标轴进给插补的运动轨迹不断变化，要求电动机速度也紧紧跟随变化，以实现精密位置控制；二是负载转矩随刀具切削轨迹频繁变化，要求电动机输出力矩也要随之快速响应变化。

显然，这两者都要求系统的动、静态特性好。对于负载转矩调节特性要求不高的被控对象，例如主轴电动机，重点是要求电动机的调速特性。可通过普通变频调速技术运用变压、变频即 VVVF 技术来解决。本节将重点介绍 PWM 变频调速控制技术。而对于既要求精密调速、高精度定位控制，又要求精密转矩控制的伺服电动机来说，目前常用矢量控制变频调速技术。注意这是两种不同的技术，后者技术要求更复杂，前者又是后者的基础。

对交流伺服电动机实现变频调速的装置称为变频器。其功能是将市电电网提供的 AC 380V/50Hz 恒压、恒频的交流电变为能变压、变频的交流电，对交流电动机实现无级调速。

矢量控制变频调速技术，简单来说就是通过转子磁通矢量坐标变换的方法，把对交流异步电动机的控制，变为如同直流电动机那样通过控制其电枢电流与励磁磁通，以达到可精密控制交流伺服电动机输出转矩与转速目的。

2. 电压型 PWM 变频调速器

（1）变频调速控制原理

由交流异步电动机的工作原理知，其转速 n 为：

$$n = \frac{60f}{p}(1 - S) \tag{4-15}$$

式中　n——电动机转速（r/min）；

f——电源频率（Hz）；

p——电动机极对数；

S——转差率。

从式（4-15）看出，要改变交流异步电动机转速有三种方法。①改变电动机极对数 p。极对数在电动机制造厂出厂时已确定，很难再改变。②改变转差率 S。通过改变励磁绕组电压，来改变电动机转速，但速度改变范围小只能达 1∶10，不能满足数控机床要求。而且在转子低速运转时，跟随定子磁场力不够，力矩要减小。③改变电源频率 f。即通过改变加在定子绕组上的三相交流电源的频率来改变电动机转速，这是近年来最常用的交流异步电动机调速方法。

目前，交流异步电动机变频调速技术已得到广泛发展与应用。当调节定子供电电压频率 f 时，异步电动机转速 n 大致随之成正比的变化。为避免定子由于励磁绕组过励磁及欠励磁对电动机产生不利影响，在变频调速过程中常采取既变压又变频的方式，即在变频同时协调改变电动机的供电电压，以保持主磁通的恒定，称为 VVVF 变压变频技术（Variable Votage Variable Frequency），简称 V/f 控制变频调速。V/f 控制变频调速的特点是结构简单，成本低，机械特性硬度好，可满足一般传动平滑调速的需要；缺点是低频运行时，电动机容易出现输出转矩不足，必须进行转矩补偿；开环运行时，控制性能相对差些。V/f 控制变频调速多用于通用变频器，进行风机、泵类、家电、机床主轴及一般生产机械拖动电动机的速度控制。

V/f 控制变频调速通常通过"交-直-交"电路来实现。其实质是把工频 50Hz 的三相交流电转换成频率和电压可调的交流电，通过改变交流异步电动机定子绕组的供电电源频率，并在改变电源频率的同时也改变其电压，以达到调节交流异步电动机转速的目的。

（2）V/f 控制变频调速电路

1）交-直-交变频调速电路原理。

交-直-交 V/f 控制变频调速电路原理图如图 4-36 所示。主电路由整流器、滤波器、能耗电路和逆变器组成。将 380V 50Hz 的三相市电的交流电源，通过 $VD_1 \sim VD_6$ 二极管组成的三相不可控整流桥，将交流电变成直流电。经 L 型或 C 型滤波器滤去整流后的脉动电压，使交流电压变成直流高电压 U_D（$U_D = 1.35 \times 380 = 513V$）。在这里滤波电容器 C_{F1} 有两个功能：一是滤平全波整流后的电压纹波；二是当负载变化时，使直流电压保持平稳。当用电感器 L 滤波，输出电流恒定，称交-直-交电流变频器；而当用电容器 C 滤波，输出电压恒定，称交-直-交电压变频器。该直流高压加在由 6 个大功率晶体开关管 $VT_1 \sim VT_6$ 组成逆变器上，逆变器的作用与整流器相反，将直流电又逆变成频率、电压都可调的新交流电源，施加在交流异步电动机定子的三相励磁绕组上。

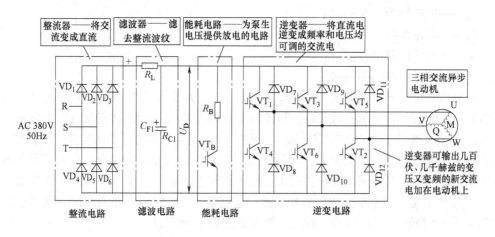

图 4-36　交-直-交变频器电路原理图

由 CNC 输出的零件轮廓程序位置或速度给定指令信号，与编码器或光栅尺实时检测的反馈信号比较，而发出模拟电压或数字调节信号，通过 PWM 正弦波脉宽调制器，控制逆变器中三相 6 个大功率晶体开关管轮流导通的频率。把原来市电电压 380V、频率 50Hz 的固定的三相交流电源，改变为电压幅度可变（如 0 ~ 500V）、频率可调（如 0 ~ 2kHz）的新交流电源，加在交流异步电动机定子的三相励磁绕组上。从而使交流电动机速度可调，并具有良好转矩特性。常用的大功率晶体开关管模块有：MOSFET 金属氧化物半导体场效应管和 IG-BT 绝缘栅双极型等大功率晶体管。与 6 个大功率开关管分别并联的 $VD_7 \sim VD_{12}$ 二极管是续流二极管，在大功率管通断时为产生的反电势提供旁通路，以保护大功率晶体管。

在图 4-36 电路中还设计有能耗电路，其作用是：当电动机工作频率下降时，异步电动机的转子转速将可能超过此时的同步转速（$n = 60f/p$）而处于再生制动（发电）状态，拖动系统的动能将反馈到直流电路中使直流母线（滤波电容两端）电压 U_D 不断上升，即泵升电压，这样变频器将会产生过压保护，甚至可能损坏变频器，因而需将反馈能量消耗掉，制动电阻就是用来消耗这部分能量的。制动单元由开关管 VT_B 与驱动电路构成，其功能是用来控制流经 R_B 的放电电流 I_B。

2）V/f 变频调速原理。

三相交流异步电动机每相电路等效图如图 4-37 所示。设 U_1、f_1 为加在电动机定子上的电源的电压和频率。从电机学知道：如果忽略定子每相绕组的电阻与漏抗上的压降，则每相绕组中产生的感应电动势 E_1 与电源电压 U_1 近似相等。则有：

$$U_1 \approx E_1 = 4.44f_1 N_1 k_1 \Phi_m \qquad (4\text{-}16)$$

电动机转子产生的电磁转矩为：

$$T_m = K_T \Phi_m I_2 \cos\varphi_2 \qquad (4\text{-}17)$$

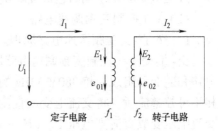

图 4-37 三相异步电动机每相等效电路图

式中　N_1——定子绕组匝数；

　　　k_1——定子绕组系数；

　　　Φ_m——每极气隙磁通（Wb）；

　　　T_m——电磁转矩（N·m）；

　　　K_T——转矩常数；

　　　I_2——转子回路电流；

　　$\cos\varphi_2$——转子回路功率因数。

对于定型的交流异步感应电动机，k_1、$\cos\varphi_2$、N_1、K_T 近似为常数。变频调速时，为了使电磁转矩 T_m 与转子感应电流 I_2 成正比，并且当 I_2 不变时 T_m 也不变，即实现恒转矩调速，应使气隙磁通 Φ_m 保持恒定并不超过额定磁通。由于磁通 Φ_m 是定子和转子磁动势合成产生的，由式（4-16）知，这就要求 E_1/f_1 保持恒定。因为定子绕阻的电阻与感抗均很小，在调速要求不高的场合可认为 $E_1 = U_1$，所以只要能够控制加到定子绕阻上的电源电压与频率同步协调变化，即 $U_1/f_1 \approx E_1/f_1 \approx$ 常数，就能够实现恒转矩调速。这就是"V/f 控制"变频调速的基本原理，国内常称为"U/f 控制"变频调速。对此，要考虑在额定频率以下与额定频率以上两种情况。

① 额定转速以下恒转矩调节　如图 4-38 所示，当从额定频率 f_{1N}（对应额定转速）下调时，转速 n 要降低，为此势必增加磁通以维持转速，其结果就有可能使磁通饱和，导致电损耗增加而发热。因此只能降低电源电压 U_1，即 U_1/f_1 协调控制。$E_1/f_1 \approx U_1/f_1 =$ 常数，即加在交流电动机定子上电压与频率同步变化并保持一个常数。由式 4-16、式 4-17 和图 4-38 看出，这是一个恒转矩调速，适合恒转矩负载要求。例如车床进给运动主要是克服摩擦力，而当摩擦力近似不变时，就是恒转矩负载。

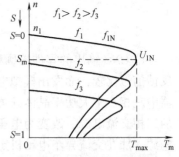

图 4-38　$U_1/f_1 =$ 常数的近似恒磁通控制机械特牲

② 额定转速以上恒功率调节（又称弱磁调速）　如图 4-39 所示，当从额定频率 f_{1N}（对应额定转速）上调时，转速 n 要升高，感应电动势就要加大，为保证 E_1 近似不变，主磁通 Φ_m 就要减小（由式 4-16），即要进行弱磁调速。但是此时若定子供电电压 U_1 保持不变，随着 Φ_m 下降，电磁转矩 T_m 将下降。显然，f_{1N} 上调越高，转速越高，电动机输出转矩就越低。可以近似认为转矩与转速的角频率乘积不变，即功率 $P = T_m\omega =$ 常数，其中 $\omega = 2\pi/60n_1$。故功率与转矩、转速关系近似表达为：

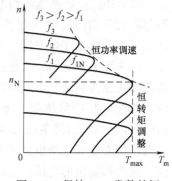

图 4-39　保持 $P_m =$ 常数的恒功率控制机械特性

$$P = 1/9550 \times T_m n_1 \qquad (4-18)$$

式中　P——电动机功率（kW）；

n_1——电动机额定转速 n_1（r/min）。

因此，当在额定转速以上时，为近似恒功率调速，适合恒功率负载。例如车床的主轴运动、龙门刨床工作台的进给切削运动等。例如西门子的 1PH5101-4CF4 型交流主轴电动机产品，其功率为 3kW、额定转矩为 19N·m、额定转速为 1500r/min、恒功率转速范围为 1500 ~ 8000r/min。

3. PWM 晶体管脉宽调制技术

在 VVVF 变频调速技术中，PWM 脉宽调制电路控制的逆变器是关键技术。如何实现变压、变频，其关键在于如何控制大功率晶体管的导通与关断时间比，即如何用调节 PWM 脉冲宽度或周期来控制输出电压。也就是要将原来电压、频率均不可变的 380V、50Hz 市电交流电，经三相全波整流、滤波后的高压直流电调制成频率、电压可变的新交流电加在电动机定子绕组上。随着新型大功率、快速半导体开关管 GTR（双极型大功率高反压晶体管）、GTO（可关断晶闸管）、IGBT（绝缘栅双极晶体管）、MOSFET（功率场效应晶体管）等的出现，PWM 技术得到快速发展，从而为 VVVF 变频调速技术奠定了基础。

VVVF 变频调速技术中的 PWM 脉宽调制电路有多种，SPWM 正弦波脉宽调制法是常用的一种。与直流电动机 PWM 脉宽调制电路相似，SPWM 正弦波脉宽调制电路分单极式、双极式两种工作方式，图 4-40、图 4-41 是单极式 SPWM 波形图。

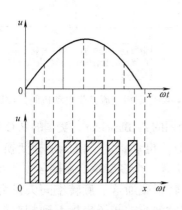

图 4-40　正弦波等效的矩形脉冲波

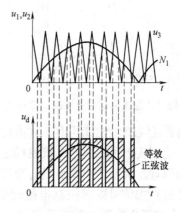

图 4-41　单极式 SPWM 波形

SPWM 正弦波脉宽调制电路的基本原理是以正弦波作为基准波（称为调制波），再用一列等幅的三角波（称为载波）与其相交，它们的交点确定了一系列等幅、等距、不等宽、频率可调的脉冲序列方波，用来控制逆变器中大功率晶体管开关。当正弦波高于三角波，使相应功率开关管导通；当正弦波低于三角波，使相应功率开关管截止。由于截取的脉冲方波宽度随正弦波而变，中间宽、两边窄，显然它们的总面积与正弦波所围的面积等效，并且单位正弦波内脉冲数越多，等效的精度就越高，其谐波分量就越小。当改变三角波频率时（可利用计算机软件实现），可改变逆变器中三对六只大功率晶体开关管的导通与截止频率，从而使加在交流电动机定子上开关电源的频率与电压同时改变。由于使用的基准波是正弦波，逆变器输出的电压、电流包络波形就接近正弦波波形，使按正弦波圆形磁场设计的交流异步电动机损耗小，动静态特性也不会受到大的影响。

SPWM 正弦波脉宽调制的变频调速系统的组成和电路都比较复杂，读者可参考有关专著。现在已有专用集成电路可供选用，并且功能齐全，设计就方便了。

4. 矢量控制变频器

矢量控制变频器是在 20 世纪 90 年代发展起来的新型自动调速控制技术。应用这种技术已使交流电动机的动态与静态调速性能达到了直流电动机的性能，近年来已取代直流伺服电动机，广泛用于进给与主轴伺服电动机的驱动控制。

由前述知道，直流伺服电动机调速性能好，在早期数控机床及其他要求高精密位置控制的机电一体化设备中获得广泛应用。其原因是，它可以通过直接改变电枢电压或改变励磁磁通（如减小励磁电流）来实现平滑调速。例如对如图 4-42 所示的他励直流伺服电动机来说，可以分别独立调节电枢电压与调节定子励磁电流，它们是互不干扰的。而对于交流异步电动机来说，则不能这样独立控制。因为交流异步电动机调速，是通过调节定子供电电压、频率与转差率，以空间感应磁场方式间接影响转子感应电流及交链磁通的。例如当改变电源电压调速时，其定子旋转磁场磁通 Φ_m 和定子电流 i_1 也同时被改变了，如图 4-43 所示。两者互相影响，不能进行独立控制，电动机调速控制的动、静态特性差。

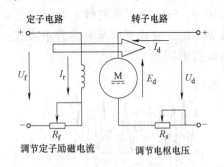

图 4-42　他励式直流电动机直接控制原理图

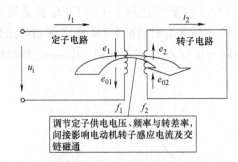

图 4-43　三相交流异步电动机间接控制原理图

这个问题直到 20 世纪 70 年代，才由德国西门子公司的 F. Blaschke 与美国的 P. C. Custman 等人解决了。他们提出了感应电动机磁场定向控制与感应电动机定子电压坐标变换控制原理，即矢量控制原理。其基本出发点是：交流异步电动机是一个多变量、强耦合、非线性时变系统，很难通过外加信号准确控制电磁转矩。但若以转子磁通这一旋转空间矢量为参考坐标（观察者坐在转子坐标系上看定子旋转），利用从相对静止的转子坐标系到相对旋转的定子坐标系之间的矢量变换，就可以把定子电流分解为两个分量，一个是建立磁场的定子磁场电流分量；另一个是产生转矩的定子电流分量；这是两个正交矢量，互相独立，可以分别进行调节。这样通过坐标变换将交流异步电动机等效模拟成一台直流电动机，从而可像直流电动机那样进行转矩和磁通控制。

总之，矢量控制变频器就是通过坐标变换和电压补偿，巧妙解决了交流异步电动机磁通和转矩的解耦及闭环的控制。用装在转轴上的高精度光电编码器等传感器来观测转子位置，然后用磁场旋转矢量进行变换运算，再通过控制定子电流和磁通的方法实现控制转子的电流和磁通，在交流电动机上模拟直流电动机控制速度和转矩的规律，进而动态控制交流异步电动机的输出转矩和转速，使交流异步电动机具有直流电动机全部优点，包括可控性好、稳定性高、响应快速等。

例如，德国西门子公司产 1PH6 型交流主轴异步感应电动机，其变频调速范围宽达 1：1000，额定转速 2000r/min，最大转速达 8000r/min，额定转矩从几十个 N·m 至几百个 N·m，恒功率范围宽（如在 2000～8000r/min 转速范围内仍保持恒功率），并且定位精度高（要装高精度光电编码器），该电动机广泛用于数控机床主轴电动机。进给伺服电动机则多用交流永磁同步电动机，例如西门子公司产 1FK6 系列交流永磁同步电动机，其调速范围可达 1：10 000，额定转速 2000～4000r/min，额定转矩几 N·m 至几十 N·m。这两种电动机由于性能优良，价格也较高，多用于要求高精度、高响应、宽调速范围的伺服系统中。

4.4.4　交流伺服电动机调速系统在机床数控中的应用

综上所述，目前在机床数控中常用的交流伺服系统有两种，用于伺服进给轴的是交流永磁同步电动机调速系统和用于主轴的交流感应异步电动机调速系统。前者是 PWM 晶体管脉宽调制调速，后者是 V/f 控制变频调速或交流矢量变频调速。

1. 交流异步电动机矢量变频调速在机床数控中的应用

交流异步电动机矢量变频调速原理与电路，广泛应用于 FANUC 公司的 αi、βi 系列和西门子公司的 SIMODRIVE 611 系列等交流异步电动机调速系统中。其伺服驱动系统的控制原理如图 4-44 所示，该系统由位置环、速度环、电流环三环系统组成。与前述直流伺服电动机控制系统一样，机床数控系统中的交流异步电动机调速系统也是一个三环控制，即外环是速度环，保持速度稳定；内环是电流环，保持电动机输出转矩恒定。中间是磁场矢量变换单

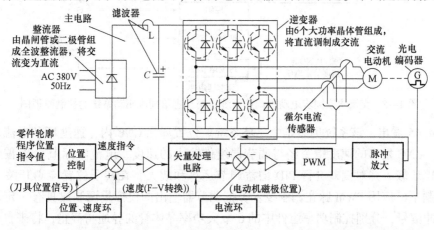

图 4-44　交流异步电动机矢量变频调速系统应用于伺服驱动系统的控制原理图

元，目的是把交流电动机速度与转矩控制，变换为像控制直流电动机那样，通过分别控制定子电流的励磁磁通分量和转矩分量，达到控制转子驱动负载的转矩与转速控制。电动机磁极位置由装于电动机转子尾端同轴上的光电编码盘精确测量，一方面给矢量处理电路计算定子电流矢量值，作为电流环的给定值，以达到控制转子电流进而控制转矩；另一方面通过 F-V（频率-电压）转换，获得电动机速度实时值。

在该控制系统中，位置环调节器将接收刀具或工作台上工件进给实际位置与零件轮廓编程指令位置比较，然后将偏差进行放大、运算处理，进行 PID 自动调节，输出新的速度控制信号至伺服系统中的速度调节器。新的速度控制值与电动机转速信号实时值比较后，经放大并综合电动机转子磁极实时位置信号进行矢量运算处理，结果送至电流环与实时测量的电动机电流值比较后（用霍尔电流传感器测量），其偏差控制 PWM 脉宽调制器，输出幅度不变、宽度可变的开关脉冲，控制主回路上的三组大功率晶体管的通断。从而将原先频率与电压都不变的三相交流电源输入，经整流、滤波加在大功率晶体开关管上的直流电压，又逆变成电压与频率皆可变的新交流电源，加在电动机定子绕组上，以控制电动机转速和转矩。

2. 交流永磁同步电动机调速系统在机床数控中的应用

在西门子公司 SIMODRIVE 611 系列进给驱动模块 +1FK6、1FK7 交流永磁同步电动机的产品中，就应用了交流永磁同步电动机 PWM 脉宽调制调速电路，与西门子 808D、802D 等数控系统组成进给伺服驱动系统的原理图，如图 4-45 所示。

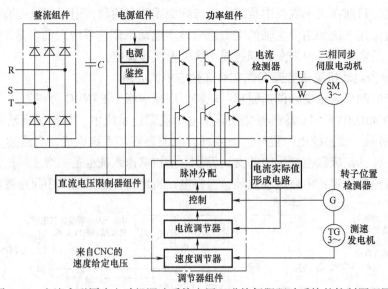

图 4-45　交流永磁同步电动机调速系统应用于进给伺服驱动系统的控制原理图

由图 4-45 看出，该系统仍然是个三环系统。位置环在 CNC 内，速度环和电流环在伺服驱动器内。CNC 发出的速度指令经与调节器组件输入的速度、电流实际值（由霍尔电流传感器检测）比较，并对偏差进行 PID 增益调节运算和放大，在转子位置检测开关（如霍尔开关）控制下，应用 PWM 脉宽调制技术，把调节器输出的模拟量调制成具有一定脉冲宽度的 6 个脉冲信号，分别控制功率组件中的 6 个大功率晶体管的导通与截止，将来自 R、S、T 三相交流电源经整流组件整流并滤波后得到的高压直流电源（约 500～600V），逆变为受控的三相可调压、调频的调制电源，加在三相永磁同步电动机的定子绕组上，从而改变同步电动机的转速。显然，由于调节器组件输出的 6 个脉冲信号的脉冲宽度受控于 CNC 的插补速度与位置指令，从而使得伺服电动机能稳、准、快地完成规定的进给运动。

4.5 伺服驱动运动参数设置与运动误差的补偿

数控机床有不同的类型，如车、铣、加工中心等，加工的零件类型与工艺要求不同，对伺服系统的负载、速度、精度甚至在系统连接上也提出了不同要求。为此，不但要求制造商在伺服产品的品种、规格上要求齐全，配套与连接灵活，还要根据伺服驱动系统在运行中的控制状态，对 PID 增益参数的整定、反馈信号和偏差范围的设定进行优化。从而使伺服驱动器在 CNC 数控系统的控制下，对插补指令的执行能做到响应快、精度高、稳定性好、可靠性也高等最佳运行状态。为此，国内外各知名厂家除了对伺服进给驱动器和伺服电动机、主轴驱动器与主轴电动机、I/O 接口等设备做到规格品种系列化，还要采取以"机床参数"或"机床数据"等方式设定伺服参数，以适应这种复杂的情况。

下面以 FANUC 0i-Mate D 的伺服系统为例，说明通过与伺服驱动运动有关的参数设定，使伺服驱动系统与数控机床的数控系统匹配，从而使伺服系统运转在最佳状态。

4.5.1 伺服驱动运动参数的设置

由前述可知 FANUC 0i-Mate D 数控系统的 CNC 输出插补指令是数字量，采用伺服总线 FSSB（光缆）将各轴伺服驱动器连接起来，经功率放大后再驱动各轴伺服电动机。

首先，要确认系统所配电动机铭牌上的规格、型号等初始数据。例如数控系统是三轴铣床系统 FANUC 0i-Mate MD；伺服电动机型式，X 轴、Y 轴都是 βis 4/4000is，Z 轴是 βis 8/3000is；驱动放大器电流分别是 20A、20A、40A；查到的电动机代号分别是 256、256、259；电动机内装增量编码器；滚珠丝杠螺距是 10mm；机床检测单位是 0.001mm；指令单位是 0.001mm。然后，据此进行伺服驱动运动若干参数的设定。

因为伺服参数很多，设定过程很复杂，以下仅对伺服参数的初始化、伺服增益调整参数的设定以及与伺服进给控制有关的基本参数设定做一个说明。

1. 伺服参数初始化设定

伺服参数初始化设定画面如图 4-46 所示，设定流程如图 4-47 所示。伺服参数初始化设定画面主要内容如下。

1）初始化设定位开始初始化后直至第 8 步不关断 NC 电源，将#2020 参数初始设定为"00000000"。

2）电动机代码设定。按照伺服电动机型号、规格选择电动机代码。例如当进给电动机型号是 βis 4/4000is（静态输出转矩为 4N·m，最高转速为 4000r/min）由表 4-3 查出电动机代号是 256，输入到#2020 参数中。

3）AMR 电枢倍增比设定。此系数相当于伺服电动机极数的参数，若是 αis/βis 电动机，应设定 AMR = "00000000"，输入到 2001#参数中。

4）CMR 指令倍乘比设定。它是指设定从 NC 到伺服系统移动量的指令倍率。根据机床的机械传动系统设计，设定指令脉冲倍乘比。通常，设定值 =（指令单位/检测单位）×2。

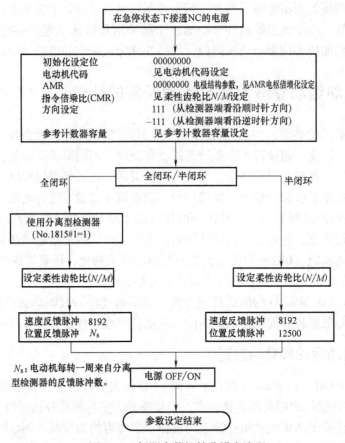

图 4-46　伺服参数初始化设定流程

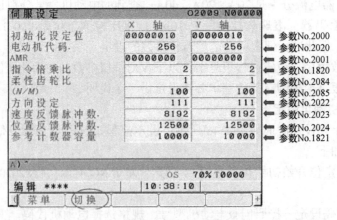

图 4-47　伺服参数初始化设定画面

5）柔性齿轮比 N/M 设定。根据机床的机械传动系统设定与使用的编码器每转脉冲数来计算进给齿轮比 N/M，这涉及电动机每转对应的工作台移动距离、滚珠丝杠螺距、进给电动机与丝杠传动比以及编码器每转脉冲数等。对半闭环 βi 脉冲编码器，假定电动机编码器内装的是 αA/1000i 型，每转反馈脉冲是 1000000 个脉冲，则进给柔性齿轮比 N/M 按下式计算，并可约分，但不能用小数表示。

$$柔性齿轮比 = \frac{N}{M} = \frac{电动机每转一圈所需的位置脉冲数}{电动机每转一圈编码器反馈的脉冲数（即1\ 000\ 000p/r）} \quad (4-19)$$

例如，若电动机与丝杠传动比为 1，丝杠导程为 10mm，机床进给轴的分辨率为 1μm，则电动机每转脉冲所需位置脉冲数为 10×1000＝10 000（p/r），电动机每转一圈编码器的反馈脉冲为 1 000 000（p/r），按式（4-19）计算，进给齿轮比 N/M＝1∶100，输入到#2085 参数中。其他分辨率与丝杠导程柔性齿轮比的计算见表 4-4。

6）移动方向设定。从编码器一侧轴向看，若顺时针方向旋转，为正向移动，用 +111 代表；若逆时针方向旋转，为负向移动，用 −111 代表。现确定顺时针方向旋转时，为正向移动，将 111 输入到#2022 参数中。

7）速度脉冲数、位置脉冲数设定。对于 αi 脉冲编码器或串行脉冲编码器按表 4-5 设定。其中，当采用半闭环系统时，电动机一转的位置反馈脉冲数（倍频后）为 12500，输入到#2024 参数中；速度脉冲数为 8192，输入到#2023 参数中。

8）参考计数器容量设定。主要用于栅格方式回原点，参考计数器容量一般等于电动机每转脉冲数或其整数分之一，本例可取 10 000，输入到#1089 参数中，见表 4-6。如设定错误，会导致每次回零点的位置不一致，即回零不准确。

伺服参数初始化设定完成后要切断一次电源，然后再接通电源，以使设定的参数生效。当参数设定错误时，系统会报警，必须重新调整参数。

表 4-3　FANUC αi 系列部分伺服电动机代码

电动机型号	βis 2/4000	βis 4/4000	βis 8/3000	βis 12/3000	βis 22/3000
驱动放大器	20A	20A	40A	40A	40A
电动机代号	253	256	259	272	274

表 4-4　直线轴柔性齿轮比设定计算表（齿轮比 1∶1）

检测单位	滚珠丝杠的螺距（N/M）				
	6mm	8mm	10mm	12mm	16mm
1μm	6/1000	8/1000	10/1000	12/1000	16/1000
0.5μm	12/1000	16/1000	20/1000	24/1000	32/1000
0.1μm	60/1000	80/1000	100/1000	120/1000	160/1000

表 4-5　速度脉冲数与位置脉冲数的设定

设置值	参数号	设定单位 1/1 000mm		设定单位 1/10 000mm	
		闭环	半闭环	闭环	半闭环
高分辨率设定	2000	xxxxxxx0		xxxxxxx1	
分离型检测器	1815	00100010	00100000	00100010	00100000
速度反馈脉冲	2023	8192		819	
位置反馈脉冲	2024	NS	12 500	NS/10	1 250

表 4-6　参考计数器容量的设定

丝杠螺距/（mm/r）	位置脉冲数/（p/r）	参考计数器容量	栅格宽度/mm
10	10 000	10 000	10

2. 伺服增益调整参数设定

伺服增益调整参数画面如图 4-48 所示。按 CNC 操作面板上的功能键〈SYSTEM〉，再按扩展键〈→〉，按软键〈SV-PRM〉，找到并按下软键〈SV-TUM〉，则显示如图 4-48 所示的伺服增益调整画面。此画面是系统的速度增益与 PI（比例、积分）增益调节参数，对机床伺服进给性能有重要影响，要仔细调整。调整时要以伺服进给运动不振荡或只有 1~2 个来回振荡，并且振幅是衰减的为好。

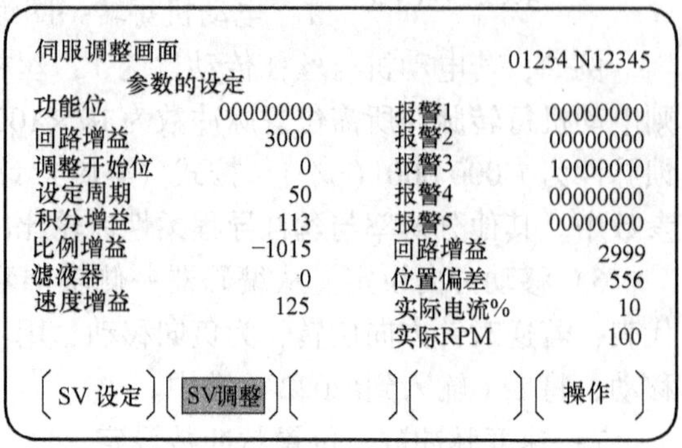

```
伺服调整画面                          01234 N12345
         参数的设定
功能位        00000000    报警1     00000000
回路增益      3000        报警2     00000000
调整开始位    0           报警3     10000000
设定周期      50          报警4     00000000
积分增益      113         报警5     00000000
比例增益      -1015       回路增益   2999
滤液器        0           位置偏差   556
速度增益      125         实际电流%   10
                         实际RPM    100

〔SV 设定〕〔SV调整〕〔    〕〔      〕〔操作〕
```

图 4-48　伺服增益调整画面

例如在调整时，首先将功能位 PRM2003.3 的比例积分增益 P、I 值定为 1（冲床为 0），回路增益 PRM1825 设定为 3000（机床进给运动不产生振荡的情况下，也可设定为 5000）。然后 P、I 值暂保持不变，速度增益由 200 增加，每增加 100 后，用"JOG"方式分别慢速或快速移动相应坐标轴，看有无振荡或观察伺服波形（TCMD），看波形是否平滑。调整原则是：尽量提高设定值，但要注意调整最终结果，要保证在手动快速、手动慢速和进给一个量时，均不发生振荡。

伺服调整画面右侧的报警数据，指示了伺服驱动系统的工作状态。不同的报警号对应系统不同的诊断号，从而可以根据厂家提供的维修手册诊断出故障原因。

3. 与伺服进给控制有关的基本参数设定

在 FANVC 0i-D 中，与伺服进给控制有关的数控系统基本参数包括：运行速度、位置增益、快速移动的速度、F 的允许值、移动或停止时所允许的最大跟随误差、加减速时间常数和软限位等。表 4-7 仅列出了一部分常用参数，参数总表见有关手册。

表 4-7　数控伺服进给基本参数表

参数含义	FAUNC 0i-D	备注（一般设定值）
存储行程位（软限位）正极限	1320	调试时为 999999999
存储行程限位（软限位）负极限	1321	调试时为 999999999
空运行速度	1410	1 000 左右
各轴快移速度	1420	8 000 左右
最大切削进给速度	1422	8 000 左右
各轴手动速度	1423	4 000 左右
各轴手动快移速度	1424	同 1 420
各轴返回参考点 FL 速度	1425	300~400
快移时间常数	1620	50~200
切削时间常数	1622	50~200
JOG 时间常数	1624	50~200
各轴位移位置偏差极限	1828	调试时为 10 000
各轴停止位置偏差极限	1829	200
各轴到位宽度	1826	20~100
各轴位置环增益	1825	3 000

4.5.2 伺服进给运动误差的补偿

数控机床的精度和动态性能不仅取决于数控系统，更取决于高质量的传动机械部件和优化的装配工艺。例如图 4-49 所示的滚珠丝杠和丝杠螺母加工精度及其支承装配与调整等。特别对于半闭环数控系统，位置检测传感器一般是装在与电动机转子尾端同轴上的光电编码器，它并不包含传动机械和机床刚性变化等带来的误差。因此，在加工过程中要自动补偿一些有规律的误差。例如传动的反转间隙误差补偿、丝杠螺距误差补偿以及其他因素引起的误差及补偿（位置环跟踪误差、伺服刚度误差、切削弹性误差）等，这些都可以用相应参数的设定来进行补偿。以传动反转间隙误差补偿与丝杠螺距误差补偿为例说明如下。

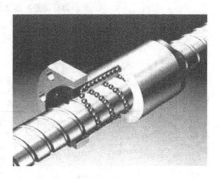

图 4-49　滚珠丝杠传动

1. 传动反转间隙误差补偿

在进给传动链中，由于齿轮副、滚珠丝杠螺母副存在反转间隙，造成工作台或刀架在反向运动时，电动机空走而本身不动，引起闭环位置环调节振荡不稳定。可采取提高丝杠精度及丝杠螺母预紧等措施减小此误差，但是还需要数控系统进行补偿。为此，要首先测出不同行程的反转误差，再求出平均值。最好用激光干涉仪测量出丝杠全程的正、反转螺距误差曲线，然后将此方向间隙误差值作为参数输入数控系统。在 FANUC 0i 系统中，反向偏差补偿分为切削进给补偿和快速进给补偿。切削进给补偿参数为#1851；快速进给补偿参数为#1852；且#1800.4（RBK）为"1"时有效。

1851	每个轴的反向间隙补偿量

［数据范围］　–9999 ~ 9999

此参数为每个轴设定反向间隙补偿量。

通过后，当刀具沿着与参考点返回方向相反的方向移动时，执行最初的反向间隙补偿。

1852	每个轴的快速移动时的反向间隙补偿量

［数据范围］　–9999 ~ 9999

2. 丝杠螺距误差补偿

当采用滚珠丝杠传动时，由于滚珠丝杠制造时螺距存在误差，此误差在机床运行一段时间后由于磨损，精度还要下降，为保证传动位置精度必须进行反向偏差补偿和螺距误差补偿，需定期测量误差并进行参数设定补偿。丝杠传动误差值的测量，可用手动或用激光干涉仪进行测量。

以某型机床 X 轴滚珠丝杠为例。机械行程 –400 ~ +800mm，螺距误差补偿点间隔为 50mm，直线轴螺距误差各点测量值见表 4-8，补偿值分布图如图 4-50 所示。

表 4-8　直线轴螺距误差各点测量值（单位为的最小移动单位，μm）

号码	33	34	35	36	37	38	39	40	41	42	43	44	45	46	47	48	49	56
补偿量	+2	+1	+1	–2	0	–1	0	–1	+2	+1	0	–1	–1	–2	0	+1	+2	+1

正方向最远端的补偿点号为：正方向参考点补偿点的号码 + 机床正方向行程长度/补偿间隔 $=40+800/50=56$ mm。

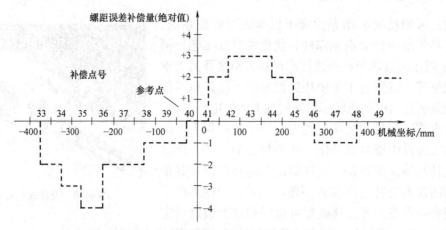

图 4-50　直线轴螺距误差各点测量值分布图

负方向最远端的补偿点号为：负方向参考点补偿点的号码 – 机床负方向行程长度/补偿间隔 $+1=40-400/50+1=33$ mm。

图 4-51 补偿值分布图中"0"符号为直线螺距误差补偿生效点，参数见表 4-9。

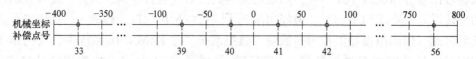

图 4-51　直线轴螺距误差各点补偿值分布图

表 4-9　直线轴螺距误差补偿的参数设定

含　义	FANUC 0 系统参数	FANUC 0i 参数	设 定 值
参考点补偿号	PRM#1000	PRM#3620	40
负方向最远端的补偿点号	PRM#1001 ~ PRM#1128 对应 0 ~ 127 号	PRM#3621	33
正方向最远端的补偿点号	PRM#1001 ~ PRM#1128 对应 0 ~ 127 号	PRM#3622	56
补偿倍率	PRM#11.0 ~ 1 均为 0 时对应 1 倍	PRM#3623	1
补偿点间隔	PRM#712	PRM#3624	50000

4.5.3　伺服轴回参考点及参数设置

回参考点是为了确定机床坐标系原点（零点）而设定的参考位置点，它在机床出厂时已调整好。回参考点是把机床各伺服轴移到正方向的极限位置，使各轴位置与 CNC 的轮廓编程的机械位置吻合，从而建立机床坐标系。只有正确返参后才能建立机床坐标系及工件坐标系，其零点偏移、软限位、反向间隙补偿、丝杠螺距补偿才能生效。

当位置检测装置选用绝对位置编码器时，由于编码器有后备电池供电，不管系统是否断电始终处于工作状态，机床零点可以一直保持。当使用增量编码器时，系统在通电后，机床的零点尚未建立，所以必须首先进行回参考点的操作。目前大多采用脉冲编码器或光栅尺作为位置检测，采用"栅格法"来确定机床参考点。

当使用伺服电动机内装的光电编码器时，因为编码器每转一周都会有一个零标志脉冲信号，所以每产生一个零标志脉冲信号就表示伺服电动机通过滚珠丝杠驱动坐标轴走一个直线位移。若伺服电动机与坐标轴滚珠丝杠是 1:1 直连，则电动机每转一转编码器产生一个零脉冲信号，伺服坐标轴的直线位移就等于一个丝杠螺距（丝杠导程），一般设定栅格间距为丝杠螺距。当使用光栅尺作位置测量时，其栅格间距就是光栅尺两个零脉冲标志之间的距离。回参考点方式有多种，现以图 4-52 所示的西门子 808D 系统回参考点方式为例，说明回参过程与回参参数的设定。

如图 4-52 所示是零脉冲在参考点开关之外方式回参考点时，伺服轴电动机先以速度 V_C（由参数 MD34020 设定）快速向参考点移动，碰到参考点开关挡块后电动机速度制动到零，然后反向以速度 V_M（由参数 MD34040 设定）慢速移动，寻找编码器零脉冲信号，当收到零脉冲信号后，伺服电动机即减速以定位速度 V_P（由参数 MD34070 设定）缓慢向参考点靠近，参考点位置 R_K（由参数 MD341000 设定）是以收到编码器栅格零脉冲信号后再偏移一个的距离 R_V（由参数 MD341000 设定偏移的脉冲数）。FANUC 0i-D 系统回参考点的参数设置，也与西门子 802D 系统类似。

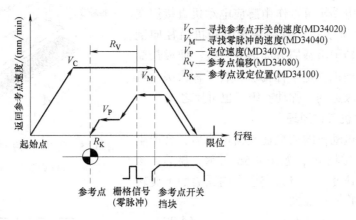

V_C — 寻找参考点开关的速度(MD34020)
V_M — 寻找零脉冲的速度(MD34040)
V_P — 定位速度(MD34070)
R_V — 参考点偏移(MD34080)
R_K — 参考点设定位置(MD34100)

图 4-52　西门子 802D 系统回参考点方式及参数设定图

4.6　直线电动机伺服驱动系统简介

1. 直线电动机特点与应用

直线电动机是新型进给驱动装置，是近年来应用于数控机床、机器人直线进给驱动装置的新型电动机之一，如图 4-53 所示。

过去需要用连杆、齿轮齿条、丝杠等传动机械，才能将电动机旋转运动变为工作台直线运动，而如图 4-54 所示的直线电动机进给系统，不需要中间传动机械装置，就能直接驱动机床工作台做直线运动，即把进给传动链长度缩短为零，称零级传动。

图 4-53　直线电动机

显然，直线电动机驱动实际上是将过去的"旋转伺服电动机＋滚珠丝杠"构成的直线运动传统进给方式，变成了"直接驱动"方式。丝杠与电动机合一后使传动更直接，避免了机械摩擦、黏滞、间隙等影响；响应更快，传动精度更高，适应了当前数控机床向高速进给（60～200m/min）、高加速度（1～10g）、高精度（纳米插补）的"三高"方向发展的需要。

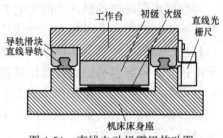

图 4-54　直线电动机零级传动图

直线电动机特点如下：

① 简化了机械设计，并可将电动机与丝杠合二为一，因而装配灵活、提高了精度、降低了振动与噪声；

② 响应快速、加减速时间短、可快速起动与正反向运行；

③ 可省去电刷与换向器，提高了可靠性；

④ 散热面积大，容易冷却，可允许较高的的电磁负荷，因而能提高电动机额定容量。

2. 直线电动机的构造

直线电动机分为永磁式和电磁式。以直线感应电动机为例，直线电动机可看作由感应电动机直接演变得来。如图 4-55 所示，只需将旋转电动机沿径向剖开，再将定子、转子沿圆周方向展开直线，便成最简单的平板直线电动机。定子称初级，转子称次级。可以固定初级，次级运动，称动次级，也可反之。

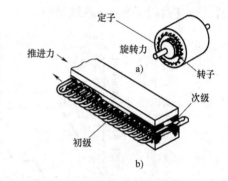

3. 直线电动机工作原理

当直线感应电动机的初级通交流电流后，会产生直线移动的行波磁场 B_s，如图 4-56 所示。显然，该行波的直线移动速度 v_s，与原定子在内圆表面上旋转速度是一致的，称同步速度。

图 4-55　旋转电动机展开为直线电动机
a）旋转电动机　b）直线电动机

$$v_s = 2f\tau \qquad (4-20)$$

式中　τ——极距（mm）；

　　　f——电源频率（Hz）。

式（4-20）表明：改变直线感应电动机的极距与电源频率都能改变电动机速度。在行波磁场

图 4-56　直线电动机工作原理图

切割下，次级导条产生感应电动势和电流，它们相互作用，产生切向电磁力，如初级不动，次级就顺着行波磁场方向做直线运动。与旋转电动机一样，改变直线电动机一次绕组的通电相序，可改变电动机运动方向，从而可实现机械往复运动。

小　结

数控机床的伺服驱动系统是以机床移动部件的位置和速度为控制量的随动控制系统，完成零件曲线插补的各坐标轴合成矢量联动运动。伺服电动机的速度和位置传感器的检测与反馈是伺服驱动系统按控制结构分类的关键，有无传感器和传感器安装在什么地方，是判断开环、半闭环、全闭环伺服驱动系统的重要

标志。数控机床的伺服驱动系统主要是指伺服进给驱动系统，分为步进电动机伺服驱动系统、直流电动机伺服驱动系统、交流电动机伺服驱动系统三种类型。

步进电动机伺服驱动系统　无传感器，开环系统，由步进电动机固有的特性可使位置控制精度达到0.01mm。由 CNC 输出的脉冲个数控制步进电动机的运动角位移，输出脉冲频率控制步进电动机速度。矩频特性是该系统设计重要依据。

直流电动机伺服驱动系统　用装在电动机转子尾端同轴上的光电编码器构成闭环伺服驱动系统，位置控制精度达 μm 级，在早期数控系统中曾得到广泛应用。直流主轴电动机采用他励式直流电动机，而用永磁式无刷同步电动机作伺服进给电动机。有调节电枢电压和调节磁通两种调速方法。前者可实现恒力矩调速，多用于伺服进给电动机；后者能实现弱磁恒功率调速，多用于主轴速度控制。直流驱动器装置有晶闸管电路和 PWM 晶体管脉宽调制电路，晶闸管电路多用于主轴驱动器，PWM 晶体管脉宽调制电路因其调速性能好、速度与精度高，多用于伺服进给电动机。

交流电动机伺服驱动系统　与直流电动机伺服驱动系统一样，一般用装在电动机转子尾端同轴上的光电编码器构成闭环伺服驱动系统，位置控制精度达 μm 级。交流伺服电动机又分为交流异步电动机和交流永磁同步电动机两种。由于交流电动机调速技术的进步，现已逐渐取代直流电动机伺服驱动系统，得到广泛应用。

① 交流异步电动机。一般用于要求大功率的主轴电动机，调速方法常有两类，一类是普通变频器，常用电路有交-直-交加 PWM 脉宽调制电路的变频变压方法，用于对起动转矩和调速范围要求不高的场合，如车、铣床主轴驱动系统；另一类是矢量控制变频器，该变频器性能可与直流电动机媲美，动态特性好、精度高、调速范围宽，但价格要比普通变频器高许多，一般用于加工中心、高精度镗铣床等主轴驱动系统。

② 交流永磁同步电动机。这是一种特殊的交流电动机，它的定子通三相交流电，转子是永磁体。因能达到直流电动机的优良特性，多用于现代数控机床的伺服进给电动机。采用了 PWM 脉宽调制电路，将来自三相交流电经整流组件整流并滤波后得到的高压直流电源（500～600V），逆变为受控的三相可调压、调频的调制电源，加在三相永磁同步电动机的定子绕组上，从而改变同步电动机的转速。

为了使伺服系统与机床和 CNC 等匹配以及运动动态特性最优化，以伺服系统初始化、运动误差的补偿和回参考点为例，讲述了有关伺服驱动运动参数的设定。最后还简要介绍了具有零级传动特性的直线电动机伺服系统。

习　题

1. 什么是伺服驱动系统，伺服进给驱动与主轴驱动的功能有何差别？画出伺服驱动系统的三环调节结构图并说明各环作用。

2. 什么是开环、半闭环、全闭环伺服驱动系统，各有什么特点，适用于什么数控系统？

3. 使用步进电动机的开环数控系统是如何实现工作台位移量、工作台进给速度及工作台运动方向控制的（画图叙述）？

4. 设某步进电动机转子有 80 个齿，采用三相六拍驱动方式，与滚珠丝杠直连，工作台做直线运动，滚珠丝杠导程为 5mm，工作台最大进给速度为 1440mm/min，求：① 步进电动机的步距角 θ；② 此开环系统的脉冲当量 δ；③ 步进电动机的最高工作频率 f；如果用图 4-10a 矩频特性曲线来研究，是否在恒力矩运行区？

5. 伺服驱动系统常用的步进电动机、直流伺服电动机、交流伺服永磁同步电动机有什么特点？各适用于什么场合？

6. 直流电动机、交流异步电动机调速有哪几种方法？什么是 VVVF 变频调速技术？画出电路原理图并简述其工作原理。

7. 什么是机床参数，有哪些内容？以 FANUC 0i-D 伺服进给运动控制参数为例，简述需设定的内容。

第 5 章　主轴驱动系统

教学重点

　　本章主要介绍主轴驱动系统的特性与系统连接方法；主轴有级变速、无级变速和分段无级变速的调速控制；主轴准停控制等内容。通过本章的学习，了解数控机床对主轴驱动系统的要求，熟悉典型主轴驱动系统的组成、产品与连接，掌握主轴调速、准停等控制方法。

5.1　主轴驱动系统概述

5.1.1　主轴驱动装置的结构与用途

　　数控机床主轴是主传动运动的动力装置部分，它是机床上带动工件或刀具旋转的轴。通常由主轴、刀具或工件夹紧装置和传动机械（齿轮或带轮）等组成，由主轴电动机驱动，如图 5-1 所示。

主轴驱动放大器　　　　主轴电动机　　　　　传动机械　　　　主轴组件　主轴信号检测装置

图 5-1　数控机床主轴的组成

　　主轴装置是产生主切削运动的动力源，通过传动机构转变为安装于主轴上的刀具或工件以符合工艺与材料要求的速度做旋转运动，再配合进给运动就可以加工出理想的零件。所以，主轴驱动装置是完成零件切削加工成型的运动装置之一，它不仅要在高速旋转的情况下承载切削时传递的主轴电动机动力，而且还要保持非常高的精度。如果主轴驱动加工工件旋转的就是车削加工；如果主轴驱动切削刀具作旋转的就是铣削加工，如图 5-2 所示。

数控车床主轴配置　　　　数控铣床和加工中心
　　　　　　　　　　　　　　主轴配置

图 5-2　车床和铣床主轴的配置

　　可见，数控机床的主轴驱动系统和进给伺服驱动系统是有很大区别的。主轴驱动系统是产生主切削运动的动力源，以调速和保障零件的切削功率为控制目标。通常由外装或在电动机内装的光电编码器等作为速度测量与反馈传感器，与主轴驱动控制器构成速度闭环控制。而进给伺服系统则是以机床运动部件的位置和速度为控制目标，多采用由安装于伺服电动机内部（尾部同轴端）的光电编码器或安装于机床运动部件上的光栅尺等作为位置和速度传感器，与伺服驱动放大器构成半闭环或全闭环的位置、速度和电流的三环自动调节系统（参见第4章）。通过伺服电动机与传动机构驱动各坐标轴做直线运动，各坐标的合成矢量运动曲线轨迹，就是刀具切削轨迹。

根据主轴装置变速方式的不同，主轴分为有级变速、无级变速和分段有级变速与无级变速相结合三种形式。其中，有级变速主要通过不同减速比齿轮传动机构用手轮或电磁离合器倒换分档，从而得到不同的速度和转矩，多用于经济型数控机床。目前大多数数控机床采用变频器，根据CNC的速度指令进行自动变速，即无级变速，以满足切削工艺对主轴速度的要求。但是由于普通变频器在低速段难以满足低速大力矩切削要求，所以在数控车床中多采用有级变速与分段无级变速相结合的调速方法。例如选用2～4档减速齿轮，将数控车床主轴整个速度范围划分为2～4个分区段，而每个分区段由变频器进行自动变速控制，实现分段无级变速。某数控车床用X/Y、H/L手柄将主轴分为四档变速齿轮有级变速与变频器无级变速结合的四个调速区：20～260r/min、250～600r/min、330～870r/min、840～2000r/min，如图5-3所示。对于普通数控铣床，由于对低速大力矩切削要求不高，主轴多采用通用变频器驱动交流笼型异步电动机，进行无级变速控制。而对于加工中心，由于对主轴控制要求较高，多采用矢量变频器驱动交流异步电动机，进行主轴速度控制。

图5-3　某车床调速手柄与四档分区调速

5.1.2 数控机床对主轴驱动系统的要求

数控机床对主轴驱动系统的要求如下。

1）功率范围大　为满足生产率要求和各种机床的需要，主传动电动机功率应有2.2～250kW的功率范围，电动机过载能力要强。

2）调速范围宽　较宽的无级调速范围，可以保证加工时能选用合理的切削用量，从而获得最佳的生产效率、加工精度和表面质量。特别是对多道工序自动换刀的加工中心，为适应各种刀具、工序和各种材料要求，对主轴电动机调速范围要求更高。目前主轴电动机调速的范围，在额定转速以下，要求在1：1000～1：100范围内进行恒转矩调速；在额定转速以上，转速上升力矩成比例下降，要求在1：10范围内进行恒功率调速，并有四象限驱动能力。

3）低速大转矩输出　数控机床切削加工，往往在低速时进行大切削量（大切削深度和宽度）的加工，要求主轴驱动系统在低速进给时有大的输出转矩。

4）运行稳定、响应快速　要求主轴驱动系统能在正转、反转、停转和加速过程中能自动进行加减速控制，以减少对机械冲击，保证零件表面切削质量，并且对指令信号要有快速响应能力。

5）准停控制功能　为满足加工中心自动换刀以及某些特殊加工工艺的需要，要求主轴驱动系统有高精度的准停控制。

6）位置控制功能　为满足刚性攻螺纹、主轴定位或定向准停（在 0～360°范围内任意定位）等位置控制功能要求，特别是需要进行螺纹镗、铣或轴类零件的表面铣削加工时，主轴的旋转速度与角度（位置）必须时刻与基本进给坐标轴保持同步，并参与基本坐标轴的插补控制，这种更高要求的主轴位置控制称为"Cs 轮廓控制（Cs Contouring Control1）"，简称 Cs 轴控制。此时，主轴驱动系统具有了伺服插补的功能，故可称之为伺服主轴。

5.1.3　主轴驱动系统基本组成

主轴驱动控制系统通常包括驱动控制器、主轴电动机、主轴传动机械和主轴速度检测反馈装置，如图 5-4 所示。

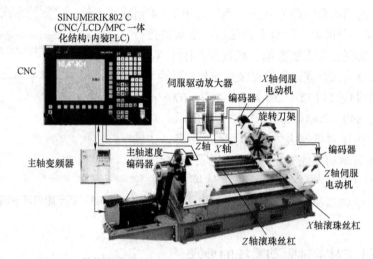

图 5-4　数控车床主轴驱动系统与进给伺服系统基本组成图

1. 驱动控制器

根据 CNC 轮廓插补指令中主轴速度指令，可以输出两种信号给主轴驱动控制器。一是输出速度的模拟量电压信号给模拟主轴变频器（例如三菱 FR-D740 变频器），进行 V-f 方式通用变频调速控制与功率放大，驱动普通笼型交流异步电动机，其速度由外置光电编码器检测并反馈至 CNC，构成闭环调速控制。二是用数字通信总线例如 Profibus 或 I/O Link 等串行异步通信总线，输出数字量控制信号给主轴矢量变频器，驱动由各系统制造商配套设计制造的高性能交流异步主轴电动机，其速度与位置仍由编码器检测反馈，再由数字通信总线反馈传输至 CNC，构成闭环的位置与速度控制。这种用数字串行通信总线传输数字量控制信号的主轴，通常称为数字串行主轴。显然，在调速性能、响应速度与位置控制等方面，矢量变频的数字串行主轴要比通用变频器模拟主轴要高得多，价格也高许多。但是，随着伺服控制技术与器件等性价比的提高，两者价格相差越来越少，为了普及型数控机床整体性能的提高，用户已越来越多地选择数字串行主轴产品。

2. 主轴电动机

当前主轴电动机有模拟主轴用的笼型交流异步电动机与数字串行主轴用的矢量变频交流

异步电动机两类，前者适应工作频率只有几百赫兹，最大转速 3000～4000r/min；而后者是专门制造的能适应矢量变频的交流电动机，工作频率高达 2000Hz 甚至更高，最大转速高达 8000～15000 r/min。它们分别采用通用变频器或矢量变频的伺服主轴驱动放大器来驱动，普通笼型交流异步电动机多用于普通数控车、铣床，矢量变频电动机则多用于车削中心、加工中心等中、高档的数控机床。图 5-5 为通用变频器的模拟主轴与矢量变频的数字串行主轴驱动放大器部分典型产品，例如采用三菱公司的 FR-D740 型或西门子公司的 MM440 型等通用变频器，驱动笼型交流异步电动机；FANUC 公司的 αi 或 βi 系列的伺服驱动放大器，驱动 αi 或 βi 系列的交流异步主轴电动机；西门子公司的 611U（有模拟或数字接口）或 611Ue（全数字接口，总线传输）伺服驱动放大器，驱动 1PH6/1PH7 系列的交流异步主轴电动机等。

图 5-5　主轴电动机及驱动放大器典型产品

3. 检测反馈装置

通常用光电编码器或旋转变压器来检测主轴速度与位置。安装形式有两种：模拟主轴一般单独装于外部，用齿轮或同步带与主轴连接；数字串行主轴则与进给伺服电动机一样内装于主轴电动机尾部同轴端。对于全闭环系统，则将光电编码器或光栅尺独立安装于机床运动部件上。编码器根据用途不同，可选择增量式或绝对式编码器。

5.1.4　主轴驱动系统分类与特性

1. 主轴驱动系统的分类

根据变速方式的不同，主轴可分为有级变速、无级变速和分段无级变速三种形式。其中，有级变速仅用于经济型数控机床，大多数数控机床采用无级变速或分段无级变速。

为满足变速的要求，在 20 世纪 90 年代以前数控机床主轴多采用直流电动机并多是他励式。由于直流电动机存在着体积大、转子绕组多、转动惯量大、速度响应慢、电刷易磨损、维护麻烦、恒功率调速范围也较窄等缺点，如今已被交流异步电动机与先进的矢量变频器构成的交流主轴驱动系统所取代。

2. 主轴电动机的理想工作特性曲线

与直流电动机相比，交流异步电动机具有恒功率范围宽、体积小、结构简单、价格便宜、可靠性高等优点。但是当采用通用变频器驱动主轴电动机变速时，其调速特性无法与直流电动机相比，满足不了数字串行主轴要求，必须采用矢量变频控制技术。关于交流异步电动机与矢量变频控制技术工作原理参见第 4 章有关内容。

由图 5-6 所示的交流异步主轴电动机理想工作特性曲线看出：在额定转速 n_0（第 1 段转速区）以下，保持恒转矩调速；在额定转速 n_0 以上（第 2 段转速区），保持恒功率调速。显然，对要求具有 Cs 轮廓插补功能时，应工作在额定转速 n_0 以下，即图 5-6 中的第 1 段转速区。这是因为与进给伺服轴一样为保证工件表面切削质量，需工作在恒转矩调速区。

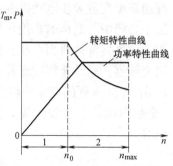

图 5-6　交流异步主轴电动机
理想工作特性曲线

从第 4 章关于交流异步电动机矢量变频调速原理知道，通过交流电动机感应磁场定向与电压坐标变换控制即矢量变换控制原理，将异步电动机的定子电流矢量分解为产生磁场的电流分量（励磁电流）和产生转矩的电流分量（转矩电流）分别加以控制。通过坐标矢量变换方法，将交流异步电动机模拟等效成了一台直流伺服电动机，从而可像直流伺服电动机那样进行恒转矩和恒功率调速控制。

5.2　数控系统与典型主轴驱动系统的信号连接

数控系统与主轴驱动系统的信号连接有模拟主轴和数字串行主轴两种情况。

5.2.1　数控系统与模拟主轴的信号连接

1. 西门子 808D 数控系统与模拟主轴驱动系统的信号连接

由 808D 数控系统模拟主轴接口 X54 输出 0～10V，至三菱公司 FR-D740 通用型变频器的（5，2）控制端，通过"交-直-交"的变压/变频调速电路，控制三相交流异步电动机按 CNC 指令变速，而电动机正、反转则由 CNC 内置 PLC 控制。当 PLC 接收编程指令 M03、M04 后，由 808D 背面接口 X21 的（8、9）端子输出主轴正、反转控制信号，使直流控制继电器 KA1、KA2 常开触点分别闭合，控制变频器 STF、STR 正反转控制接口。外装的光电编码器测量并反馈主轴速度至 808D 的速度反馈信号接口 X60，如图 5-7 所示。其他数控系统与主轴变频器及电动机的控制和连接与此类似。

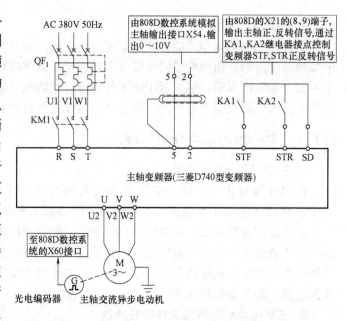

图 5-7　808D 数控系统与三菱通用变频器 FR-D740 连接图

2. FANUC 0i-D 数控系统与模拟主轴驱动系统的信号连接

图 5-8 为 FANUC 0i-D/0i Mate D 数控系统模拟主轴与三菱 D740 型通用变频器及主轴电动机的连接。CNC 的 JA40 接口输出主轴模拟信号 0 ~ 10V，至三菱 D740 型通用变频器的 (5，2) 控制端，通过"交-直-交"的变压/变频调速电路，控制三相交流异步电机按 CNC 指令变速，而电动机正、反转则由 CNC 内置 PLC 控制。当 PLC 接收编程指令 M03、M04 后，由 I/O 接口单元相关端子输出主轴正、反转控制信号，使直

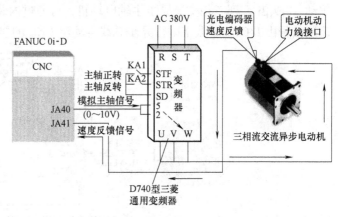

图 5-8　FANUC 0i-D 数控系统与模拟主轴三菱变频器连接图

流控制继电器 KA1、KA2 常开触点分别闭合，控制变频器 STF、STR 正反转控制接口。外置的光电编码器测量并反馈主轴速度信号至 CNC 的 JA41 接口。

5.2.2　数控系统与数字串行主轴驱动系统的信号连接

1. 西门子 802D 与数字串行主轴驱动系统的信号连接

西门子 802D 借助于 profibus 串行通信总线接口，将 CNC 的主轴速度指令信号通过该总线传输至 611Ue 数字串行主轴驱动器，进行功率放大后再驱动 1PH6/1PH7 矢量变频主轴电动机，通过内装于电动机的光电编码器将位置或速度信号仍由 Profibus 串行异步总线传输给 CNC，如图 5-9 所示。

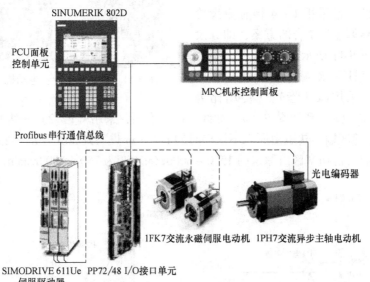

图 5-9　802D 数控系统用 Profibus 总线与数字串行主轴驱动器连接示意图

2. FANUC 0i-D 与数字串行主轴驱动系统的信号连接

FANUC 0i-D 数控系统借助于 I/O Link 数字串行异步通信总线接口 JA41，将 CNC 的主

轴速度指令信号通过该总线传输至 αi 或 βi 的数字串行主轴驱动放大器，进行功率放大后再驱动 αi 或 βi 系列三相交流异步主轴电动机，再通过内装于电动机的光电编码器，将位置或速度信号由 I/O Link 数字串行异步总线传输给 CNC 的接口 JA41，如图 5-10 所示。

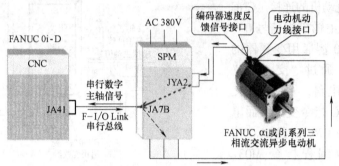

图 5-10　FANUC 0i-D 数控系统用 I/O Link 总线与数字串行主轴驱动连接示意图

5.3　主轴分段无级变速与控制

1. 主轴分段无级变速与控制概述

主轴采用变频器实现了无级变速，甩掉了齿轮箱，大大简化了主轴箱。但是，在额定转速以下的低速段，输出转矩常无法满足强切削力矩的要求。若单纯追求无级变速，必须增大主轴电动机的功率，体积与成本会大大增加。为此，常采用 1 ~ 4 档有级齿轮变速与无级变频调速相结合的方案，即分段无级变速，如图 5-11 所示。

图 5-11　普通笼型异步电动机配齿轮变速箱

图 5-12 为采用一级减速齿轮（传动比为 1 : 2）与不采用减速齿轮（传动比为 1 : 1）的转矩 T_m (n) 和功率 P (n) 曲线。由图看出，采用（1 : 2）一级减速齿轮后，在 0 ~ 750r/min 低速区输出转矩由原来不换档时的 15N·m 提高到 30N·m。当然，减速后降低了主轴最高转速，恒功率区由原来的 1500 ~ 6000r/min 变为 750 ~ 3000r/min。

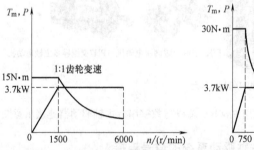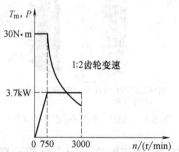

图 5-12　采用一级减速齿轮（1 : 2）变速的 T_m (n) 和 P (n) 曲线

2. 自动换档变速控制

采用齿轮减速虽然可增大低速时输出转矩，但同时降低了最高转速。为此，必须采用自动换档技术。即在需要低速大力矩切削时采用齿轮有级变速，而需要高速小力矩切削时，则可取消或降低齿轮减速级数。

数控系统一般能提供四档变速功能，如西门子系统规定辅助功能指令 M40——自动变换齿轮级，M41～M44——齿轮级 1～齿轮级 4 变换，通常用两档即可满足要求。在数控轴参数区设置 M41～M44 四档对应的最高主轴转速后，即可用 M41～M44 指令控制齿轮自动换档变速。

主轴分段无级变速控制结构如图 5-13 所示，数控系统根据当前 S 指令值自动判断档位，向 PLC 输出相应的 M41～M44 指令，控制电磁离合器自动变换齿轮档位，同时 CNC 输出对应的模拟电压或数字信号调节对应的速度。手动变换齿轮档位可以变换调速分区范围，如图 5-3 所示。

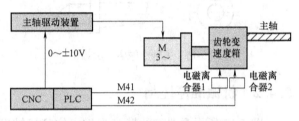

图 5-13 主轴分段无级变速控制结构

3. 主轴自动换档变速控制时序

主轴自动换档变速控制时序如图 5-14 所示。

① M 代码输出。CNC 遇 S 指令时，向 PLC 发相应的 M41～M44 换挡控制代码。

② M 选通。50ms 后 CNC 发 M 选通信号，PLC 读 M 代码。

③ M 完成信号。PLC 收到 M 选通后，回答 CNC 确认 M 代码正执行。

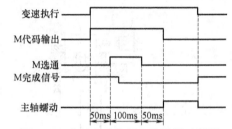

图 5-14 主轴自动换档变速控制时序图

④ M 代码执行。PLC 对 M 代码译码后，执行换档控制程序。

⑤ 主轴蠕动。CNC 输出 M 代码 200ms 后，使主轴蠕动或振动以使齿轮顺利啮合。

⑥ 换档完成。PLC 换档完成后置 M 代码信号为高电平，通知 CNC。

⑦ 转速设定。依参数设定中确定的各档最高转速，输出对应的模拟量电压，使主轴转速为给定的 S 值。

5.4 主轴准停控制

5.4.1 主轴准停控制概述

主轴准停功能是指控制主轴准确停于圆周上某一特定固定角度的功能，又称为主轴定位功能，这是数控加工中心自动换刀时必须具备的功能。例如在带有自动换刀的镗、铣加工中心上，由于刀具装在主轴上，为传递切削转矩在主轴前端要设置一个突键，当刀具装入主轴时，刀柄上的键槽必须与突键对准，才能顺利进行自动换刀，如图 5-15 所示。此外，当加工阶梯孔或精镗孔退刀工艺时，为防止刀具与小阶梯孔碰撞或拉毛已精加工过的内孔表面，必须先让刀、再退刀，这时主轴也必须具备准确定位功能，如图 5-16 所示。主轴准停机构有机械式与电气式两种方式。

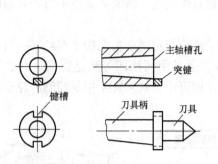 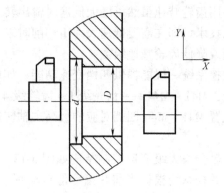

图 5-15　主轴准停换刀示意图　　　　图 5-16　主轴准停镗背孔示意图

5.4.2　机械准停控制

图 5-17 所示是典型的带 V 形槽定位盘机械准停控制结构。V 形槽定位盘与主轴端面保持固定关系，以实现准确定位。

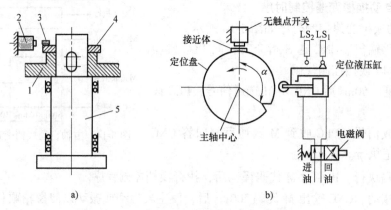

图 5-17　机械准停控制原理示意图
1—带轮　2—霍尔传感器　3—磁铁　4—定位盘　5—主轴

当 CNC 执行 M19 准停指令时，首先控制主轴减速至低速转动，例如由 2000r/min 降到 375r/min。当收到准停接近开关（如霍尔开关）送来的准停位置信号后，立即使主轴停转并断开主轴传动链，此时主轴电动机与主轴传动机构依惯性继续空转，准停液压缸的定位销伸出并压向定位盘，当与定位盘 V 形槽对正时，在液压缸的压力下，定位销插入 V 形槽中，图 5-17 中 LS_2 到位检测开关就闭合，准停动作完成，可进行换刀动作。上述过程称为机械准停定位过程。LS_1 是准停释放检测开关，当它闭合时主轴可正常起动运转。这些都是按一定逻辑顺序控制的，可由数控系统内置的 PLC 完成。

5.4.3　电气准停控制

大多数中高档数控系统均采用电气准停控制。电气准停通常有磁性传感器主轴准停控制、编码器主轴准停控制和数控准停控制三种工作方式。

1. 磁性传感器主轴准停控制

在 CNC 执行 M19 准停指令时，向主轴伺服驱动器发出 ORT 准停指令，当安装于主轴旋转部件上的磁感应元件与磁性传感器对准时，主轴立即减速至某一慢行速度。当磁感应元件与磁性传感器再次对准时，主轴驱动器立即进入磁性传感器作为反馈元件的位置闭环控制，目标位置为准停位置。准停完成后，主轴驱动装置输出准停完成 ORE 信号给 CNC 装置，从而可进行自动换刀或其他动作。用磁传感器的主轴准停控制工作原理如图 5-18 所示。

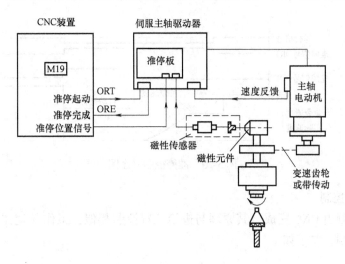

图 5-18　用磁传感器的主轴准停控制系统工作原理图

2. 编码器主轴准停控制

编码器主轴准停的准停控制也是由主轴驱动器完成的，工作原理如图 5-19 所示。CNC 只需发出 ORT 命令，主轴驱动器完成准停后输出准停完成信号 ORE。其控制步骤与磁传感器类似，不同的是准停角度可采用主轴电动机内部安装的编码器信号设定，也可在主轴上再外装的一个编码器设定，其准停角度是通过外部拨码开关来设定的，拨码开关位数应与编码器分辨率匹配，一般为 12 位。

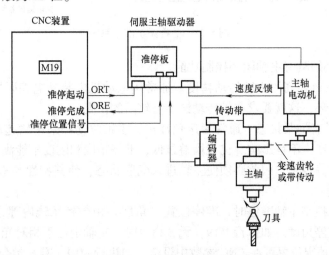

图 5-19　用编码器的主轴准停控制系统工作原理图

编码器准停控制工作时序与磁性传感器准停控制时序相同，如图 5-20 所示。当主轴驱动器接收到 CNC 发来的准停开关信号 ORT 时，主轴驱动器立即控制主轴电动机减速至某一准停慢行速度（可在主轴参数中设定）。当主轴转速减速至准停速度并到达准停位置时（由拨码开关设定角度），驱动器再次控制减速至其设定值的，进入以编码器为位置反馈元件的位置闭环控制状态，目标位置为准停位置，从而实现精确的位置准停控制。准停完成后，可进行自动换刀程序。

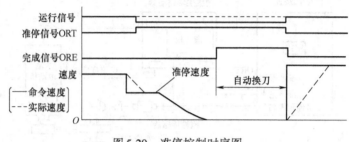

图 5-20　准停控制时序图

3. 数控准停控制

数控准停控制由 CNC 完成。其原理与进给位置控制相似，工作原理如图 5-21 所示。为实现这种准停控制，要求如下。

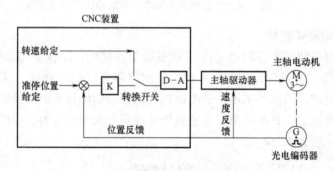

图 5-21　数控系统准停系统

① 数控系统必须具有主轴闭环控制功能。

② 数控系统具有较高的主轴传动精度。通常用电动机内装光电编码器信号反馈给数控装置，构成位置闭环，这就要求主轴传动链要有较高的精度。

③ 主轴驱动具有伺服状态。通常为避免冲击，主轴驱动都采用软起动方式。但这对主轴位置闭环控制会产生不良影响。位置增益过低，准停精度和刚度不能满足要求；过高则会产生严重的定位振荡现象。因此必须使主轴进入伺服状态，使其特性与进给伺服系统相近，才可进行位置控制。

采用数控系统控制主轴准停时，准停位置（角度）由数控系统内部设定，可在 M19 指令后用 S 值设定准停角度。如执行 M19，无 S 指令时，主轴定位于相对光电编码器零位脉冲 Z 的预定位置，该预定位置可在 CNC 参数中设定。如执行 M19，有 S 指令时，主轴定位于 S 值指定位置，也就是相对零位脉冲 Z 的 S 值角度位置。

例如：

M03 S1000   主轴以 1000r/min 正转；

M19   主轴准停于默认位置；

M19 S100   主轴准停至 100°处；

   S1000   主轴再次以 1000r/min 正转；

M19 S200   主轴准停至 200°处。

5.5 电主轴驱动系统简介

1. 电主轴电动机的结构及工作原理

电主轴电动机的结构如图 5-22 所示，中间是转子，可直接连接数控机床的卡盘、回转台或分度头，转子外边是定子绕组，绕组周围是冷却液管，再外边是散热外壳。电主轴电动机在结构上主要特征是电动机的转子即为主轴，实现电动机、主轴一体化的功能。

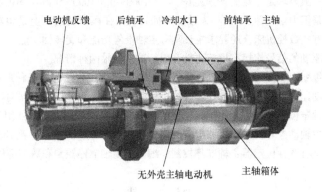

图 5-22 电主轴电动机的内部结构

2. 电主轴驱动系统的特点

电主轴与传统机床主轴相比，有如下特点：

① 主轴由内装式电动机直接驱动，省去了中间传动环节，具有结构紧凑、机械效率高、噪声低、振动小和精度高等特点；

② 采用交流变频调速和矢量控制，输出功率大，调速范围宽，功率转矩特性好；

③ 机械结构简单，转动惯量小，可实现很高的速度和加速度及定角度的快速准停；

④ 电主轴更容易实现高速化，其动态精度和动态稳定性更好；

⑤ 由于没有中间传动环节的外力作用，主轴运行更平稳，使主轴轴承寿命得到延长。

电主轴电动机转子由于可直接连接机床加工旋转轴，省去了中间传动机构如齿轮、同步带等，从而能实现主轴的高速（20000 ~ 40000r/min）、大转矩（60 ~ 85N·m 已制造出来），高加（减）速（从 0 加速到 20000r/min，仅需 0.2s）、高定位精度（0.1μm）等。

电主轴电动机因高速运转，要很好解决电动机冷却问题，如图 5-22 所示，在电动机绕阻外需设冷却液管，这是高难度制造技术。

3. 电主轴的安装

由制造厂供给内装电动机转子、定子及传感器部件，如图 5-23 所示。机床厂需结合机床结构，进行总体设计与安装。

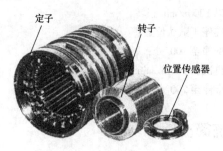

图 5-23　电主轴部件与组装

小　结

数控机床对主轴一般要求是：宽的调速范围（1：1000～1：100）和恒功率范围。对交流伺服主轴电动机在额定转速以下是恒力矩调速，可作 Cs 轴轮廓插补；而在额定转速以上是恒功率调速，要求运行平稳、升降速时间短。有些数控机床，还要求主轴具有主轴准停功能和旋转轴功能。

数控系统与主轴驱动的信号连接有模拟主轴和串行数字主轴两种情况。

主轴调速分为有级变速、无级变速、分段有级变速与无级变速相结合的三种形式。分段有级变速，可通过改变齿轮级的传动比来实现。常见的变速操纵机构有液压拨叉和电磁离合器两种形式。

主轴准停又叫主轴定位，即当主轴停止时，控制其停于固定位置。主轴准停用于加工中心的自动换刀和镗阶梯孔等工艺。主轴准停有机械准停和电气准停两种控制方式，大多数中高档数控系统均采用电气准停控制。电气准停通常有磁性传感器主轴准停控制、编码器主轴准停控制和数控准停控制三种工作方式。

习　题

1. 数控机床对主轴驱动伺服系统的要求有哪些？

2. 主轴直流电动机与交流电动机及它们的驱动装置各有什么特点？为什么目前进给伺服电动机多用交流永磁同步电动机而主轴则多用交流笼型异步电动机与矢量变频器调速？

3. 画出一个两对极交流笼型主轴电动机理想工作特性曲线，说明什么是恒转矩调速和恒功率调速。

4. 为什么数控机床主轴驱动伺服系统常采用 1～4 档齿轮变速与无级调速相结合的方案？请结合书上图 5-12 所示的 1：2 一级减速齿轮变速 M 和 P 曲线进行分析。

5. 为什么铣、镗或车削加工中心的主轴驱动伺服系统要有主轴准停功能？如何用机械方式实现（画图叙述）？

第6章 数控系统中的 PLC 控制与应用

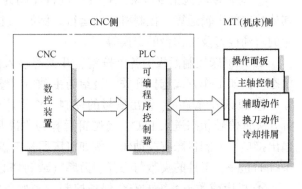

教学重点

数控系统中的 PLC 是构成数控机床电气控制电路的核心，以完成对 M、S、T 等辅助功能指令的控制。本章主要介绍机床数控系统中的 PLC（PMC）控制的基础知识。通过对西门子 808D 与 FANUC 0i-D 典型数控系统内置 PLC 的作用与结构、信息交换、编程元件与指令、程序结构与运行特点、梯形图程序设计方法以及典型应用案例的介绍，初步了解 NC、PLC 和 MT 三者之间关系、信息交换和实现数控机床 M、S、T 辅助功能控制的方法。由于中、大型数控机床的 PLC 程序设计比较复杂，读者还需要深入进行专题学习。

6.1 数控系统中 PLC 的作用与结构

1. 数控系统中 PLC 的作用

（1）PLC 与 PMC

可编程序控制器简称 PLC（Programmable Logic Controller），它实际上是应用大规模集成电路技术及计算机技术，专门为工业环境下的应用而设计的一种工业控制计算机控制器。

PLC 控制器采用由半导体触发器电路构成各种存储器、寄存器的"软继电器"，代替过去继电控制电路中的有触点继电器、接触器等器件；采用可编程序的"软件"逻辑代替继电控制电路中的硬布线逻辑，以实现逻辑运算、顺序控制、定时、计数和算术运算等操作。通过数字或模拟的输入和输出，控制各类机械和生产过程，广泛应用于生产过程自动化、自动生产线、数控机床、机器人、家用电器和智能楼宇等方面的控制装置中。

用于数控机床中的 PLC 又称 PMC（Programmable Machine Controller），特别是在 FANUC 公司数控系统的有关资料和著作中习惯使用 PMC，本书采用国际上通行名称 PLC。数控系统中的 PLC 一般内置于 CNC 中，如图 6-1 所示。由图可见 PLC 是介于 CNC 数控装置和机床本体 MT 之间的中间环节，起着承上启下的作用，主要负责数控机床辅助功能 M、S、T 的实现，用来专门执行数控机床的"顺序控制"。

图 6-1　CNC、PLC（内装）与机床之间的关系

顺序控制就是按照事先确定的顺序或逻辑，对控制的每一个阶段依次进行控制。对数控机床来说，顺序控制是在数控机床运行过程中，以 CNC 内部和机床侧的各行程开关、传感

器、按钮和继电器等开关状态为条件，如接通信息状态表示为"1"、断开表示为"0"，然后按照预先规定的逻辑顺序对诸如主轴起停与换向，刀具自动换刀，工件夹紧与松开，冷却与润滑系统运行等进行控制，完成零件加工程序中的 M、S、T 辅助功能的控制。可见，数控机床的顺序控制的信息主要是开关量信号。

PLC 的软硬件组成、结构和工作原理、程序编制语言和编制方法等，基本上与三菱、西门子、通用、欧姆龙等公司制造的工业标准型 PLC 相同，这些专业基础知识读者已学习过，本课程不再讲授。

特别要指出的是，机床数控系统中的 PLC 可完成机床顺序控制的逻辑控制部分，也就是计算机的"弱电"控制部分。如果要带动负载实现主轴起停与正反转、刀具自动换刀、旋转工作台控制等，还需要与主电路、电气控制电路即"强电"部分配合进行，并进行功率放大，以驱动相应的电动机、电磁阀或气动、液动等执行机构。将 PLC 控制信号经过 I/O 接口单元电路，输出至电控柜中的相关控制电气元器件和电气控制装置，如继电器、接触器、变频器、伺服驱动器等，然后再接至机床侧各有关动力设备。这就涉及 PLC、CNC、SV 与机床电气电路配合设计的问题，并且为与机床传动机械匹配还需要设置"机床参数"，以形成一个完整的机电一体化的数控系统，这就是"系统"的概念。该部分内容将在第 8 章机床电气控制电路中讲述。

（2）数控系统中 PLC 的控制内容

PLC 与传统继电器控制系统相比，有快速响应、可靠、易于编程、灵活性好以及使用维护方便等优点。一般，数控机床的 CNC 要完成的任务有两个：一是要完成零件轮廓曲线各坐标轴的数字插补运算与控制，通常以 G 代码（准备功能）指令形式发出，通过主轴和进给驱动系统，完成各进给伺服轴和主轴位置与速度等闭环控制；二是要完成加工过程的辅助控制，通常以 M、S、T 代码指令形式发出并以开关量顺序控制为主，由内装于 CNC 中的 PLC 来完成。因此，PLC 成为数控系统中不可缺少的重要组成部分，机床制造商根据所制造的机床类别、加工工艺等控制要求，进行 PLC 控制程序的设计。PLC 完成机床顺序控制的内容主要如下。

① 对辅助功能指令（M、S、T）进行译码处理。将它转化为相应的控制指令，通过与其他状态的逻辑运算，控制机床的运行。例如，主轴的起停、换向及速度的调节、刀架与刀库的自动换刀及工作台的交换等。

② 对机床控制面板的各个按键、开关等输入信号进行编译处理，以控制数控系统运行状态。例如工作方式选择开关、进给与主轴倍率修调、手动换刀、空运行、机床锁住等。

③ 机床外部输入、输出信号的控制。将机床侧的各行程开关、按钮、继电器、传感器等开关量信号状态送入 PLC，经逻辑运算与判断后按预先编制的顺控程序将结果送至 PLC 输出接口，控制机床有关动作。例如机床回参考点、各进给轴超限位行程保护、液压与润滑系统的起停、工件的夹紧与松开、刀库（或转塔）及工作台等交换机构的控制等。

④ 机床或数控系统的安全保护控制。例如急停控制、各坐标轴超限行程控制、防护门互锁控制、电源上下电时序控制及其他故障报警处理等。

⑤ 伺服控制。控制主轴和进给伺服驱动装置的使能、进给保持（闭锁）等信号，以满足伺服驱动的条件，控制机床运行。

数控机床顺序控制内容随机床的类型、结构、辅助装置等会有很大差别，机床结构越复杂辅助装置越多，PLC 的输入、输出点也就越多，控制也就越复杂。可以说，机床的外部操作及反映机床操作结果的信息均依赖 PLC，不了解 PLC 就不能真正掌握数控机床的操作，更不能进行故障诊断与维修。一般，现行出产的西门子和 FANUC 的数控产品中，都具有通过有关"软键"操作可在显示屏上调出梯形图的功能，并在各执行的逻辑接点上有绿色亮条显示动态运行情况，如图 6-2 所示。据此，可追踪故障点，调试与维修极为方便。所以，了解数控机床 PLC 控制与梯形图编制是安装、调试与维修工作者必须掌握的专业知识。

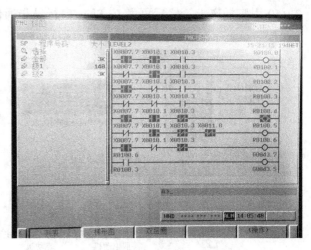

图 6-2　FS 0i-D 动态梯形图显示

2. 数控系统中 PLC 的结构型式

数控系统中 PLC 的结构型式，有内置型和外置型结构之分。

（1）内置型 PLC

内置型 PLC 是指在 CNC 内部配置，在电路结构上与插补控制计算机合二为一，其原理框图如图 6-3 所示。内置型 PLC 的软硬件结构、性能、编程指令、编程语言及编程方法，基本与工业控制标准型 PLC 类似。例如，西门子 808D 、828D 数控系统采用了西门子 S7-200 型的通用型 PLC，其 I/O = 114/96，存储器容量为 8KB，24000 步指令语句。FANUC 公司的 0i-C/D 数控系统的内置型 PLC 则采用了 SA1 和 SB7 两种型式，SA1 型是基本配置型，其 I/O = 1024/1024，存储器容量为 128KB。SB7 型是可扩展型，其 I/O = 2048/2048，存储器容量为 128 ~ 768KB。

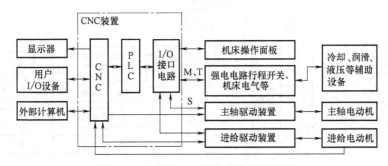

图 6-3　内置型 PLC 控制系统原理框图

内置型 PLC 的 CPU 可与 CNC 的插补控制 CPU 共享也可单独设置，大多用在普及型和中档数控系统中，它的 I/O 点较少。在 CNC 面板背面，有专用的输入/输出端子接口。例如西门子 808D 在 CNC 背面设计了若干输入/输出端子排接口插座，可以与机床外设操作面板、机床侧开关量及机床电气执行元件（如电磁阀、电动机等）一一对应相连；或采用 I/O Link 等总线接口与专设的 I/O 模块连接。例如西门子 802D、828D 系统就可以用两块 PP72/48 的 I/O 模块（72 点输入、48 点输出）与机床侧等开关信号相连，外部开关信号先接于该模块

3×50 引脚插座上，然后再由 Profibus 串行异步通信总线将这些信号传输至 PLC，如图 6-4 所示。

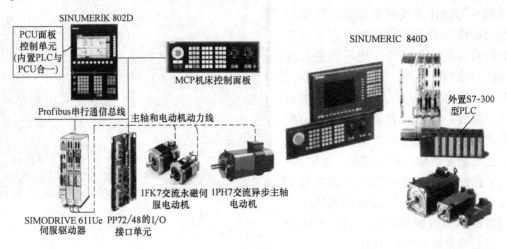

图 6-4　西门子 802D 的内置 PLC 和 840D 的外置 PLC

（2）外置型 PLC

外置型 PLC 是指在 CNC 外部配置，其结构是独立安装的工业标准型 PLC 产品，如图 6-4 所示为西门子 840D 系统的配置。多用于大型、多轴、复杂的机床数控系统或分布式（DCS）工厂自动化系统中，其控制原理框图如图 6-5 所示。因为通信联络的控制装置多，I/O 接点数量也较多（可达数百点），用内置型 PLC 已不能满足要求，像西门子 840D 系统就采用了该公司的 S7-300/400 型标准型 PLC 产品。有些国产经济型数控系统，为简化 CNC 设计与提高可靠性，也配置了外置标准型的 PLC 产品，如选用日本三菱、欧姆龙等公司产品。

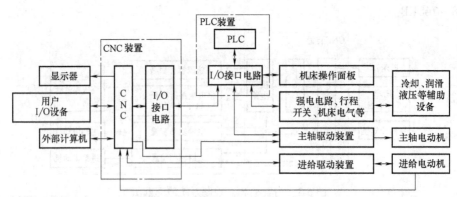

图 6-5　外置型 PLC 控制系统原理框图

在数控系统中，内置 PLC 与外置的标准型 PLC 产品无论是工作原理、工作方式还是组成结构都基本相同，均采用了典型工业控制计算机结构。内置 PLC 在编程元件、编程语言和程序设计方法上都与通用标准 PLC 类似，所以学习起来并不困难。各数控系统制造商还提供了专用的梯形图编程软件，例如西门子公司为 808D、828 等系列数控系统提供了"Programming Tool PLC"编程软件，FANUC 公司为 0i 系列数控系统提供了 FANUC LADDER-Ⅲ 编程软件，利用这些软件可在 PC 上开展梯形图程序编写、修改、诊断、监控和通过 RS-232C 通信总线的上传、下载、复制等操作，西门子公司甚至还提供了 PLC 子程序库和用于数控车、铣床等默认的 PLC 典型应用程序，极大地方便了用户。

6.2 数控系统中 PLC 的信息交换与接口

1. PLC 信息交换概述

由前述可知，数控系统中 PLC 要完成数控机床顺序控制也就是完成 M、S、T 辅助控制功能，需要 CNC 内置或外置 PLC 通过 I/O 接口单元接收和输出 CNC 侧、MT 机床侧的大量开关信号，少则几十点多则几百点。因此，数控系统中 PLC 的信息交换是指以 PLC 为中心，在 CNC、PLC、MT 三者之间信号双向传递和控制、处理的过程，而传递与控制信号的连接通道就是接口，为此，在内置 PLC 中通常增加了与 CNC 进行信息交换的数据区，这个数据区称为接口信号区。

从图 6-6 可以看出，机床数控系统常分为 CNC 侧和 MT 侧两大部分。内装 PLC 在 CNC 里，通过 I/O 接口单元将三者连接起来。MT 侧包括机床机械部分，如液压、气压、冷却、润滑、排屑等以及辅助装置、继电器电路、MCP 机床控制面板和机床电气电路等。CNC 侧包括 CNC 数控系统的硬件和软件、CNC 连接的外围设备如显示器、MDI 手动数据输入按键或开关、MCP 机床控制面板等，还包括内置 PLC。PLC 则处于 CNC 与 MT 之间，对 CNC 和 MT 的输入、输出信号进行处理。

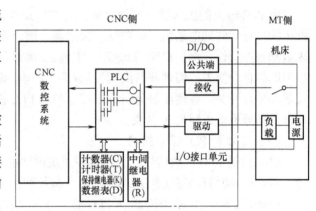

图 6-6　CNC、PLC 和 MT 之间信息交换关系图

2. FANUC 系统 PLC 的信息交换与接口

对 FANUC 数控系统中的 PLC，FANUC 公司习惯称为 PMC，本书仍采用国际通称 PLC。FANUC 0i-D 系统的 PLC 交换信号接口地址符号有 F、G、X、Y，分别指 CNC→PLC、PLC→CNC、MT→PLC、PLC→MT 的接口信号，信息交换情况如图 6-7 所示。

（1）MT 至 PLC 信号接口

由机床侧或辅助设备如排屑机、交换工作台等外围设备的开关、按钮和各检测传感器信息，通过 I/O 接口单元输入到 PLC 的信号。如由机床控制面板控制的主轴正/反转、冷却液开/关、各进给坐标轴点动与快移、循环起动/进给保持等开关信号；各检测传感器信号如各坐标轴超限行程开关、回参考点开关、刀位的接近开关、润滑油的压力和温度开关、防护门开关。机床侧开关信号所用地址是以 X 字母开头。除极少数涉及安全的信号（如急停信号*ESP 的地址规定是 X8.4），需用 FANUC 公司规定的固定地址外，其他大多数信号地址可由用户自行分配。

（2）PLC 至 MT 信号接口

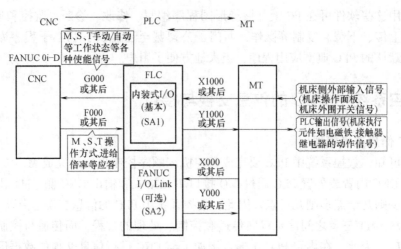

图 6-7　FANUC 0i-D 数控系统中 PLC 的信息交换图

由 PLC 输出的机床顺序控制（M、S、T）动作信号，通过 PLC 输出接口送到 MT，控制机床的执行元件如电动机、电磁铁、接触器、继电器等，以驱动控制电动机、电磁阀等使机床运动部件动作。例如机床的起/停、主轴正/反转和模拟主轴速度控制、车床刀架或加工中心刀库的自动换刀、切削液与润滑油起/停、各坐标轴点动、卡盘的松/夹、各进给轴的限位及回参考点开关、各伺服轴运行准备等。所有 PLC 输出到 MT 的信号，用户可自行分配输出地址，信号地址以字母 Y 开头。

（3）CNC 至 PLC 信号接口

CNC 输送至 PLC 的信号，表示数控系统内部的状态，包括各种辅助功能 M、S、T 的信号、点动/手动/自动等工作方式状态信号和各种使能信号等，这些信号可由 CNC 直接送入 PLC 的寄存器中。所有 CNC 送往 PLC 的信号含义和地址（开关量地址或寄存器地址）均由 CNC 制造商确定，PLC 编程人员只可使用不可增删。信号地址以字母 F 开头。

（4）PLC 至 CNC 信号接口

PLC 输送至 CNC 的信号，它是 PLC 向数控系统发出的控制请求和应答信号，包括数控系统的控制方式选择、坐标轴运动的伺服使能、进给倍率、功能应答信号等。地址与含义由 CNC 制造商确定，PLC 编程人员只可使用不可增删。信号地址以字母 G 开头。

3. 西门子数控系统 PLC 的信息交换与接口

（1）PLC 的信息交换

西门子 808D、828D 系统中 PLC 与 NCK 数字控制中央单元（Numerical Cotrol Unit，简称 NCU）、MCP 机床控制面板（Machine Cotrol Panel，简称 MCU）以及 HMI 人机接口（Humam Machine Interface）之间的信息交换，如图 6-8 所示。其中 NCK 实际是数控计算机 CNC 的核心，包括硬件与软件，需要交换的信息有 M、S、T 指令，零件程序与循环

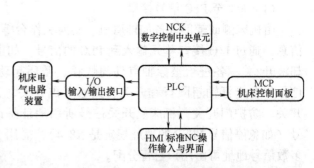

图 6-8　808D/828D 数控系统 PLC 信息交换图

子程序，设定的各种参数数据如参考点及软限位尺寸、间隙补偿、刀架与刀库数据等；MCP是机床控制面板，如各种机床操作的开关、按钮；HMI是人机接口，西门子标准操作界面有NC输入键，自定义键盘、显示屏功能软键和报警信号灯等。信息传递方向与过程和FANUC 0i系统类似，其接口信号地址命名输入信号是以字母I开头，输出信号则是以Q开头。

（2）接口信号地址的数据结构

在西门子系统与FANUC系统的PLC信息交换中，对不同来源、不同传递方向的接口信号地址命名方式是不同的。FANUC 0i-D系统中，除PLC输入输出接口信号分别用X和Y开头命名外，还用了F和G分别表示CNC→PLC与PLC→CNC信息交换与控制所需要的接口信号。例如，当发生按下急停开关或某坐标轴超程等紧急情况时，来自MT的急停信号*ESP从I/O单元接口X8.4被CNC接收，CNC判断后发出伺服使能低电平信号，封锁伺服与主轴驱动器，用F8.4通知PLC执行，PLC接收后用G8.4信号回复CNC。在加工中心的PLC顺序控制中，这样以F、G打头的信息交换接口信号有几百个。而在西门子808D系统的PLC逻辑控制中，这种信息交换所需接口信号地址的数据结构是不同的，它是专门在CNC中开辟了一块数据区，用DB地址符加8位数字构成DB数据块地址，如图6-9所示。所有的NCK、MCP、HMI与PLC之间的信息交换，先用CNC内部总线和背面信号I/O接口端子排（808D）或用外部总线接口插座接收，然后放在DB数据块不同区里。当CNC或PLC要用时，再到DB数据块来读取或写入。

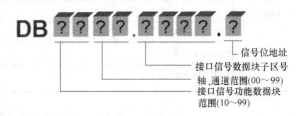

图6-9　DB数据块地址结构图

（3）接口信号地址数据块分区

西门子808D/828D系统信息交换接口信号地址，按不同的功能、类型与传送方向分成若干DB数据块区存放，如图6-10所示，这样便于管理、存取与查询。例如在808D系统中，DB1000.DBB0～DB1000.DBB10数据块区放置的是来自MCP通道的机床控制面板各按键

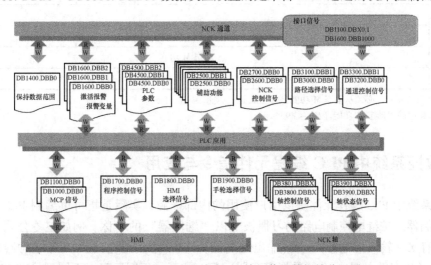

图6-10　808D/828D系统中DB接口信号数据块分区图

和选择开关信号，这是 MCP→PLC 的可读信号。从表 6-1 看出，DB1000.DBB0.0 ~ DB1000.DBB0.6 分别放置了"工作方式选择开关"的手轮、JOG、REF.POINT、自动、单程序段、MDA、程序测试各档对应信号；DB1000.DBB3.0 ~ DB1000.DBB3.5 分别放置了主轴左旋、主轴停止、主轴右旋、复位、循环停止、循环开始的各对应信号。而从表 6-2 中看出，DB2500.1000 ~ DB2500.1012 数据块区放置的则是来自 NCK 通道的 M 功能（M0 ~ M99）译码接口信号，这是 NCK→PLC 的只读信号。其他 DB 接口信号数据块地址分区情况如图 6-10 所示，详见"SINUMERIK 808 调试手册"。

表 6-1 来自 MCP 通道的机床操作面板 DB 信号

输入/输出	DB 编号	位 7	位 6	位 5	位 4	位 3	位 2	位 1	位 0
输入 （MCP →PPU） DB1000	DB1000.DBB0	M01	程序测试	MDA	单程序段	自动	REF.POINT	JOG	手轮
	DB1000.DBB1	键 16	键 15	键 14	键 13	键 12	键 11	键 10	ROV
	DB1000.DBB2	100（INC）	10（INC）	1（INC）	键 21	键 20	键 19	键 18	键 17
	DB1000.DBB3	键 32	键 31	循环开始	循环停止	复位	主轴右旋	主轴停止	主轴左旋
	DB1000.DBB4	键 39	键 38	键 37	键 36	快速	键 34	键 33	
	……				……				
	DB1000.DBB8				进给倍率值（格雷码）				
	DB1000.DBB9				主轴倍率值（格雷码）				
	DB1000.DBB10								

表 6-2 来自 NCK 通道的 M 功能 DB 信号

DB2500	来自 NCK 通道的 M 功能 [r][1][2] NCK 到 PLC 的接口							
字节	位 7	位 6	位 5	位 4	位 3	位 2	位 1	位 0
1000				动态 M 功能				
	M7	M6	M5	M4	M3	M2	M1	M0
...				...				
1012				动态 M 功能				
					M99	M98	M97	M96

1′：作为 PLC 用户，必须从动态 M 功能自行生成基本功能。
2′：基本程序译码动态 M 功能（M0 ~ M99）。

6.3 数控系统中 PLC 编程元件指令与应用

数控系统中 PLC 编程元件是供用户使用的内部资源，实际是指可供编制 PLC 程序使用的内部存储器，按继电控制电路的习惯被冠以"继电器"的名称。例如三菱公司 FX_{2N} 型的 PLC 内部有 X（输入继电器）、Y（输出继电器）、M（中间继电器）、T（定时器）、C（计数器）、S（状态继电器）、D（数据寄存器）等。注意，不同厂商、不同型号的 PLC 基本编程元件在类别和功能上大体相同，对小型 PLC 尤其如此。但其编程元件的命名、地址标记和编码方法存在差异，下面以西门子 808D、828D 系统和 FANUC 0i-C/D 系统中的内置 PLC 为例，来说明其编程元件、指令特点与应用。

6.3.1 西门子数控系统 PLC 编程元件指令与应用

西门子公司 808D 和 828D 系统的内置 PLC 基本上是按西门子 S7-200 标准型 PLC 设计的，所以编程元件的基本指令及功能指令也相同。

1. 编程元件及地址格式

S7-200 型通用 PLC 的编程元件有：I——输入继电器；Q——输出继电器；V——变量继电器；M——辅助继电器；AC——累加器；T——定时器；C——计数器；HC——高速计数器；S——状态继电器等。各编程元件地址编制格式如图 6-11 所示。

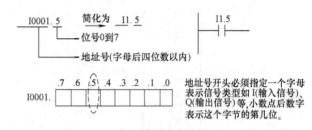

图 6-11 808D/828D 系统 PLC 编程元件的地址编制格式图

2. 编程指令

（1）基本指令

① LD：取指令，从梯形图左侧母线开始，连接常开触点。

梯形图符号： ┤├ （Ax.y）   语句表：LD　Ax. y

② LDN：取非指令，从梯形图左侧母线开始，连接常闭触点。

梯形图符号： ┤/├ （Ax.y）   语句表：LDN　Ax. y

③ =（OUT）：输出指令，用于线圈输出。

梯形图符号： ─（Ax.y）   语句表：=（OUT）　Ax. y

④ A：与操作指令，用于与常开触点的串联。

梯形图符号： ┤├ ┤├ （Ax.y）   语句表：A　Ax. y

⑤ AN：与非操作指令，用于与常闭触点的串联。

梯形图符号： ┤├ ┤/├ （Ax.y）   语句表：AN　Ax. y

⑥ O：或操作指令，用于与常开触点的并联。

梯形图符号： （Ax.y）   语句表：O　Ax. y

⑦ ON：或非操作指令，用于与常闭触点的并联。

梯形图符号： （Ax.y）   语句表：ON　Ax. y

【例 6-1】 基本指令应用编程，如图 6-12 所示。

⑧ 置位 S、复位 R 指令。

【例 6-2】 置位 S、复位 R 指令应用编程，如图 6-13 所示。

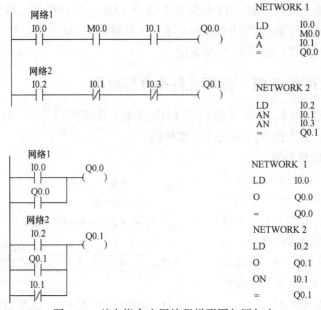

图 6-12　基本指令应用编程梯形图与语句表

图 6-13　置位与复位指令应用编程梯形图与语句表

（2）功能指令（选编）

西门子 S7-200 系列 PLC 功能指令有几十种，例如定时器、计数器、译码器和数据的运算、比较、转换、传送和跳转等，下面介绍几种与应用案例梯形图有关的功能指令。

① 定时器指令。定时器是 PLC 中最常用的元件之一，S7-200 系列 PLC 为用户提供了如表6-3 所示的 3 种类型的定时器：通电延时型（TON）；有记忆的通电延时型又称保持型（TONR）；断电延时型（TOF）。共计有 256 个定时器（T0～T255），并且都为增量型定时器。定时器指令格式与应用程序如图 6-14 所示。

表 6-3　S7-200 定时器类型表

定时器类型	分辨率/ms	最大当前值/s	定 时 器 号
TONR	1	32.767	T0，T64
	10	327.67	T1～T4，T65～T68
	100	3276.7	T5～T31，T69～T95
TON，TOF	1	327.67	T32，T96
	10	327.67	T33～T36，T97～T100
	100	3276.7	T37～T63，T101～T255

定时器指令格式表　　　　　　定时器指令编程

LAD	STL	功能注释
使能端, 接通有效 预置端 T# IN TON PT	TON	通电延时器
T# IN TONR PT ???	TONR	有记忆通电延时器
T# IN TOF PT ???	TOF	断电延时器

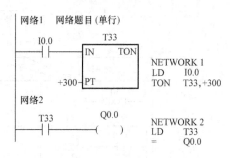

网络1　网络题目(单行)

```
       I0.0            T33
       ┤├         IN   TON
                  +300─PT
```
NETWORK 1
LD   I0.0
TON   T33,+300

网络2
```
       T33            Q0.0
       ┤├            (   )
```
NETWORK 2
LD   T33
=   Q0.0

注：1N—使能输入端, 编程范围T0～T255; PT—预置输入端,
最大预置值 32767, 有符号正整数。

图 6-14　定时器指令格式与应用编程梯形图和语句表

② 计数器指令。计数器用于累计其输入端脉冲电平由低到高的次数。计数器类型有加计数器（CTU）、加减计数器（CTUD）和减计数器（CTD）三种类型，如图 6-15 所示。计数器有两种寻址形式：当前值和计数器位。当前值是 16 位有符号整数，存储累计值，计数器位的值是根据当前值和预置值的比较结果来置位或复位。两种寻址使用相同的格式，都用"C + 计数器号"表示，使用哪种形式依所使用的指令而定。如例 6-3 中最后一个语句"CTUD C48，+4"，表示 48 号加减计数器，预置值为 4，依加/减脉冲是否有效，决定是从 0 加到 +4 还是从 +4 减到 0，计数计到位时，该计数器状态置"1"，Q0.0 = 1。

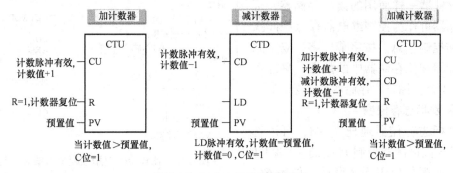

图 6-15　S7-200 计数器类型图

【例 6-3】　计数器指令应用编程，如图 6-16 所示。

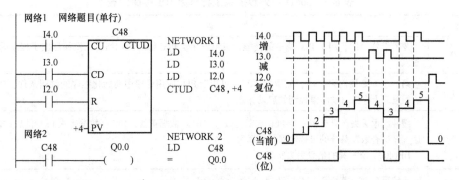

图 6-16　计数器指令应用编程梯形图和语句表

③ 比较指令。比较指令的类型与接点符号如图 6-17 所示。

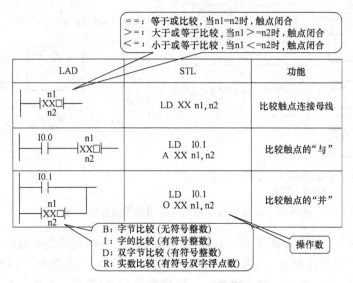

图 6-17 比较指令的类型与接点符号

【例 6-4】 比较指令应用编程，如图 6-18 所示。

④ 累加器和标志位存储器。累加器是可以像存储器一样使用的读写存储器。标志位存储器可作为控制继电器存储中间操作状态和控制信息。按字节、字、双字来存取累加器和位存储器中的数据。累加器 AC 最多 4 个，标志位存储器最多 256B。

3. 特殊标志存储器

特殊标志存储器地址为 SM，可以选择 SM 里各位存储器控制 PLC 的一些特殊功能，从而简化应用程序设计，如表 6-4 所示。

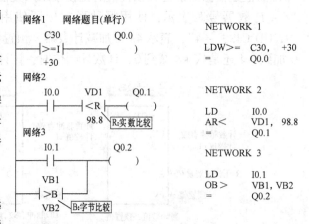

图 6-18 比较指令应用编程梯形图和语句表

表 6-4 808D 系列数控系统特殊标志位存储器表

特殊标志位	说　明
SM0.0	逻辑信号 "1"，用于 PLC 指令的使能，或用于并联 PLC 梯形图网络，以及梯形图子程序的常 "1" 输入
SM0.1	第一个 PLC 周期为 "1"，随后为 "0"，可用于 PLC 应用程序中初始化程序的调用条件，或者用于数控机床上电后自动润滑控制的启动标志
SM0.2	缓冲数据丢失。只有第一个 PLC 周期有效（'0'：数据正常，'1'：数据丢失），可以通过 PLC 应用程序检查数控系统的可掉电保持数据区 DB1400×××× 的信息丢失状况
SM0.3	系统再启动：第一个 PLC 周期 "1" 随后为 "0"

（续）

特殊标志位	说　　明
SM0.4	60s 脉冲（交替变化：30s 为 "0"，然后 30s 为 "1"）可用于记录以 min 为单位的时间信息，如导轨润滑功能的润滑时间间隔
SM0.5	1s 脉冲（交替变化：0.5s 为 "1"，然后 0.5s 为 "0"），如在故障出现后需要报警指示灯闪烁
SM0.6	PLC 周期循环（交替变化：一个周期为 "1"，一个周期为 "0"），可用于激活处理频率低的网络或子程序，用以节省 PLC 处理器的运算时间

4. 应用程序编制与案例

西门子公司为方便用户编制机床 PLC 顺序控制梯形图程序，对 808D、828D 系统都提供了默认的 PLC 子程序库，其中包括初始化、主轴和进给控制、冷却控制、润滑控制、主轴换档控制、车床刀架自动换刀控制、手持手轮单元控制等（参见 SINUMERIK 808D PLC 子程序库手册）。利用该程序库再结合要控制的数控机床具体情况，在如图 6-19 所示的西门子提供的 "PLC Programming Tool" 编程工具软件界面上，设计出所需要的梯形图，并可用 RS-232C 总线连机上传、下载 CNC，进行调试修改和运行监控。现以 808D 系统数控车床 PLC 冷却液控制子模块梯形图程序设计为例，说明西门子系统 PLC 的编程方法与特点。

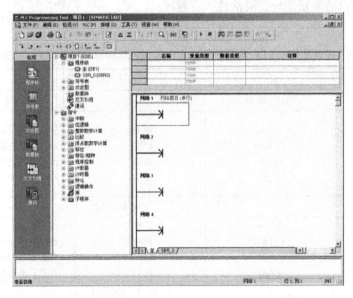

图 6-19　"PLC Programming Tool" 编程工具软件界面

【例 6-5】　808D 车床数控系统冷却液控制子模块梯形图程序的设计

（1）冷却液子模块的控制要求

冷却液 PLC 控制子模块是数控机床必不可缺少的部分。在数控机床运行切削工件时，如果没有冷却液的冷却作用，刀具切削工件产生的高温会灼伤已加工好的工件表面，影响加工质量。同时会加速刀具的磨损，缩短刀具的使用寿命。

结合数控机床的控制要求，设计编制了冷却液 PLC 控制子模块。冷却液 PLC 控制子程序可以通过机床控制面板的控制键启动或停止冷却，也可以在自动或 MDA 工作方式下利用 M07（第 1 冷却液）或 M08（第 2 冷却液）指令启动冷却或以 M09 指令停止冷却，同时该子程序还通过编程来控制操作面板上的指示灯亮灭，从而显示冷却状态。在急停、冷却电动机过载、冷却液位过低或在程序测试等情况下终止冷却液输出。当冷却电动机过载或冷却液位过低时，触发相应报警输出。另外，该子程序还设计了冷却液禁止输出，例如在机床防护门打开时，要求停止冷却。

（2）冷却液子模块梯形图程序控制流程图

冷却液子模块梯形图程序的控制流程图如图 6-20 所示。

（3）冷却液子模块梯形图控制程序 I/O 接口信号地址

冷却液控制子模块梯形图程序，它的 I/O 接口信号变量地址和 CNC、PLC、MCP 之间信息交换的 DB 数据块接口地址与说明，见表 6-5。使用输入输出信号接口的变量地址，灵活性大，程序移植方便。

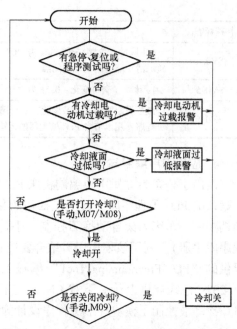

图 6-20　冷却液模块梯形图程序的控制流程图

表 6-5　冷却液控制 PLC 接口信号的 I/O 变量地址和信息交换的 DB 数据块地址

变 量 地 址	PLC 输入信号		
	符 号 地 址	类　　型	信 号 说 明
I2.0	C_key	BOOL	手动冷却启动键（触发信号）；
I2.1	OVload	BOOL	冷却电机过载（常闭）；
I2.2	C_low	BOOL	冷却液位过低（常闭）；
I2.3	C_dis	BOOL	冷却禁止输出（常闭）
	PLC 输出信号		
I2.4	C_out	BOOL	冷却输出；
I2.5	C_LED	BOOL	冷却状态显示；
I2.6	ERR1	BOOL	报警：冷却电机过载；
I2.7	ERR2	BOOL	报警：冷却禁止输出
	PLC 中间标志继电器		
	COOLon	m105.1	冷却状态

序　　号	PLC 信息交换的 DB 数据块区接口地址	信 号 说 明	信号传输方向
1	DB2500. DBX1000. 7	M07 1 号冷却液开	NCK→PLC
2	DB2500. DBX1001. 0	M08 2 号冷却液开	
3	DB2500. DBX1001. 1	M09 冷却液停止	
4	DB2700. DBX0. 1	急停有效	PLC→NCK
5	DB3000. DBX0. 7	复位	
6	DB3300. DBX1. 7	程序测试有效	

（4）冷却液控制子模块梯形图程序的设计

冷却液控制子模块梯形图程序及助记符语句表如图6-21所示，梯形图程序右边有说明文字，读者可对照图6-20控制流程图和I/O接口信号的变量地址以及CNC、PLC、MCP之间信息交换的DB数据块地址学习。

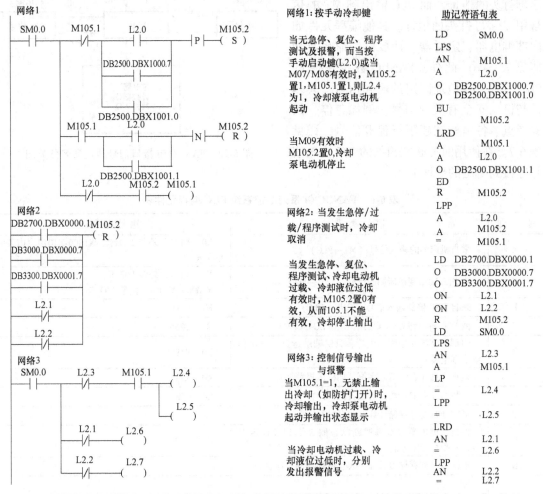

图6-21　808D系统冷却液控制子模块梯形图程序与助记符语句表

6.3.2　FANUC数控系统PLC编程元件指令与应用

对FANUC 0i系列数控系统中的PLC，可按不同性能要求选择不同的内置PLC。例如FANUC 0i-C数控系统可选SA1和SB7两种规格。SA1型为基本配置，编程最大步数5000，I/O点数为1024/1024，功能指令48条。SB7为可选附加模块型，编程最大步数为24000步、I/O点数为2048/2048，功能指令69条。显然，SB7适用控制比较复杂的数控机床。而最新版本FANUC 0i-D的内置PLC型号则是"0i-D 、0i-Mate D"，其编程最大步数更多达32000步、功能指令更加丰富，基本型有93条，扩展型有218条，处理速度也更快。

1. 编程元件与地址

（1）接口信号地址命名

如前所述，FANUC 数控系统的 PLC 用不同地址命名来区分不同类型信号，如图 6-22 所示。从 CNC 侧至 PLC 用字母 F 打头的地址，而 PLC 应答 CNC 侧信号则用 G 字母打头的地址；MT 输入到 PLC 的信号用 X 字母打头的地址，而 PLC 输出到 MT 的信号用 Y 字母打头的地址。其他编程元件如内部继电器、定时器、计数器等命名及功能见表 6-6。此外，FANUC 数控系统的 PLC 还有一些地址固定的输入信号，大多是与机床安全有关的信号，例如急停、回参考点、各坐标轴超限行程等信号，详见表 6-7。在使用时务必把相关的 MT 输入信号连接到指定的地址上。

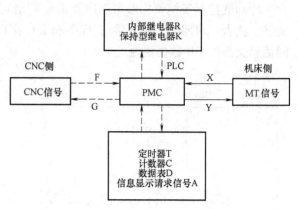

图 6-22　FANUC 0i 接口信号地址命名分类图

表 6-6　FANUC 0i 系列数控系统 PLC 编程元件表

地　　址	信　号　类　型	地　址　范　围
X	来自机床侧的输入信号（MT→PLC）	X0～X127，外装 I/O 卡；X1000-X1019，内装 I/O 卡
Y	由 PLC 输出到机床侧的信号（PLC→MT）	Y0～Y127，外装 I/O 卡；Y1000～Y1014，内装 I/O 卡
F	来自 CNC 侧的输入信号（CNC→PLC）	F0～F255
G	由 PLC 输出到 CNC 侧的信号（PLC→CNC）	G0～G255
R	内部继电器（中间继电器，只供辅助运算，不用作输出继电器）	R0～R1999
A	显示信息（存储信息字符，如机床报警等）	A0～A24
C	计数器（存储计数器的预置值、计数值）	C0～C79
T	可变计时器（存储计数器定时时间）	T0～T79
K	保持型继电器（线圈通断状态取决于 PLC 设定参数，不受梯形图控制）	K0～K19
D	数据表（如存储刀具补偿表、主轴各档变速表）	—
L	标号	—
P	子程序号	—

表 6-7　FANUC 0i 系列数控系统 PLC 固定地址的输入信号表

信　　　号		地　　　址	
		当使用外装 I/O 卡时	当使用内装 I/O 卡时
车床系统	X 轴测量位置到达信号	X4.0	X1004.0
	Z 轴测量位置到达信号	X4.1	X1004.1
	刀具补偿测量值直接输入功能 B +X 方向信号	X4.2	X1004.2
	刀具补偿测量值直接输入功能 B -X 方向信号	X4.2	X1004.2
	刀具补偿测量值直接输入功能 B +Z 方向信号	X4.2	X1004.2
	刀具补偿测量值直接输入功能 B -Z 方向信号	X4.2	X1004.2

信　号		地　址	
		当使用外装 I/O 卡时	当使用内装 I/O 卡时
加工中心	X 轴测量位置到达信号	X4.0	X1004.0
	Y 轴测量位置到达信号	X4.1	X1004.1
	Z 轴测量位置到达信号	X4.2	X1004.2
公共	跳转（SKIP）信号	X4.7	X1004.7
	急停信号	X8.4	X1008.4
	第 1 轴参考点返回减速信号	X9.1	X1009.1
	第 2 轴参考点返回减速信号	X9.2	X1009.2
	第 3 轴参考点返回减速信号	X9.3	X1009.3

（2）编程元件地址表示方法

FANUC 0i 系列数控系统的编程元件地址比较复杂，有绝对地址和符号地址之分，如图6-23 所示。

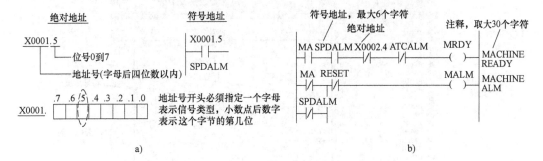

a)　　　　　　　　　　　　　　　　b)

图 6-23　FANUC 0i 系列数控系统编程元件的绝对地址和符号地址格式

a）编程元件的绝对地址和符号地址表示方法　b）梯形图编程元件地址表示格式

绝对地址：I/O 信号在 CNC 中存储器中存储区域，如 X0001.5（可缩写为 X1.5）代表 PLC 第 1 输入字节第 5 位开关量信号输入（位信号），如图 6-23a 所示。

符号地址：用英文字母（符号）代表的地址，只是一种符号，便于编辑、阅读、检查。如当输入 X0001.5 为"主轴报警"信号时，可用英语缩写词 SPDALM 来注释该接点，说明该继电器接点功能、联锁关系与接点特性，有助于用户理解该控制模块梯形图程序，编制的专门注释文件（符号表）如图 6-23b 所示。符号地址不超过 6 个字符。

2. 常用梯形图编程图形符号

FANUC 0i 系列数控系统内置 PLC（PMC）梯形图编程常用图形符号，见表6-8。

表 6-8　FANUC 0i 系列数控系统内置 PLC（PMC）梯形图编程常用符号

图　形　符　号	表示的功能
─┤├─ A型触点 ─┤/├─ B型触点	PLC 内部继电器触点，来自 MT 和 CNC 的输入，都使用该信号
─○─	表示其触点是 PLC 内部使用的继电器线圈

（续）

图 形 符 号	表示的功能
─○─	表示其触点是输出到 CNC 的继电器线圈
─○─	表示其触点是输出到 MT 的继电器线圈
─▢▢─	表示 PLC 的功能指令，各功能指令不同，符号的形式会有不同

3. CNC 屏幕显示 PLC 梯形图

FANUC 0i 系列数控系统均能通过 CNC 面板相应按键操作，可以在 LCD 显示屏上调出 PLC（PMC）的一级、二级……等梯形图（PMCLAD），梯形图显示格式如图 6-24 所示。该梯形图可显示执行状态、绝对地址和执行动态绿色亮线，对了解机床现在运行状态、调试和追踪查找故障等极为方便。现在，西门子公司的 808D 和 828D 数控系统也具有此项功能。

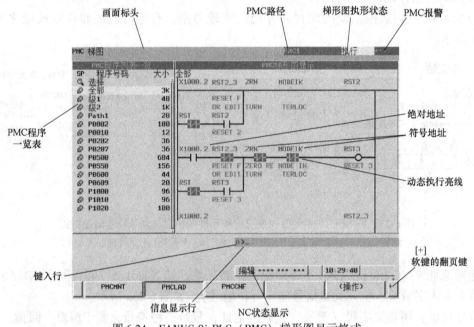

图 6-24 FANUC 0i PLC（PMC）梯形图显示格式

4. 编程指令

（1）基本指令

FANUC 0i 系列数控系统 PLC 的编程指令与三菱、西门子工业通用 PLC 一样，有基本指令和功能指令。基本指令有 12～14 条，例如"加载或取"（上母线）指令 RD，"或"指令 OR，"或非"指令 OR. NOT，"与"指令 AND，"与非"指令 AND. NOT，"输出"指令 WRT，"结束"指令 END 等，详见表 6-9。表中 ST0、ST1 是堆栈寄存器，堆栈寄存器是在指令执行过程中用于暂存逻辑操作的中间结果的。该寄存器有 9 位，如图 6-25 所示，按"先进先出""后进先出"的原理工作。当"写"操作压入时，堆栈寄存器各位左移一位；而"取"操作弹出时，堆栈寄存器各位右移一位，最后压入的信号首先弹出。图 6-26 是一个用这些基本指令编写的简单梯形图程序。

表 6-9　基本指令和处理内容

序　号	指　令	处 理 内 容
1	RD	读指令信号的状态并写入 ST0 中，在一个梯级开始的接点是常开接点时使用
2	RD. NOT	读指令信号“非”状态写入 ST0 中，在一个梯级开始的接点是常闭接点时使用
3	WRT	输出运算结果（ST0 的状态）到指定地址
4	WRT. NOT	输出运算结果（ST0 的状态）的“非”状态到指定地址
5	AND	将 ST0 的状态与指定地址的信号状态相“与”后，再置入 ST0 中
6	AND. NOT	将 ST0 的状态与指定地址的信号的“非”状态相“与”后，再置入 ST0 中
7	OR	将指定地址的信号状态与 ST0 的状态相“或”后，再置入 ST0 中
8	OR. NOT	将指定地址信号的“非”状态与 ST0 的状态相“或”后，再置入 ST0 中
9	RD. STK	堆栈寄存器左移一位，并把指定地址的状态置入 ST0 中
10	RD. NOT. STK	堆栈寄存器左移一位，并把指定地址的状态取“非”后置入 ST0 中
11	AND. STK	将 ST0 和 ST1 的内容执行逻辑“与”，结果存于 ST0，堆栈寄存器右移一位
12	OR. STK	将 ST0 和 ST1 的内容逻辑“或”，结果存于 ST0，堆栈寄存器右移一位

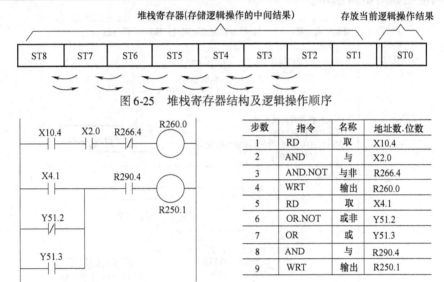

图 6-25　堆栈寄存器结构及逻辑操作顺序

步数	指令	名称	地址数.位数
1	RD	取	X10.4
2	AND	与	X2.0
3	AND.NOT	与非	R266.4
4	WRT	输出	R260.0
5	RD	取	X4.1
6	OR.NOT	或非	Y51.2
7	OR	或	Y51.3
8	AND	与	R290.4
9	WRT	输出	R250.1

图 6-26　FANUC 0i C/D 数控系统 PLC 基本指令与梯形图编程

（2）功能指令

功能指令用于比较复杂的机床顺序控制逻辑编程，若仅用基本指令编程会很困难而且规模大，用功能指令可简化程序。功能指令有定时器、计数器、译码器和数据的运算、比较、转换、传送和跳转等，还有一些是数控机床特有的如工作台旋转指令等。随着 PLC 的发展，功能指令越来越强大，往往一条指令可实现几十条基本指令才可以实现的功能，这大大简化了编程设计。

在 FANUC 0i-C 的 PLC-SA1 中，基本指令有 12 个，功能指令 48 个。

在 FANUC 0i-C 的 PLC-SB7 中，基本指令有 14 个，功能指令 69 个。

在 FANUC 0i-D 的 PLC 中，基本指令有 14 个，功能指令为 93 个。

可见，FANUC 0i C/D 数控系统 PLC 的功能指令有几十种，读者难以很快掌握。因篇幅所限，下面只介绍几条常用和本书应用案例中要用到的一些功能指令，其他功能指令可参考 FANUC 公司有关资料。

① 结束指令（END）　在编制机床 PLC 顺序控制梯形图程序时，通常将要紧急响应处理的信号如急停、各坐标轴超限行程等子程序编为 1 级程序，其他控制编为 2 级或 3 级程序。

END1 就表示 1 级程序结束，下面开始 2 级程序，直至 END2，表示 2 级程序结束，第 3 级程序用 END3 表示结束。功能指令编号分别为 SUB1、SUB2、SUB48，指令格式与应用如图 6-27 所示。

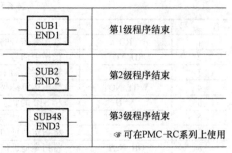

图 6-27　END 结束指令格式与应用

②定时器指令（TMR、TMRB）　在数控机床 PLC 顺序控制梯形图中，定时器用于机械动作完成或稳定状态的延时确认，如卡盘夹紧与松开时间、润滑与冷却的启动和工作时间、转台锁紧与释放时间等。定时器有三种类型，可更改延时定时器 TMR 、固定延时定时器 TMRB 和可变延时定时器 TMRC，功能指令编号分别为 SUB3、SUB24 和 SUB54，指令格式与应用如图 6-28 所示。

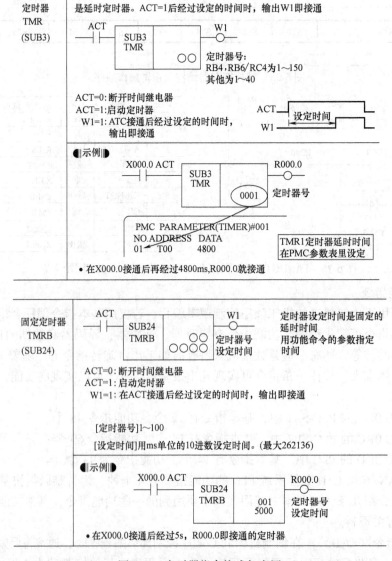

图 6-28　定时器指令格式与应用

158

③ 计数器指令（CTR）　在机床 PLC 顺序控制梯形图中，计数器常用于刀库刀位的计数、转台分度的计数以及多工作台的交换等。计数器按工艺要求可进行加计数和减计数，由控制端控制。形式有 BCD（CTR）形式和二进制形式（CTRC），用系统参数进行设定。CTR 计数器功能指令编号为 SUB5，指令格式与应用如图 6-29 所示。

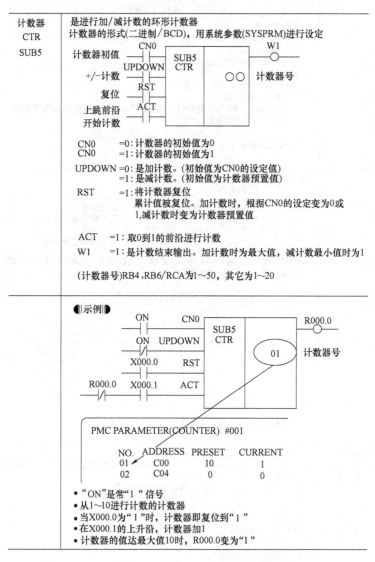

图 6-29　计数器指令格式与应用

④ 译码器指令（DEC、DECB）　PLC 在执行 M、S、T 辅助功能顺序控制程序时，CNC 是以二进制代码形式输出的，这些信号需要经过译码才能转化为 PLC 能够识别的对应功能含义的一位逻辑状态。译码器有 DEC 两位 BCD 码形式译码和 DECB 二进制形式译码，功能指令序号分别为 SUB4、SUB25，SUB25。其中 SUB25 指令格式与应用如图 6-30 所示。

⑤ 一致性判断指令（COIN）　一致性判断指令用于检查 BCD 码数据表示的"输入数据"与"比较数据"是否一致，该功能可用于检查刀库、转台等旋转体是否到达减速位置或目标位置等，功能指令序号为 SUB16，指令格式与应用如图 6-31 所示。

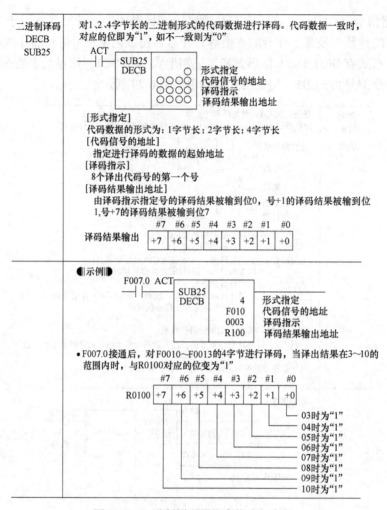

图 6-30 二进制译码器指令格式与应用

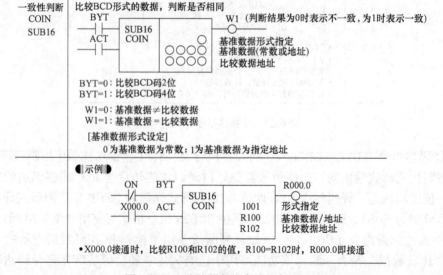

图 6-31 一致性判断指令格式与应用

⑥ 旋转指令（ROT） 旋转指令 ROT 用于控制旋转部件，包括刀库、刀台、旋转工作台等。通过 ROTB 指令的运算，可以得到从目前所在位置到达目标位置的移动量和移动方向，可单方向也可双向就最短路径方向选择，功能指令序号为 SUB6，指令格式与应用如图 6-32 所示。

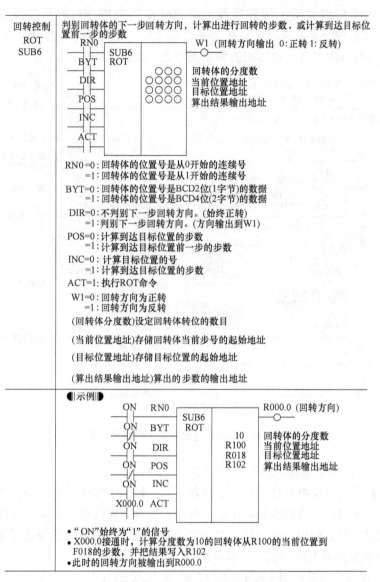

图 6-32　旋转指令格式与应用

5. 应用程序编制与案例

与西门子公司一样，FANUC 公司也为 0i 系列数控系统提供了 FANUC LADDER-Ⅲ 编程软件，利用这个软件也可在 PC 上开展梯形图程序编写、修改、诊断、监控和通过 RS-232C 通信总线进行上传、下载、复制等操作。虽然 FANUC 公司没有提供子程序库供用户使用，但是由于 FANUC 系统在中国应用的时间长、范围广，已经在车、铣、加工中心等数控机床上形成了很多成功应用的梯形图范例，所以程序编制也并不困难。现以 FANUC 0i-D 数控系统 PLC 的急停、超程报警控制子程序梯形图与机床润滑系统控制子程序梯形图设计为例，说明 FANUC 0i 数控系统 PLC 的编程方法与特点。

【例 6-6】 急停、超程报警控制子程序梯形图

FANUC 0i-D 系统的急停、超程报警子程序梯形图如图 6-33 所示，因该程序需要紧急处理被安排在首先要扫描的第 1 级程序段。由图看出当急停、超程等情况发生时的 CNC、PLC、MT 之间逻辑控制关系。由这些开关量信号状态，可判断故障是发生在 CNC 内部，还是在机床侧或其他外围设备。梯形图解释见图中文字说明。

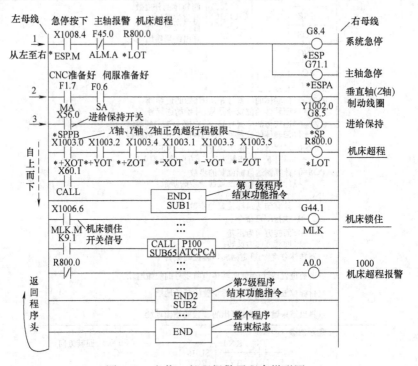

图 6-33 急停、超程报警子程序梯形图

【例 6-7】 机床润滑系统控制程序梯形图

数控机床传动与支承机构如导轨、滚珠丝杠和主轴轴承等都需要润滑，为此设计有润滑泵系统。该系统可以设置为每次机床上电即开始启动润滑泵润滑，也可以按规定的时间间隔周期性自动启动润滑泵润滑。在急停、润滑电动机过载、润滑液位低等情况下润滑停止。

（1）数控机床润滑系统控制的技术要求

① 首次开机时，自动润滑 15s（2.5s 打油、2.5s 关闭）。

② 机床运行时，达到润滑间隔固定时间自动润滑一次，而且润滑间隔时间用户可以进行调整（通过 PLC 参数）。

③ 加工过程中，操作者根据实际需要还可以进行手动润滑（通过机床操作面板的润滑手动开关控制）。

④ 润滑泵电动机具有过载保护，当出现过载时，系统要有相应的报警信息。

⑤ 润滑油箱油面低于限位时，系统要有报警提示（此时机床可以运行）。

（2）设计梯形图程序

根据以上要求，设计的机床润滑系统控制子程序梯形图，如图6-34所示。

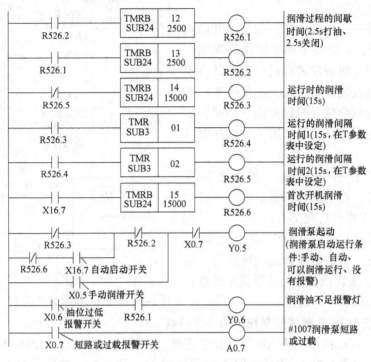

图6-34 机床润滑系统控制子程序梯形图

（3）设计机床润滑系统电气控制电路图
设计的机床润滑系统电气控制电路图，如图6-35所示。

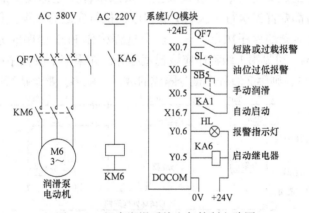

图6-35 机床润滑系统电气控制电路图

6.4 数控系统中PLC顺序控制程序结构与运行特点

1. 数控系统中PLC顺序控制程序结构

西门子公司与FANUC公司数控系统的PLC顺序控制程序结构与运行模式，基本上是类似的。以FANUC 0i-D数控系统的PLC为例，顺序控制程序通常由第1级程序、第2级程序、第 3 级程序和子程序组成，如图 6-36 所示。其中：

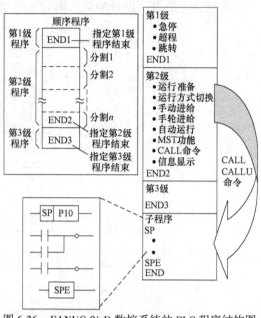

图 6-36　FANUC 0i-D 数控系统的 PLC 程序结构图

第 1 级程序——从整个梯形图程序开始到 END1 命令之间，系统每个梯形图执行周期中都要首先扫描第 1 级程序并执行一次，其特点是信号采样实时及输出信号快。主要用于需及时响应处理，否则会危及机床安全的信号，如急停、跳转、超程等。显然，第 1 级程序要尽量短。

第 2 级程序——从 END1 命令之后至 END2 命令之前，处理机床面板、ATC（自动换刀）、APC（工作台自动交换）。

第 3 级程序——从 END2 命令之后至 END3 命令之前，主要处理低速响应信号，通常处理 PLC 程序报警信号等。功能简单的数控机床，只需要 1 级和 2 级程序。

2. 数控系统中 PLC 顺序控制程序的运行特点

数控系统中 PLC 执行机床顺序控制程序的时序如图 6-37 所示。由图看出，PLC 的扫描周期是 8ms，其中前 1.25ms 为执行第 1 级程序时间。每个 8ms 扫描周期内首先要用大约 1.25ms 的时间优先执行一次第 1 级程序，处理要危及机床安全的少数几个重要信号如急停、撞到限位开关等，然后余下的时间是用来执行第 2 级程序的一部分，这样系统就根据第 2 级程序的长短被自动分割成 n 等分，而在宏观上，紧急事件是立即反应的。在随后的各周期内，每个周期的开始都要首先执行一次第 1 级程序，执行完之后，再执行第 2 级程序中剩余的部分，周而复始直至全部程序执行完毕，这个过程称作 PLC 程序的分割。所以整个 PLC 的执行周期是 n×8ms，可见第 1 级程序应该越短越好，如果第 1 级程序过长会导致每 8ms 内扫描的第 2 级程序过少，则第 2 级程序被分隔成的数量 n 就多，整个执行周期就相应延长。

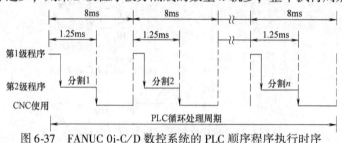

图 6-37　FANUC 0i-C/D 数控系统的 PLC 顺序程序执行时序

6.5　PLC 辅助功能控制与典型案例

6.5.1　PLC 辅助功能控制概述

如前述，CNC 发出的指令有两种形式，一是以 G 代码（准备功能）形式发出，用来指定进给轴按照规定轨迹运行，完成零件轮廓插补控制，这由 CNC 的 NCK 中央控制单元完成。二是机床顺序控制功能，以 M、S、T 代码（辅助功能）形式发出，具体执行动作由 CNC 的内置 PLC 完成。

1. M 功能的实现

M 功能又称辅助功能，用来控制主轴的正、反转及停止，主轴齿轮箱的变速，冷却液的开关，卡盘的夹紧松开，以及自动换刀装置的取刀和还刀等。在 M 功能实现方式上大致分为两种：一种是开关量方式，即 CNC 将 M 功能以开关量形式送到 PLC 输入接口，然后由 PLC 进行逻辑处理，并输出信号，控制有关执行元件动作；另一种是寄存器方式，CNC 将 M 功能代码直接传送至 PLC 相应寄存器中，然后由 PLC 进行逻辑处理，并输出信号控制有关执行元件动作。

2. S 功能的实现

S 功能主要完成主轴的控制，常用"S + 4 位代码"直接指定主轴转速，例如 S1500 表示主轴转速为 1500r/min，4 位代码可表示的主轴转速范围为 0 ~ 9999r/min。CNC 将转速指令以数字形式输入到 PLC 中，再由 PLC 中的 D-A 转换器转换成对应的模拟电压，经功率放大后驱动主轴电动机。

3. T 功能的实现

T 功能即刀具换刀功能，T 代码一般为 2 位，表示刀具号。以加工中心为例，加工程序中的 T 代码指令由 CNC 传送至 PLC，经译码后在刀具数据表内检索，找到 T 代码所指定的目标刀号地址，然后与当前使用的刀号比较。如果相同，说明指定的目标刀具就是当前所使用的刀具，不必换刀；若不相同，则需换刀操作。首先，回转刀库寻找到目标刀号，然后将主轴准停，机械手一端拔出当前刀具，另一端则抓取目标刀具，然后回转 180°，将现行刀具归还刀库而将目标刀具装在主轴上，完成整个换刀过程。换刀期间要禁止进给轴运转，需在"进给保持"状态。

6.5.2 西门子数控系统 PLC 辅助功能控制与典型案例

1. 西门子数控系统辅助功能控制信号

在西门子 808D 数控系统中，与 M、S、T 功能相关的接口信号 DB 数据块地址是以 DB2500 打头的信号。其中 DB2500. DBX2000 表示传输 T 功能，DB2500. DBX3000 表示传输 M 动能，DB2500. DBX4000 则表示传输 S 功能等，部分接口信号数据块地址如表 6-10 所示。例如：当 NCK 数字控制中央单元执行到加工指令 T××时，NCK 置 DB2500. DBX8.0 信号为有效，置位"1"，表示 PLC 要更改 T 功能，并且把 T 指令编程刀号译码后存放在 DB2500. DBX2000 中；同理，当 NCK 执行到加工指令 M××时，NCK 置 DB2500. DBX4.0 信号为有效，置位"1"，表示 PLC 要更改 M 功能，同时把与 M 功能指令译码值对应的 DB2500. DBX10×.×信号为有效置位"1"，以便让 PLC 知道具体的 M 指令，如 DB2500. DB1000. 3 为主轴正转 M03 指令。S 功能处理基本相同。其他交换接口信号 DB 数据块地址与说明详见"SINUMERIK 808D 调试手册"。

表 6-10　808D 数控系统与 M、S、T 功能相关的 DB 数据块地址

DB2500	来自 NCK 的通用的辅助功能 接口 NCK→PLC（只读）						
字节	bit 7	bit 6	bit 5	bit 4	bit 3	bit 2	bit 1	bit 0
4								M 功能更改
6								S 功能更改
8								T 功能更改

DB2500	来自 NCK 的通用的辅助功能（T 功能译码） 接口 NCK→PLC（只读）							
字节	bit 7	bit 6	bit 5	bit 4	bit 3	bit 2	bit 1	bit 0
2000	T 功能（数据类型：DWORD）							

译码的 M 信号（M0 到 M99）

DB2500	来自 NCK 的通用的辅助功能（M 功能译码 M0-M99） 接口 NCK→PLC（只读，信号宽度为→个 PLC 周期）							
字节	bit 7	bit 6	bit 5	bit 4	bit 3	bit 2	bit 1	bit 0
1000	动态 M 功能							
	M07	M06	M05	M04	M03	M02	M01	M00
1001	M16	M15	M14	M13	M12	M10	M09	M08
1002	M24	M23	M22	M21	M20	M19	M18	M17
……			……					
1012	M07	M06	M05	M04	M03	M02	M01	M00

2. 西门子数控系统辅助功能实现典型案例

【例 6-8】 西门子 808D 系统数控车床 PLC 换刀控制梯形图程序的设计。

（1）数控车床自动回转刀架结构与工作原理

数控车床加工复杂零件时，需要几把刀具轮换使用，这就要求刀架能自动换位，完成自动换刀。图 6-38 为简易四工位电动刀架产品图，图 6-39 为该刀架结构原理图。

图 6-38　简易四工位电动刀架产品图

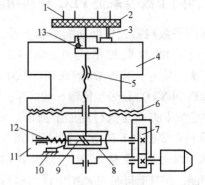

图 6-39　简易四工位电动刀架结构原理图
1—刀位触点　2—刀位发信盘电路板　3—触点　4—刀台
5—螺杆副　6—精密齿盘　7—变速齿轮　8—蜗轮　9—滑套式蜗杆
10—停车开关　11—刀架座　12—压簧　13—粗定位

当 PLC 发出换刀信号后，若要求的目标刀号与实际在位的实时刀号不一致，刀架电动机就正转，通过螺杆推动螺母使刀台上升到精密端齿盘脱开时的位置并旋转。当刀台转到实时刀号与目标刀号位置相符时，PLC 发出反转信号使刀架电动机反转，于是刀台被定位卡死而不能转动，并缓慢下降至精密端齿盘的啮合位置，实现精密定位并锁紧。当夹紧力增大到推动弹簧而触动压缩触点开关时，电动机停转并发出换刀已完成的应答信号，程序继续执行。

（2）自动换刀的技术要求

① 换刀程序以 SINUMERIK 808D PLC 子程序库中的霍尔元件刀架控制子程序（子程序 51）为蓝本改写，适用于霍尔元件检测刀位信号的简易四工位或六工位刀架，这种刀架只能单方向换刀，刀架电动机为普通异步电动机。图 6-39 上的零件 2，就是用霍尔晶体管作接近开关制成的刀位发信盘。若是四工位刀架，则霍尔开关每 90° 装一个，与其外罩上嵌装的小磁铁接近时接通。四个刀位信号 $T_1 \sim T_4$ 从 808D 的背面 PLC 输入接口 X101 的 I1.2 ~ I1.4 接入（见第 7 章 7.2.2 节）。

② PLC 换刀程序要从 808D 背面 PLC 输出接口 X201 的 Q1.0 和 Q1.1 输出刀架正、反转信号，并通过直流继电器连锁至交流接触器以驱动刀架电动机正、反转运转。当刀架电动机正转时，寻找目标刀号实现自动换刀，反转则为锁紧定位切削。寻找刀具的时间有监控，若寻刀时间大于 15s，即认为换刀失败，应退出换刀。此外，刀架反转锁紧时间应限制为 1 ~ 1.5s，否则报警。此时刀架电动机实际处于堵转状态，反转时间若太长可能导致电动机绕阻发热而烧毁。

③ 可在手动和 MDA 方式下，实现 T 功能自动换刀动作。在 JOG 方式下点动机床控制面板上手动换刀键，可使刀架转一个刀位。

④ 在换刀过程中 CNC 接口信号"读入禁止"（DB3200.DBX6.1）和"进给保持"（DB3200.DBX6.0）置位为"1"状态，这表示零件程序暂停执行，等待换刀完成后方可继续进行。这期间，将禁止伺服进给轴运动，以保证刀具不与工件相撞。

⑤ 在急停刀架电动机过载或程序测试及仿真时，禁止刀架换刀。

（3）自动换刀控制流程图

四工位电动刀架自动换刀工作时序如图 6-40 所示，PLC 控制程序流程图如图 6-41 所示，据此可设计 808D 系统四工位电动刀架自动换刀梯形图程序。

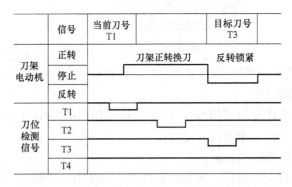

图 6-40　简易四工位电动刀架自动换刀时序图

（4）808D 系统简易四工位电动刀架自动换刀梯形图程序设计

808D 系统的简易四工位电动刀架自动换刀梯形图程序如图 6-42 所示，图中涉及的部分接口信号如表 6-11 所示。

表 6-11　808D 系统简易四工位电动刀架自动换刀 I/O 接点信号

I/O	I1.2	I1.3	I1.4	I1.5	Q1.0	Q1.1
信号说明	1 号刀	2 号刀	3 号刀	4 号刀	刀架电动机正转	刀架电动机反转

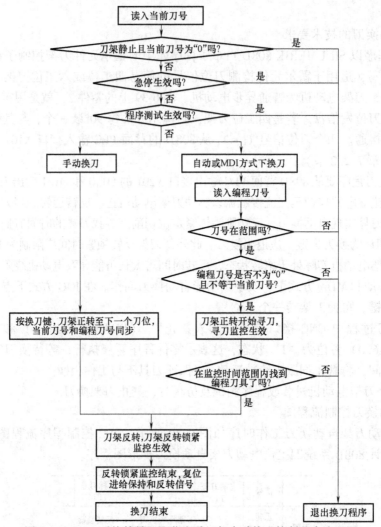

图 6-41 808D 系统简易四工位电动刀架自动换刀控制程序流程图

① 生成用户报警信号。

本程序定义了三个用户报警信号（参见 "SINUMERIK 808D 子程序库手册"）。

700023——编程刀号大于刀架刀位数；

700024——寻刀监控时间超出；

700025——无刀架定位信号（刀架没有到位或刀架电子发信盘故障）。

② 使用的变量。

MD32——存储当前刀号值；

MD36——存储目标刀号值。

③ 中间继电器的标志位。

中间继电器标志位是逻辑运算的中间结果，供程序连锁过渡设计用，由程序设计者定义。在本程序中用到的中间继电器有 M112.3、M112.5、M112.6、M112.7、M113.3、M113.4 等，可在换刀程序中找到具体含义。例如：M112.5 为编程刀号有效标志位；M113.3 为手动换刀使能位；M113.4 为手动正转换刀结束标志。

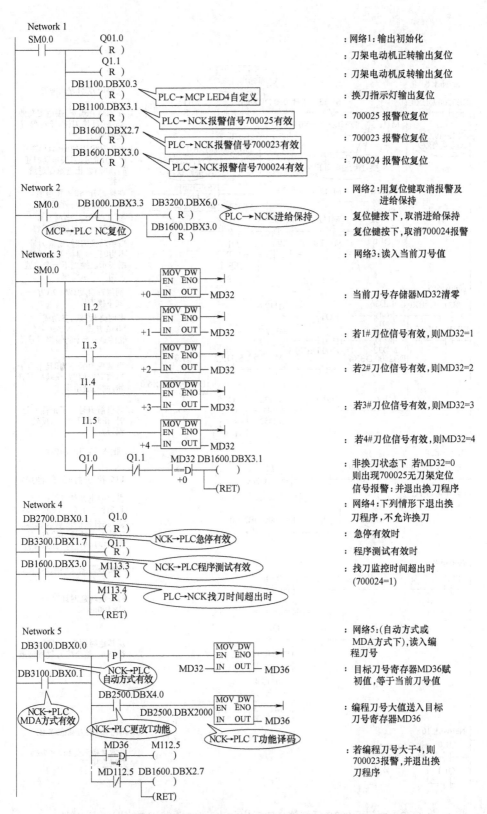

图 6-42　西门子 808D 系统简易四工位电动刀架自动换刀梯形图程序

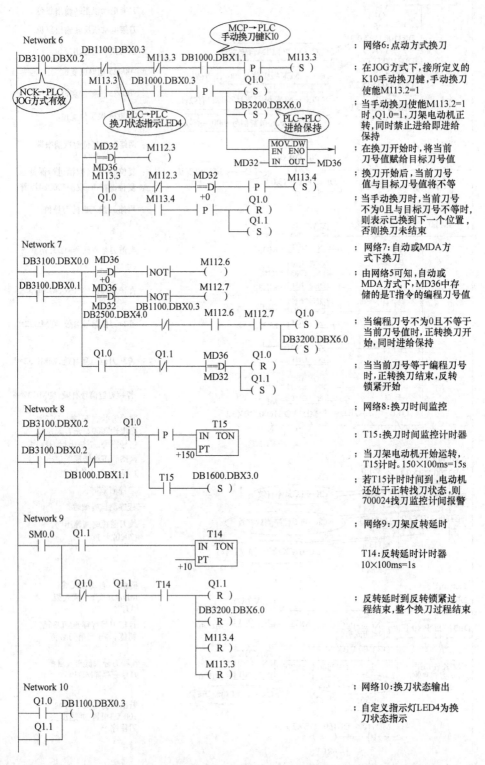

图 6-42　西门子 808D 系统简易四工位电动刀架自动换刀梯形图程序（续）

④ 接口信号。

本程序所涉及的接口信号在表6-11中列出了一部分，至于所涉及的数十个以 DB 数据块形式表示的 NCK、PLC、MCP 之间信息交换的接口信号，为读者阅读方便，已表示在梯形图注释中。

根据前述的设计技术要求和图 6-41 所示的自动换刀控制流程图，读者阅读并理解图 6-42 所示的 808D 系统简易四工位电动刀架自动换刀梯形图程序就不困难了，梯形图逻辑控制说明参见图 6-42 右边的文字注释。该梯形图程序的设计参考了西门子 802S 系统车床换刀程序，虽然与 808D 子程序库中的子程序 51 有差别，但是设计思想是一致的。

注意，要读懂该梯形图程序和 808D 子程序库中其他子程序，必须首先理解该子程序所要求完成的顺序控制流程、技术要求、I/O 信号硬件连接，熟悉 PLC 程序中所使用的 I/O 接口信号地址和用于 NCK、PLC、MCP 之间信号交换的 DB 数据块区信号接口地址、使用的变量和中间继电器的标志位，并且应注意，对不同的机床和不同 PLC，这些信号接口地址分配是不同的。

6.5.3 FANUC 数控系统 PLC 辅助功能控制与典型案例

1. M、S、T 代码处理时序

以 FANUC 0i-D 系数控系统为例，CNC 执行到零件加工程序段中辅助功能代码 M、S、T 时，其中 M 代码执行时序如图 6-43 所示，处理的步骤如下：

① 首先 CNC 会把要执行的 M 代码信号发送到 PLC 特定的代码寄存器中，同时有相应的辅助功能触发信号也送到 PLC；

② PLC 根据 CNC 应答信号和 M 代码

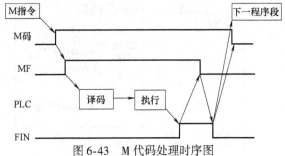

图 6-43　M 代码处理时序图

信号进行译码操作，并触发机床作相应动作的信号如主轴正反转、换刀等控制信号；

③ 当机床执行完成 M 代码所要求的动作后，PLC 发出完成信号给 CNC，表示该动作执行已完成，CNC 可以继续执行下面的程序段，否则系统会处在等待状态；

④ 当 CNC 接到 PLC 的完成信号后，切断辅助功能的触发信号，表示 CNC 响应了 PLC 的完成信号；

⑤ 当 CNC 触发信号关断后，PLC 切断返回给 CNC 的完成信号；

⑥ 当 CNC 采样到 PLC 完成信号的下降沿后，加工程序往下执行，辅助功能循环结束。

虽然 M、S、T 各辅助功能使用了不同的编程地址和不同的信号，但是信号的传递和处理方法相同。S、T 代码的处理过程及时序，与 M 代码处理过程及时序也一样。

2. M、S、T 辅助信息交换的代码地址、选通信号和应答信号

FANUC 0i-D 的 M、S、T 辅助功能信息交换的代码地址、选通信号和应答信号见表6-12。

表 6-12　FANUC 0i-D 数控系统各辅助功能信号

功　能	程序地址	CNC→PLC 信号			PLC→CNC 信号
		代码信号	选通信号	分配结束信号	结束信号
M 辅助功能	M	F10～F13	F7.0（MF）		
主轴速度功能	S	F22～F25	F7.2（SF）	F1.3（DEN）	G4.3（FIN）
刀具功能	T	F26～F29	F7.3（TF）		

零件加工程序的辅助功能 M00 ~ M31、S00 ~ S31、T00 ~ T31 分别对应代码信号 F10.0 ~ F13.7、F22.0 ~ F25.7、F26.0 ~ F29.7 各存储位（8 位）。当加工程序中出现某辅助功能时，对应的代码信号位 F×.× 被置1，例如 M03，对应代码 F10.3 被置1。此外 M 代码选通信号为 F7.0，S 主轴功能选通信号为 F7.2，T 刀具交换的选通信号为 F7.3。

3. FANUC 数控系统 PLC 辅助功能实现的典型案例

【例 6-9】 FANUC 0i-Mate TD 车床数控系统 M 功能处理的 PLC 梯形图程序设计。

FANUC 0i-Mate TD 车床数控系统 M 功能处理的 PLC 梯形图程序，所涉及的有关 I/O 点信号见表 6-13，PLC 梯形图程序如图 6-44 所示。梯形图逻辑控制见图中文字说明。

表 6-13　M 功能处理的 PLC 梯形图程序 I/O 点信号说明

I/O 地址	Y0.0	Y0.1	Y3.1	Y5.4
信号说明	主轴正转	主轴反转	选择停止灯	循环起动

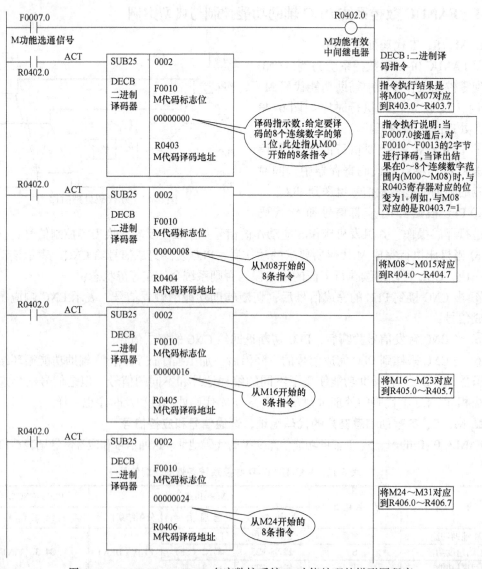

图 6-44　FANUC 0i-Mate TD 车床数控系统 M 功能处理的梯形图程序

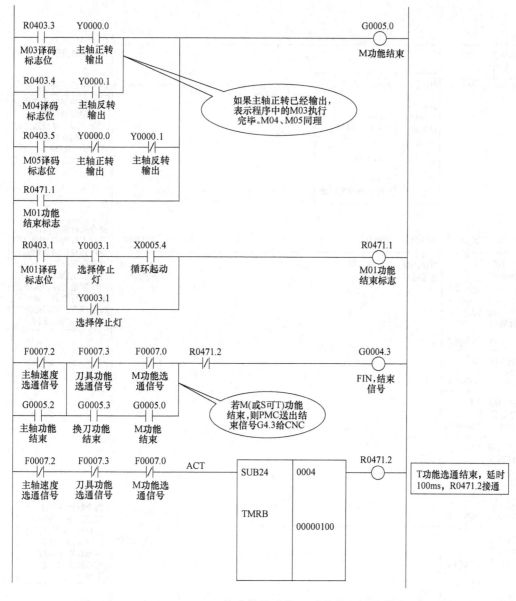

图 6-44　FANUC 0i-Mate TD 车床数控系统 M 功能处理的梯形图程序（续）

【例 6-10】　FANUC 0i-Mate TD 系统的数控车床简易六工位刀架自动换刀（T 功能）PLC 梯形图程序设计。

基于 FANUC 0i-Mate TD 系统数控车床简易六工位刀架自动换刀的 PLC 控制，所涉及的有关 I/O 点信号见表 6-14，PLC 梯形图程序如图 6-45 所示。梯形图逻辑控制见图中右边的文字说明。读者可与西门子系统 PLC 换刀梯形图程序比较一下，找出它们的相同和不同之处。

表 6-14　简易六工位刀架自动换刀 I/O 点信号说明表

I/O 地址	Y0.2	Y0.3	X4.0	X4.1	X4.2	X4.3	X4.4	X4.5
信号说明	刀架电动机正转	刀架电动机反转	1 号刀	2 号刀	3 号刀	4 号刀	5 号刀	6 号刀

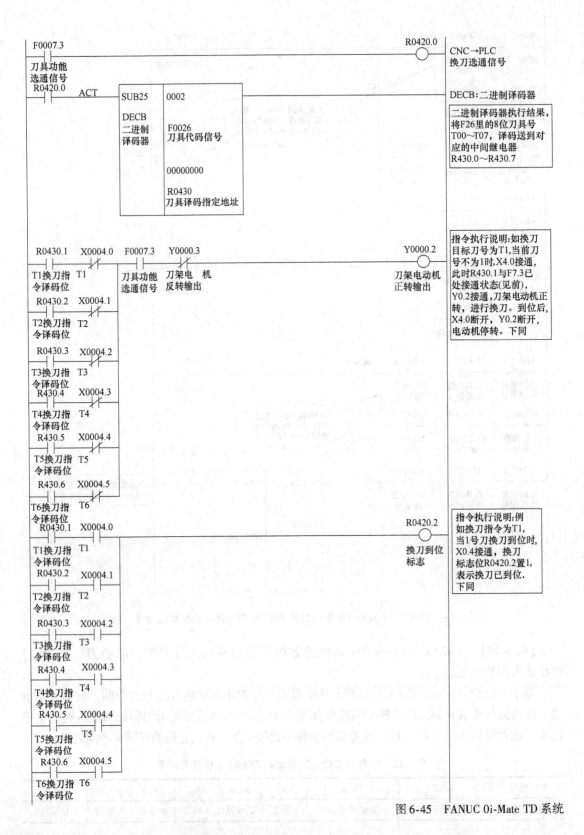

图 6-45　FANUC 0i-Mate TD 系统

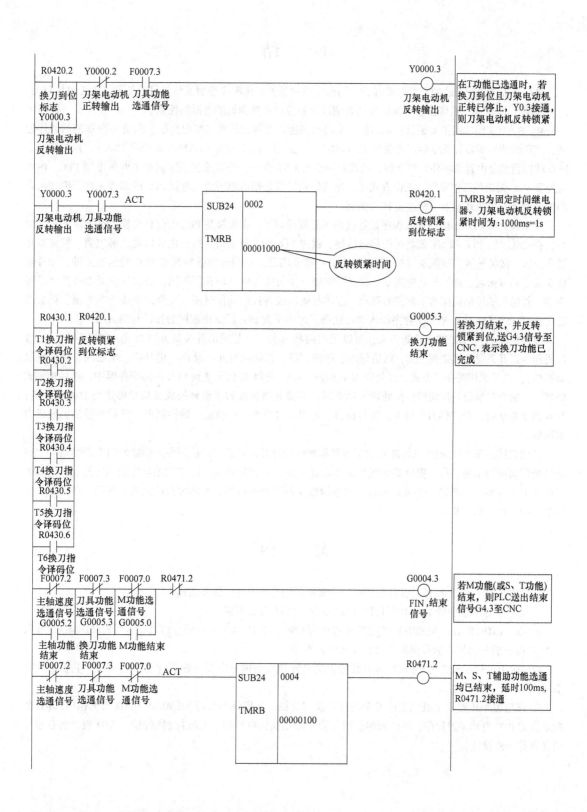

数控车床简易六工位刀架自动换刀梯形图程序

小　结

PLC 是机床数控系统的重要组成部分，用来完成对数控机床顺序控制逻辑信号的处理，主要包括对 M、S、T 辅助功能指令、机床控制面板信号的处理以及数控机床外围辅助电器的控制。

M、S、T 辅助功能主要是指主轴起停、换向和调速、刀具旋转或工作台交换、润滑与冷却液的起停控制、工件的装夹等以开关量顺序控制为主的动作，一般采用 PLC 实现（FANUC 系统称 PMC）。数控系统中 PLC 结构类型分内置型和外置独立型。内置型一般与 CNC 合一，外置独立型则就是工业标准型 PLC。内置与外置 PLC 无论是工作原理、工作方式还是组成结构等都是基本相同的。内置 PLC 的编程元件、编程语言和程序设计方法也基本上与标准型 PLC 类似。

要掌握机床 PLC 的顺序控制程序设计或熟练看懂梯形图，必须清楚 PLC 的信息交换。这是以 PLC 为中心，在 CNC 侧、PLC 和 MT 侧之间的信息传递，通过 PLC 的 I/O 端口进行，也可以通过标志器、特殊寄存器和分区、按类放置的数据块（如 808D、828D）等来实现。不同公司数控系统 PLC 的编程元件、元件地址及接点信号命名、基本与功能指令、梯形图编制方法及所用软件均有所不同，必须仔细阅读有关产品说明书，并结合所控制机床的工艺控制要求、主体与辅助设备控制动作时序、安全保护要求等方面，再参考已定型机床产品的 PLC 梯形图程序深入学习钻研，才能掌握 PLC 梯形图程序的设计与调试维修。

数控机床 M、S、T 辅助功能实现，可以采用两种方式。一是采用开关量处理方式，CNC 将 M、S、T 代码指令以开关量方式送到 PLC，然后译码、逻辑判断、控制执行元件动作（电动机、电磁阀、液动或气动机构）。二是采用寄存器方式，在处理 M 代码时，CNC 先将 M 代码送到 PLC 内部寄存器中，然后由 PLC 处理，控制有关执行元件动作；在处理 S 功能时，需要先将速度数字量转换成模拟量即进行 D-A 转换等；在处理 T 功能时，先进行刀号检索，将目标刀号与当前刀号进行比较或一致性判断，然后再控制刀架或刀库回转。

现代数控机床 CNC 数控系统除对加工零件轮廓曲线进行插补运算，控制各坐标轴的伺服进给运动，完成高精度切削加工外，另一项重要功能是配合轮廓插补 G 功能完成 M、S、T 辅助功能的顺序控制，由 CNC 与内置 PLC 完成，二者缺一不可。只有全面掌握数控系统 PLC 控制，才能为数控机床的使用、调试和故障诊断与维修打下坚实基础。

习　题

1. 数控机床系统中的 PLC 有什么作用？主要控制内容有哪些？画图叙述。

2. 数控机床系统中的 PLC 有哪几种结构型式？它们有什么不同？

3. 以 FANUC 0i-D 为例画图叙述内置式 PLC 与 CNC、MCP、MT 等有哪些信息交换？SIEMENS 802D 与 FANUC 0i-D 数控系统在信号交换方面有什么显著不同？

4. SIEMENS 802S/C 与 FANUC 0i-D 数控系统内置 PLC 的内部资源（编程元件）有哪些？它们有什么不同？

5. 以数控车床四工位或六工位刀架的自动换刀为例，分别练习编写 SIEMENS 808D 与 FANUC 0i-D 数控系统的 PLC 自动换刀程序，并作程序说明（要求画出换刀时序图、刀架控制流程图、I/O 表和各自程序图（可作课程设计）。

第7章　典型数控系统通信接口与系统连接

![教学重点图标] **教学重点**

本章重点介绍在数控加工机床上常用的国内外典型数控系统，例如国产的 KND 100、GSK 980、HNC-21/22 等型数控系统，国外西门子公司产 SINUMERIK 808D、828D 与日本 FANUC 公司产 FANUC 0i-D/0i-Mate D 等型数控系统，学习它们各单元的组成、结构、特点、通信接口与系统连接。只有掌握了这些知识才可以看懂数控机床电气图纸，也才能从事装配、调试、维护与检修工作。由于数控计算机技术发展迅速，数控系统产品更新换代加快，往往一个产品的型号只能维持几年时间，就会被另一个新产品取代了，但是数控系统的基本组成、功能、通信接口模式等方面往往变化不大。

7.1　典型数控系统产品简介

根据我国机床行业数控系统应用和发展的水平情况，机床数控系统产品大致可分为经济型（步进电动机，二至三轴联动开环控制）、普及型（交流伺服电动机、三轴联动、半闭环控制）、中高档或高档型（交流伺服电动机、三轴以上联动、全闭环控制）。随着我国国民经济的发展，机械加工制造业技术水平正在迅速提高，近年来主流数控机床也以普及型和中高档数控系统为主。

由于我国机床数控技术起步和发展落后于先进国家，中档、高档数控系统甚至普及型系统都由国外公司相关品牌产品占据了主导地位，例如德国西门子公司的 SINUMERIK 808D、828D 系统、日本 FANUC 公司的 FANUC 0i-D/0i-Mate D 系统以及日本三菱公司 M70 等系统。国产数控系统如北京凯恩蒂数控公司的 KND 100 系列产品、广州数控公司的 GSK 980 系列产品和华中数控公司的 HNC-21/22 系列产品等。通过多年的努力，国产数控系统已经占领大部分经济型和部分普及型数控系统市场，现在正在向中档、高档数控系统市场迈进。

7.1.1　国产机床数控系统

1. 北京凯恩蒂数控 KND 100Ti/Mi-D 数控系统

北京凯恩蒂数控公司主要产品有 KND 100、KND 1000/2000 等，其中 KND 100 是使用量大、应用面广的产品，KND 1000 是其升级产品，KND 2000 为凯恩帝公司的最新产品，联动轴数为 4 轴，控制独立轴数为 4 轴。而 KND 100Ti/Mi-D 是该公司开发的新一代高级经济型或普及型的数控系统，用于普通数控车床、铣床，最大控制轴数和联动轴数为 3 个。系统各主要单元产品如图 7-1 所示。

该系统采用了 32 位高性能微处理器、超大规模集成电路芯片、多层印制电路板、表面贴装元器件等先进技术；LCD 显示器采用了 7in 彩色液晶屏，并采用与 PCU（Panel Controller Unit）面板控制单元、MCP（Machine Controll Paner）机床控制面板三者合一的一体化设计，既缩小了尺寸，简化了联机，又增加了可靠性。前置面板上配置了 RS-232C 和 U 盘接口，方便了零件程序或数据的输入与备份。

该系统 CNC 输出数字脉冲量可与凯恩蒂公司的 KND SD100/200/300 系列通用型交流伺服驱动器或日本安川公司的 ∑Ⅱ系列数字交流伺服系统等配套，驱动交流永磁同步电动机；CNC 输出模拟量 0～10V，主轴通过 KND ZD200 型变频器驱动交流异步主轴电动机，因此具有较高的性价比。

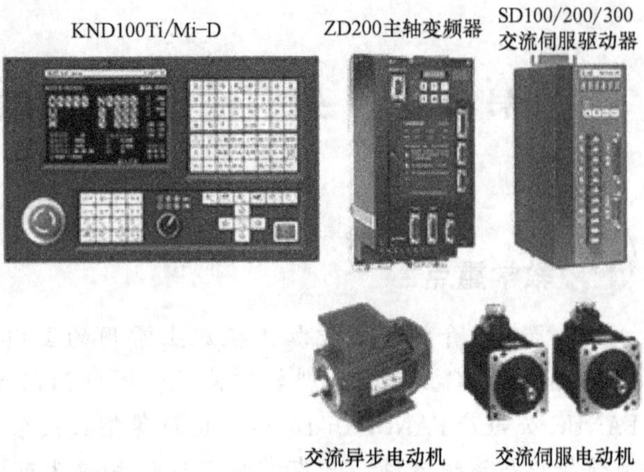

图 7-1　KND 100Ti-D 数控系统各单元产品图

2. 广州数控 GSK 980 TDb 数控系统

广州数控公司产品主要有 GSK 980、GSK 988、GSK 25i 等系列，其中 GSK 980 联动轴数为 2～3 轴，是用于经济型车床、铣床的机床数控系统。GSK 988 是 GSK 980 的升级产品，可控制轴数 4 个，其中 1 个主轴、3 个联动轴。而 GSK 25i 是该公司的最新产品，可控制轴数 6 个，5 个联动轴。该系统采用了 GSK Link 串行总线通信；伺服电动机采用绝对编码器；CNC 输入分辨率和脉冲当量为 0.0001mm；内置 I/O 为 1024/1024 点的 PLC，是国内较先进的普及型产品。

GSK 980T 是普及型数控车、铣床系统，由于具有较高的性能价格比，一直受到国内用户欢迎。GSK 980TDb 则是其升级了软、硬件而推出的新产品，可控制 5 个进给轴（含 C 轴）、2 个模拟主轴。该系统应用了高速 CPU、超大规模可编程门阵列集成电路芯片构成其控制核心、320 × 240 点阵图形式液晶显示界面，能实现加工零件图形实时跟踪显示；内装 PLC，用于车床时能自动完成换刀、冷却、润滑等辅助功能。由于 2ms 的高速插补、0.1μm 的控制精度，显著提高了零件加工的效率、精度和表面质量；新增的 USB 接口，支持 U 盘文件操作和程序运行。系统各主要单元产品如图 7-2 所示。

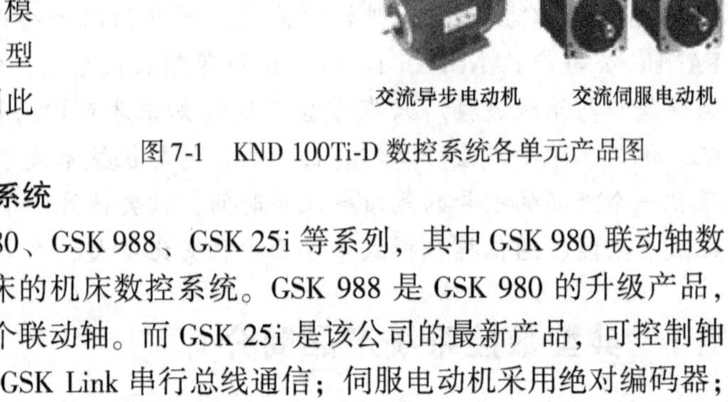

图 7-2　GSK 980 TDb 数控系统各单元产品图

GSK 980TDb 机床数控系统可配置步进电动机或脉冲式交流伺服电动机，当配置步进电动机驱动时就是开环经济型数控系统；当配置脉冲式交流伺服电动机驱动时（如 GSK DA98 数字式交流伺服驱动器或松下 M1NAS-V 型交流伺服驱动器）就是半闭环的普及型数控系统。GSK 980TDb 数控系统组成各单元连接原理图如图 7-3 所示。

3. 华中数控世纪星 HNC-21/22 数控系统

华中数控世纪星 HNC-21/22 属普及型机床数控系统，各单元产品如图 7-4 所示，最大联动轴数：HNC-21TD 用于车床时，为 2 个进给轴 +1 个主轴；HNC-21MD 用于铣床等时，

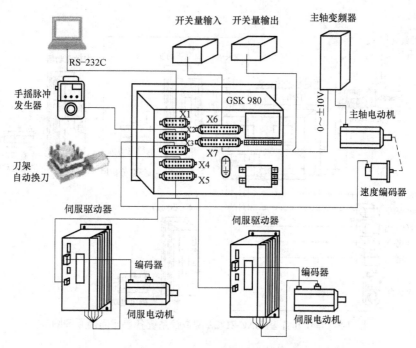

图 7-3   GSK 980TDb 数控系统组成各单元连接原理图

图 7-4   世纪星 HNC-21/22 数控系统产品图

为 3 个进给轴 + 1 个主轴。

该系统采用了开放式体系结构,内置嵌入式工业 PC。可选配脉冲指令式驱动器、交流伺服驱动器和步进电动机驱动器;配置 8.4in 彩色 TFT 液晶显示屏和通用工程面板;标准配置 40 路开关量输入和 32 路开关量输出接口;采用电子盘程序存储方式,支持 CF 卡、USB、以太网等程序扩展和数据交换功能;采用国际标准 G 代码编程,与各种流行的 CAD/CAM 自动编程系统兼容;此外,还具有反向间隙和单、双向螺距误差补偿功能、小线段连续加工功能以及加工断点保存/恢复功能等。因此,华中世纪星 HNC-21/22 数控系统是一种高性能、低价格、结构紧凑、配置灵活、易于使用、可靠性高的普及型数控系统,多年来受到了中小用户欢迎,已被国内车、铣床、加工中心等普及型数控机床上采用,特别是在高校实验实训中心里得到广泛应用。华中世纪星 HNC-21/22 数控系统组成及各单元连接原理图如

图 7-5 所示。

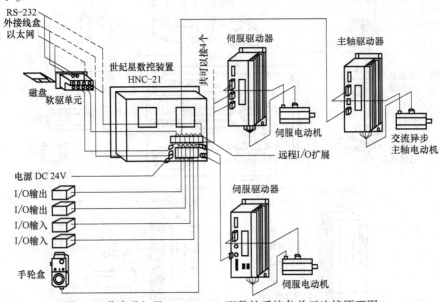

图 7-5 华中世纪星 HNC-21/22 型数控系统各单元连接原理图

7.1.2 西门子公司机床数控系统

西门子公司在中国的合资公司始于 20 世纪 90 年代，专为中国数控机床市场设计并先后推出了 SINUMERIK 802 系列机床数控系统，包括 802S、802C、802D 系列。它们是集成了 CNC、PLC、MDI 和 I/O 于一体的经济型和普及型机床数控系统，针对的是中国使用量大、应用面广的经济型和普及型的数控车床、铣床市场，目前这些系统已先后停产并逐步被淘汰。近几年来，西门子公司利用高速发展的数控计算机技术、高速矢量动态响应伺服技术和高精度多位绝对编码器等技术，开发并已经形成了以 SINUMERIK 808D、SINUMERIK 828D 和 SINUMERIK 840D（以下简称 808D、828D、840D）为代表的全新系列产品，既可满足普及型数控机床的需求，又能满足中高档数控机床的需求。新系统与同类产品相比，具有精度高、硬件结构简单可靠、操作便捷、可智能编程、连接与安装调试容易、性价比高及采用了现场总线技术等特点，有的功能甚至已达到原高档系统才具有的水平。西门子公司 SINUMERIK 机床数控系统产品系列型谱进程表如图 7-6 所示。

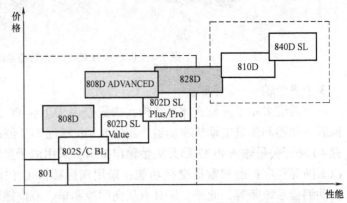

图 7-6 西门子 SINUMERIK 机床数控系统产品系列型谱进程表

1. 西门子经济型和普及型机床数控系统

（1）SINUMERIK 802S 经济型数控系统

SINUMERIK 802S 系统没有安装检测反馈位置和速度的传感器，是开环的经济型机床数控系统。CNC 输出数字脉冲插补指令信号（包括数字脉冲个数与频率信号 CP、方向脉冲信号 DIR、伺服使能信号 ENA），连接 STEPDRIVE C/C + 步进驱动器带五相十拍步进电动机，控制 2 ~ 3 个联动伺服轴；输出 0 ~ 10V 模拟量，通过变频器，驱动 1 个交流异步主轴电动机；CNC 内装 S7-200 型 PLC，在 CNC 背面布有 48/16 的 I/O 接口，完成 M、S、T 机床顺序控制。该系统广泛用于经济型数控车床、铣床，系统组成各单元连接示意图如图 7-7 所示。

近年来，由于我国加工制造业高速发展，数控机床性能要求不断提高，对数控机床性价比的观念有了很大改变。步进电动机的经济型开环控制系统已失去了原先的低价格竞争优势，除个别专用机床外已少有应用了，目前西门子公司 802S 系统已停产。

（2）SINUMERIK 802C 经济型数控系统

SINUMERIK 802C 与 802S 具有同样的软、硬件结构和应用特点，CNC 输出模拟插补信号，可以控制 3 个联动进给轴、1 个主轴。由于在伺服电动机内装有位置和速度检测的光电编码器，所以它是半闭环数控系统。CNC 输出的模拟量 0 ~ 10V，经 611U（具有 0 ~ 10V 模拟量或数字接口）伺服驱动器控制与功率放大，驱动 1FK6 或 1FK7 系列紧凑型交流永磁同步伺服电动机；主轴可以是普通变频器主轴也可以是矢量变频器的伺服主轴，CNC 输出的 0 ~ 10V 模拟量与变频器或伺服主轴驱动器相连，带普通交流异步电动机或 1PH7 型矢量变频电动机。CNC 内装西门子 S7-200 型 PLC，在 CNC 背面布有 48/16 的 I/O 接口，完成 M、S、T 机床顺序控制。该系统广泛用于经济型或普及型数控机床，系统组成与连接示意图见图 7-7b 所示。与 802S 系统同样原因，目前 802C 亦停产。

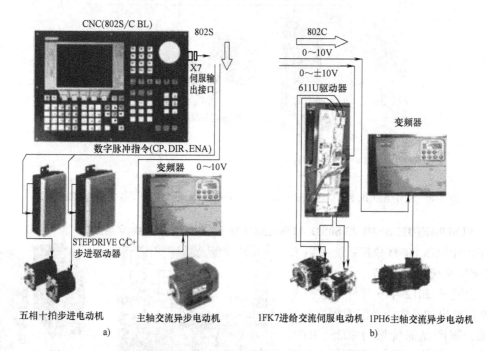

图 7-7　SINUMERIK 802S/802C 型经济型数控系统组成各主要单元连接示意图

（3）SINUMERIK 802D 普及型数控系统

SINUMERIK 802D 是输出数字量插补指令信号的半闭环数控系统，核心部件是 CNC 的面板控制单元（PCU210），可控制 4 个联动进给轴和 1 个模拟主轴或串行数字主轴。

802D 与模块化的数字驱动装置 611Ue 相连，配套紧凑型系列 1FK6/1FK7（无外壳）或配套具有高动态响应性能的 1FT6/1FT7 系列交流永磁同步伺服电动机以及 1PH6/1PH7 交流异步主轴电动机。将 PCU/LCD/MDI 三者集成为一体，并且内置了 S7-200 型 PLC。特别是 802D 采用了 Profibus 异步串行通信总线，该总线只需要一根专用电缆或光缆，按主、从站通信关系将操作面板、611Ue 伺服驱动控制器、PP72/48 I/O 接口模块（最多 2 个，共 144/96 个 I/O 接口）等单元串接起来，安装简单、连线方便、通信可靠以及抗干扰性强，如图 7-8 所示。802D 无论是处理速度还是功能等都提供了良好的性能价格比，到了中档数控系统水平，广泛应用于数控铣床、加工中心上。但是目前有被性能价格比更高的 828D 系统取代的趋势。

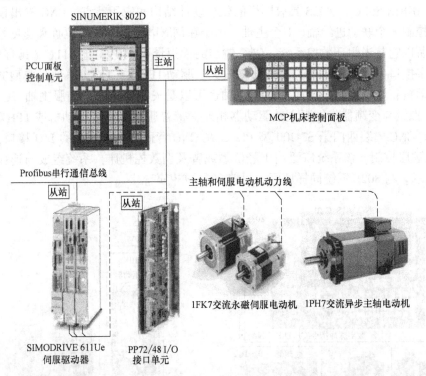

图 7-8　SINUMERIK 802D 用 Profibus 总线将系统各单元按主从设备关系连接原理图

2. SINUMERIK 808D 和 808D ADVANCED 高性能经济型数控系统

SINUMERIK 808D 数控系统（以下简称 808D 系统），如图 7-9 所示。它是西门子公司于 2012 年 6 月针对数控车床、铣床推出的高性能经济型数控系统新产品，该产品的价格与 802S、802C 系统相当，但性能要优良得多，多用于普及型数控车床、铣床。2013 年 9 月又推出了 808D ADVANCED 总线型版本。

808D 系统与 802S 系统一样，CNC

图 7-9　SINUMERIK 808D 数控系统

均输出数字脉冲指令信号，可以控制 3 个能联动的进给轴，1 个主轴。它们在硬件上的最大区别是：CNC 输出的数字脉冲信号，不是驱动步进电动机，而是通过 V60 新型伺服驱动器驱动永磁同步电动机，并且在驱动器内实现位置和速度闭环控制，控制精度高，因而弥补了步进电动机开环控制的缺陷。此外，在软件设计方面，吸收了西门子高档数控系统中一些的先进技术，例如：为斜床身和平床身数控车床定制的系统软件；专为立式加工中心定制的系统软件；80 位浮点数纳米级插补计算软件，轮廓计算精度高；带智能路径控制和程序段预读的 SINUMERIK MDynamics 软件，确保模具加工的应用等。可见 808D 系统具有高轮廓精度、高动态特性和价格低廉的特点，能广泛用于普通数控车床和数控铣床。

808D ADVANCED 总线型版本数控系统，控制轴数是 5 个，其中 4 个是能联动的进给轴，1 个是主轴。用于车削时，可以控制 2 个联动进给轴和 2 个附加轴，通过模拟主轴接口可控制一个变频主轴。用于铣削时，可以控制 3 个联动进给轴和 1 个附加轴。808D AD-VANCED 总线型版本与 808D 基本型版本之间的重大区别是：前者系统采用了具有高动态响应的 V70 型伺服驱动器，并且驱动器与数控单元之间采用 Drive Bus 高速串行伺服通信总线连接，因而控制精度更高。

808D ADVANCED 数控单元输出数字量的插补指令信号，经 Drive Bus 总线传输至 V70 驱动器，进行功率放大后再驱动各进给轴的 S-1FL5 型交流永磁同步伺服电动机，其速度与转角位置由电动机内装的编码器测量，再通过 Drive Bus 总线反馈至数控单元，构成了高精度、高可靠性的闭环控制系统。主轴仍然由数控单元输出 0～10V 模拟信号，通过变频器或 G120 伺服主轴驱动器控制交流异步主轴电动机，其速度由内装或外装的编码器测量并反馈至数控单元。此外，由于采用了一些现代数控计算机和伺服系统的新技术，如精优曲面的先进的路径规划策略、动态伺服控制、高分辨率的 20 位绝对编码器和摩擦补偿，使 808D AD-VANCED 系统具有比 808D 基本型更优异的性能，已接近中档数控系统水平。808D 和 808 DADVANCED 系统各单元组成及系统连接原理图如图 7-10、图 7-11 所示。

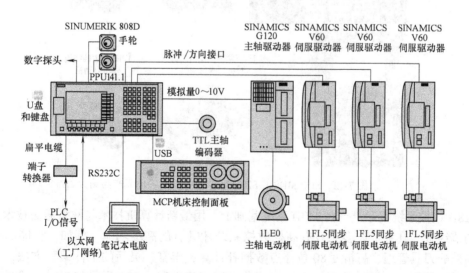

图 7-10　SINUMERIK 808D 数控系统各单元连接原理图

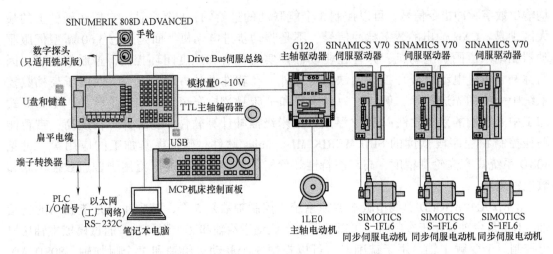

图 7-11 SINUMERIK 808D ADVANCED 数控系统各单元连接原理图

3. SINUMERIK 828D 节约版中高档数控系统

2011 年 4 月西门子公司推出了如图 7-12 所示的 SINUMER1K 828D Basic SL（以下简称828D 系统）数控系统，这是一款紧凑型的中高档机床数控系统。828D 系统的问世，使在原用于标准机床控制的 802D 系统和针对高端加工应用 840D 系统的基础上又多了一个新的选择。总体性能介于 802D 与 840D 之间，正好弥补了这两个产品之间的空白。

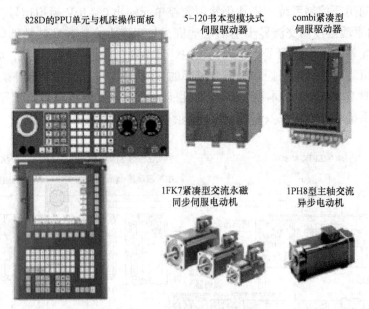

图 7-12 SINUMERIK 828D 数控系统组成各单元产品图

828D 数控系统实际上是在 840D 系统基础上，用最新计算机技术与网络通信技术，专门设计的节约版，具备了许多原只有高档数控系统才具有的高级功能。例如，智能的坐标转换、高效的刀具管理、高精度 80 位浮点数插补计算；丰富、灵活的工件编程方法，在小批量生产时，使用 ShopMill 或 ShopTurn 图形化的工步式编程，在大批量加工时，通过高级语言编程与参数化工艺循环编程向导的配合，可以大大缩短编程时间；USB、CF 卡和以太网接口，使得数据的传输和集成车间局域网变得简便快捷；此外，828D 数控系统首次将现代计算机和手机技术应用于数控机床，通过 Easy Message 短信功能，可以发送工件加工状态、当前刀具状态以及机床维护提示等短消息，实现对加工过程的进行监控。

828D 系统用于铣床时最多可控制 6 轴，用于车床时最多可控制 6 轴或 8 轴。828D 输出的数字量指令信号，通过 Drive Cliq 异步串行通信总线连接到 S-120 书本型模块式伺服驱动器，该型驱动器灵活性高，适用所有机床；也可连接到 combi 紧凑型伺服驱动器，该型驱动器适用比较经济的机床。经这两种类型的驱动器功率放大后，驱动 lFK7 紧凑型交流永磁同步伺服电动机和 1PH8 型主轴交流异步电动机。机床控制面板、PP72/48 I/O 接口单元通过 Profinet 总线与 828D 相连，图 7-13 为 828D 系统各组成单元和系统连接原理图。

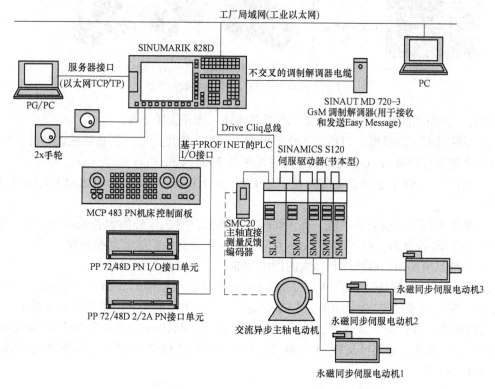

图 7-13　SINUMERIK 828D 数控系统组成各单元连接原理图

4. SINUMERIK 840D 高档机床数控系统

SINUMERIK 840D power line（下简称 840D）是西门子公司在 20 世纪 90 年代后期推出的高级全功能式的高档机床数控系统。该系统与 SIM0DRlVE 611D 数字伺服系统以及 SIMAT1C S7-300 系列 PLC 一起，构成了全数字控制系统，最多可以控制 31 轴 +5 主轴/24 轴联动，系统主要组成单元如图 7-14 所示。

840D 通过系统设定，特别适于各种复杂加工任务的控制，如五轴联动数控机床、车削加工中心、车铣复合中心、柔性制造单元等设备的控制，具有优于其他系统的动态品质和控制精度。840D 数控系统主要性能指标如下。

① 系统最大配置：31 轴 +5 主轴/24 轴联动、31 个数字轴。

② 系统具有多种插补功能，如直线插补、圆弧插补、NURBS 插补、螺旋线插补、多维

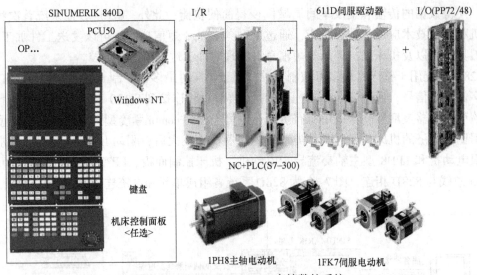

图 7-14　SINUMER1K 840D 高档数控系统

样条插补、多项式插补、主数值耦合及曲线表插补、渐开线插补等。

③ 系统具有刀具长度、刀具半径及磨损量、间隙、螺距误差、测量系统误差补偿功能。

④ 系统在分辨率为 1μm 时最大进给速度可达 300m/min。

⑤ PLC（S7-300）指令的处理速度可达 1024 步/100μs，存储容量可达 48KB，采用模块化 I/O。

⑥ 系统采用了两级数字总线，机床面板、检测元件等机床外围设备采用 Profibus 总线，向上连接到 NC 控制器，向下通过 Drive Cliq 总线，连接到各伺服驱动控制器。

⑦ 系统具有突出扩展特性和强大的网络功能。

此外，西门子公司还推出了基于 Profibus-DP 现场总线结构的 840Di 数控系统，最大可控制 18 个轴。特别是推出的 840D Solution Line 系统是用于解决复杂控制方案的系统，该系统具有模块化、可扩展、开放性、灵活通用性等特点，配有高性能的 S120 伺服系统和 S7-300 系列 PLC 系统，最高可支持 31 个进给轴/主轴以及 10 通道/模式组，显然是高端数控机床的最佳选择之一。

7.1.3　FANUC 公司机床数控系统

日本 FANUC 公司是世界上最大的专业从事工厂自动化和机器人、数控装置、智能化设备的厂商之一，该公司的 FANUC 数控系统具有较高的可靠性、较强的抗恶劣环境影响能力和较完善的保护措施。FANUC 公司在 20 世纪 70 年代开发的 5/7/6 系统属第一代系统，80 年代开发的是第二代的 3 系统，后来开发的 10/11/12 系统属第三代系统。10/11/12 系统采用了光缆通信技术，可 5 轴控制/5 轴联动，系统先进，至今仍不落后。80 年代中期又推出了较高性能价格比的 FANUC 0 系统，由于其具有体积小、价格低、彩色显示、会话式编程等特点，在世界各国得到广泛应用。1987 年又开发了 24 轴控制/24 轴联动的 15 系统，达到当时世界数控水平的高峰。

20 世纪 90 年代末期至今，FANUC 公司应用 IT 网络与总线技术开发了 FANUC 0i 系列数控产品。逐步推出了具有超小、超薄、纳米插补和 HRV 高速矢量伺服控制特点的 16i/18i/21i

系列及多系统控制的 30i/31i/32i 系列中、高档数控产品。这期间（2000～2008 年）为满足中国市场的需要，采用以上系统平台技术，开发了 FANUC 0i 系列高性能价格比的普及型产品。FANUC 0i 系列产品有 0iA、0iB、0iC 和 0iD 版本，其中 0iD 是 2008 年推出的最新版本。图 7-15 为 FANUC 公司近年来机床数控系统产品发展系列型谱的进程（图中 FANUC 简写为 FS）。

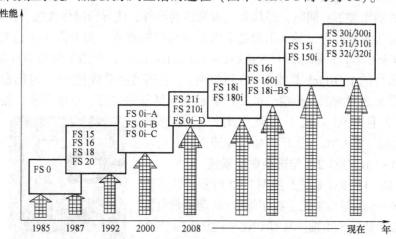

图 7-15　FANUC 公司机床数控系统系列型谱进程表

FANUC 数控系统进入中国市场时间较长，占有中国中、高档数控系统约 50% 左右的市场。在中国，目前使用较为广泛的产品有如下三大系列。

1. FANUC 0i-C/D 普及型数控系统

FANUC 0i-C、FANUC 0i-D 机床数控系统是 FANUC 公司为了满足大批量的普及型和中档型数控机床市场的需要，分别于 2004 年、2008 年推出的高可靠性、高性价比、高集成度的小型化数控系统，受到了中国用户的欢迎。FANUC 0i-D 数控系统是目前市场上常见的产品，如图 7-16 所示。该系统能实现四轴联动/四轴控制，嵌入以太网，配置高速、高精度、模块式的 αi 系列伺服单元与伺服电动机。为了市场的需要，还同时推出了功能精简型的 FANUC 0i-Mate C/0i-Mate D 系统，配置较经济的 βi 系列伺服单元和伺服电动机。βi 系列伺服单元采用了集成 3 个进给轴模块和 1 个主轴驱动模块的一体式紧凑型结构，因而价格较便宜，适用普及型数控机床。

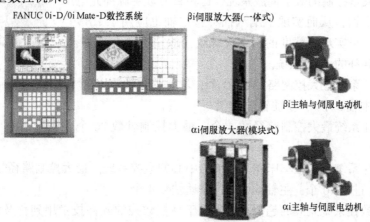

图 7-16　FANUC 0i-D/0i-Mate D 数控系统

FANUC 0i-C/0i-D 系列数控系统在彩色液晶显示屏技术与嵌入式单片机技术基础上，统一采用了 CNC/LCD/MDI 三合一集成、超薄型结构设计（厚度仅 60～70mm）；数字伺服系统采用了 HRV3 或 HRV4 高速响应矢量控制技术（High Response Vector，简称 HRV），内置高分辨率增量或绝对编码器，每转脉冲数高达几十万甚至数百万，位置反馈精度极高，可以实现高精度的纳米加工；同时，还具有高可靠性的硬件、优异的操作性能、强大的内置 PLC 功能、丰富的工具软件等。最突出的是采用了网络控制技术，如专用于传送 CNC 伺服进给控制信号的 FSSB 串行伺服总线（FANUC Serial Servo Bus）；专用于传输 I/O 接口信号与数字串行主轴信号的 I/O-Link 总线（I/O 链接网）。利用这些总线使 CNC 与伺服驱动控制器、PLC 与 I/O 单元之间的通信传输，可以直接通过网络总线进行。不仅安装方便、节约电缆、缩小体积，而且增强了抗干扰性。此外还可选择 Ethernet 以太网，将 CNC 与工厂局域网相连。

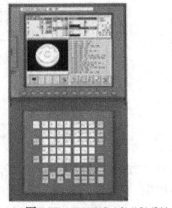

2. FANUC 16i/18i/21i 先进型数控系统

FANUC 16i/18i/21i 系统，如图 7-17 所示。该系列系统可用于 4～5 轴联动加工，控制轴数/联动轴数分别为 8/6 轴、8/5 轴和 5/4 轴。具有 CNC/LCD/MCU 三合一的超小超薄型设计、网络功能和全数字交流伺服控制、高速矢量控制和可以实现纳米级的插补、使用 FSSB 数字伺服总线等特点。若与精密机床配套，能实现高速、超精机械零件加工。

图 7-17　FANUC 16i/18i/21i 系统

3. FANUC 30i/31i/32i 高档型数控系统

FANUC 30i/31i/32i 数控系统是目前 FANUC 公司最先进、最高档型数控系统，如图 7-18 所示。它们具有各种先进的控制技术和强大的 PMC 功能（点数多、速度快），可以实现高速、高精度、高品质和复杂形状的加工，可同时完成各种加工动作，多用于 4 轴以上的加工机床。FANUC 30i/31i/32 使用了高速 CPU，显著提高了 CNC 的运算速度；宽大的 LCD 屏幕和一体化操作面板设计，有降低故障率的 ECC 错误码校验功能；有 HRV4 高速、高精度矢量控制的数字伺服系统、每转百万数字脉冲光电编码器的位置反馈，从而实现了纳米插补；主轴也应用了 HRV 高速矢量控制，可实现高精度的刚性攻螺纹，适用于复合多轴、多通道、纳米插补的 CNC 系统。

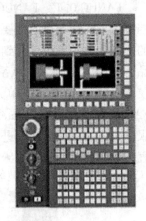

图 7-18　FANUC 30i/31i/32i
高端型数控系统

FANUC 30i 系统最大控制路径数 10 个，最大控制轴数 40 个（进给 32 个，主轴 8 个），联动轴数 24 个。

FANUC 31i 系统最大控制路径数 4 个，最大控制轴数 26 个（进给 20 个，主轴 6 个），联动轴数 4 个。

FANUC 32i 系统是标准车床和车削加工中心的数控系统。最大控制路径数 2 个，最大控制轴数 16 个（进给 10 个，主轴 6i 个），联动轴数 4 个。

目前机床数控系统发展的趋势是将原属于高档数控的软件技术用到普及型数控系统上，以降低硬件成本，提高系统的档次。这就由过去的"硬性数控"向现代的"软性数控"发展，系统性能提高了，价格却下降了。西门子公司借用了 840D 高档系统技术开发出了 SI-NUMERIK 808D、828D 系统；而 FANAC 公司则借用了 FANUC 16i/18i/21i 高端数控产品技术，进行了功能简化，研发出的 FANUC 0i-D/ 0i-Mate D 等数控系统。这些系统功能强大，价格适中，适用于普及型或中高档型数控机床，这种思路是值得我国数控界学习和借鉴的。

7.2 典型数控系统通信接口与系统连接

西门子公司的 808D（808D ADVANCED）、828D 数控系统和日本 FANUC 公司的 FANUC 0i-D/0i-Mate D 数控系统（可简写成 FS 0i-D/0i-Mate D 系统），是中国目前应用的主流普及型数控系统。下面以这两个系列数控系统为例，讲述机床典型数控系统的通信接口和系统连接。

7.2.1 数控系统通信接口概述

1. 数控系统通信接口定义与用途

数控系统通信接口是指控制装置如数控计算机 CNC 与内置 PLC，外部设备如机床控制面板、伺服驱动单元、变频器、I/O 接口单元、传感器检测装置等进行信号传输的通道。

CNC 要把执行零件轮廓指令的模拟量或数字量信号由输出接口发出，通过伺服驱动器进行功率放大，驱动伺服电动机带动刀架或工作台运动。主轴与进给伺服电动机执行的结果再由速度、位置传感器通过输入接口反馈回 CNC。同时，属于数控机床顺序控制的辅助功能 M、S、T 则由 PLC 执行，这均离不开 I/O 接口，需要连接 CNC 侧、机床侧、机床控制面板和电控箱内等大量的开关信号。因此，通信接口的设计和信号传输方式是代表数控系统技术水平的一个重要标志。以往数控系统通信接口如国产 HNC-21/22、KND 100 等系统，西门子公司产 802S、802C 及近年开发的 808D 等系统，常采用端子排或圆形、矩形插座按功能进行汇集，如图 7-19a 所示，进行点到点的汇点式或源式直接输入输出通信连接电路，传输数字开关量信号。因连接电缆繁多、花费大，不但安装困难，通信也不可靠。近年来，随着数字网络技术快速发展，各先进系统制造商在新型数控系统的开发中，采用了数字通信总线，依主、从设备方式将设有不同通信地址的各单元设备或子系统连接起来，按优先、分时、串行通信规则，进行数字信号的传输。例如西门子 802D、828D 数控系统采用了 Profibus 现场总线或 Drive Cliq 驱动总线等串行通信总线，如图 7-19b 所示；FS 0i-C/D 数控系统则采用了 HSSB 高速串行伺服通信总线和 I/O Link 输入输出接口串行通信总线等。

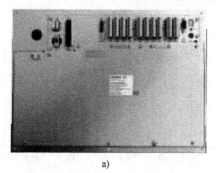
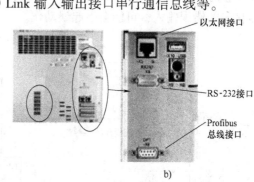

图 7-19　802S/802C、802D 系统的背面通信接口图

a）802S/802C 系统背面通信接口　b）802D 系统背面通信接口

2. I/O 接口电路

CNC 的 I/O 信号分 DI/DO 数字开关量和 AI/AO 模拟量的输入输出信号两种类型，大量的是数字开关量信号。在各种数控系统中，虽然制造厂家不同，但 DI/DO 信号连接方式相对要求统一，如 DI 信号多采用汇点输入（漏型）或源型输入电路，DO 信号有继电器触点输出、晶体管 NPN 集电极开路输出和晶体管 PNP 集电极开路输出，多采用源型输出电路。为了提高可靠性和抗干扰能力，在 DI/DO 数字开关信号输入输出 CNC、PLC 或 I/O 接口单元等控制装置的接口处，一般需用光耦合器实行光电隔离以抗干扰，如图 7-20 所示。

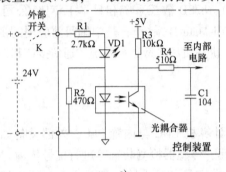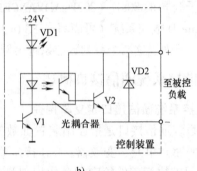

a)   b)

图 7-20 DI/DO 输入输出接口光耦合器隔离电路

a) DI 输入接口光耦合器隔离电路 b) DO 输出接口光耦合器隔离电路

（1）DI 输入接口电路

① 汇点（漏型）输入接口电路。如图 7-21 所示，该电路的输入驱动电流由控制装置内部经过信号接口 X1.0 流向外部，并汇总输入到公共连接端 DICOM。当输入开关 K 闭合时，DC +24V 通过光耦合器、限流电阻（3.3kΩ），经公共端 DICOM 到控制装置内部形成电流回路。由于光耦合器的导通，控制装置输入信号呈高电平状态，称为"1"信号。图 7-22 为采用汇点输入的成组外部开关信号 I/O 接口单元的电路连接，从该图可以看出，连接到 I/O 接口单元的所有开关信号（X0.0～X0.7）的一端，具有统一的公共端 L－，并与 I/O 单元的 0V 公共端 DICOM 连接。故称这种输入电路为汇点输入电路。因为接口端的光耦合器电源也由控制装置内 +24V 电源统一提供。并由其内部向外部泄漏，故又称"漏型输入"电路。汇点输入接口电路连接简单，一般不需要外部提供输入驱动电源，因此 FANUC 0i 数控系统多采用汇点输入形式。但是，若控制装置的 0V 与保护接地间无隔离时，输入端对地短路将会产生"1"信号的错误输入，可能会引起误动作。

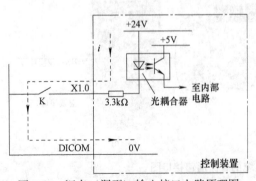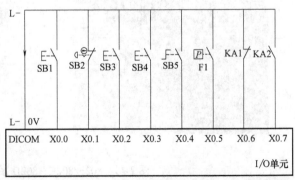

图 7-21 汇点（漏型）输入接口电路原理图   图 7-22 汇点（漏型）输入成组外部开关信号连接电路图

② 源型输入接口电路。如图 7-23 所示，该电路是由外部供给控制装置输入接口信号驱动电源的连接方式（亦可由控制装置内部经转换过的 +24V 供给，该内部电源不可与外部 DC 24V 电源连接），即输入是有源信号。当输入开关 K 闭合时，由外部或内部 L +（DC 24V）供给的电源经开关 K、控制装置内的限流电阻（3.3kΩ）再通过光耦合器到 0V 端，

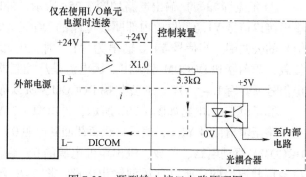

图 7-23　源型输入接口电路原理图

经公共端 DICOM 回到 L−形成电流回路，其输入信号 X1.0 呈高电平，称为"1"信号。

I/O 接口单元采用源形输入成组外部开关信号的连接电路，如图 7-24 所示。输入信号的公共连接端为 DC 24V，输入驱动电源由外部电源（或内部电源）流入，故称为"源型"输入电路。国产数控系统和西门子数控产品，多采用此方式输入。

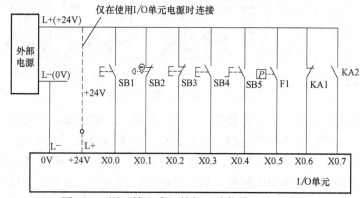

图 7-24　源型输入成组外部开关信号连接电路图

（2）DO 输出接口电路

在数控系统中，由 CNC 控制装置或 I/O 接口单元输出的开关信号多用于接触器、继电器、制动器、电磁阀和指示灯等负载的通断控制。输出信号的形式主要有继电器触点、晶体管 NPN 集电极开路输出、晶体管 PNP 集电极开路输出三类。继电器开关输出接口电路类型也有汇点（漏形）和源形两种，电路原理如图 7-25 所示。

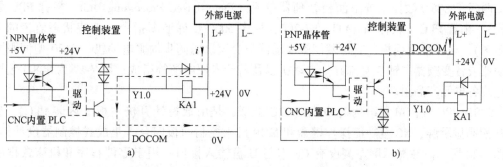

图 7-25　汇点（漏型）和源型输出电路原理图
a）汇点（漏型）输出电路　b）源型输出电路

① 汇点（漏型）输出电路如图 7-25a 所示，外电源 L＋（24V）经负载接至控制装置的输出接口信号 Y1.0，再由内部驱动电路的 DOCOM 端接至外电源的 0V 端，DOCOM 是输出信号的公共端。当信号 Y1.0 输出为"1"时，内部驱动电路动作，电流从外电源＋24V 经负载、驱动器和 DOCOM 端流出。因电流是从控制器内的驱动器向外漏出的，又因为所有输出信号又具有 L－（0V）的公共端 DOCOM，所以称为汇点（漏型）输出电路。

② 源型输出电路如图 7-25b 所示，外电源＋24V 接至 DOCOM，通过控制装置的内部驱动电路至输出信号 Y1.0，然后再经负载回到电源 0V。当信号 Y1.0 输出为"1"时，＋24V 经 DOCOM、驱动电路、负载，流出至外电源的 0V 端。因电流是由外电源经控制装置内驱动器再经负载流出的，所以称源型输出电路。图 7-26 示出了 I/O 接口单元成组输出信号 Y0～Y7，驱动继电器 KA1～KA8 的源型输出电路。

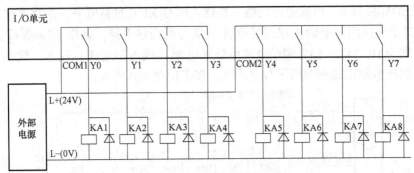

图 7-26　继电器源型输出电路

目前数控系统大多使用了 8 位微处理器，所以在输入、输出接口电路中，可选择 8 位一组进行地址编排，连成汇点或源型电路。但是建议：对输入电路采用汇点即漏型输入，I/O 单元的＋24V 经开关输入（＋24V 也可由外电源提供），当开关接通时高电平有效，避免信号端接地时的误动作；而对输出电路则采用源型输出，即由外＋24V 电源供负载电流，避免控制装置内因＋24V 电源负载过大而出现故障。同时注意输出负载一般是直流继电器或电磁阀线圈，为避免通断时产生的反电势击穿或干扰，需并联一个旁路二极管，同时极性不要接反。如在图 7-26 中的 KA1～KA8 直流继电器线圈两端，均并联了反向二极管。

7.2.2　西门子 808D 数控系统通信接口与系统连接

1. 西门子 808D 数控系统的结构与组成

西门子 808D 数控系统由面板处理器单元（Panel-based Processing Unit，简称 PPU 数控单元）、内置 PLC（兼容 SIMATIC S7-200，最多 6000 步梯形图指令，支持状态监控的 PLC 梯形图）、机床控制面板、V60 型伺服驱动器与交流永磁同步伺服电动机、G120 型伺服主轴驱动器或者变频器主轴与交流异步电动机以及若干专用电缆等组成，图 7-27 为 808D 数控系统组成各单元产品图。

808D PPU 数控单元结构与 802S/802C 类似，是由数控计算机主板（内装 PLC）、7.5″ LCD 液晶显示屏、NC 全功能操作键盘和 MCP 机床控制面板四合一集成式控制器设计构成，如图 7-28 所示。在显示屏左侧设有 CF 卡与 U 盘输入接口，用于零件程序和机床数据的传输，在 PPU 数控单元背面布置有电源（DC 24V）、主轴与各进给坐标轴接口以及 72/48 I/O 数字开关信号接口等。

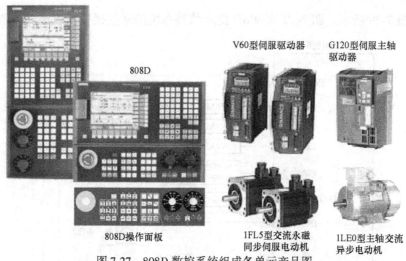

图 7-27　808D 数控系统组成各单元产品图

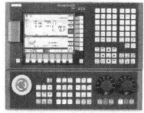

图 7-28　808D PPU 数控单元正面与背面结构图

2. 808D 数控系统的通信接口

808D 数控系统通信接口采用了点到点的汇点或源型连接方式，各通信接口在 PPU 数控单元背面的布置如图 7-28 所示。由图看出：用于 X、Y、Z 轴 3 个进给轴驱动器的脉冲与方向接口为 X51、X52、X53；用于模拟主轴驱动器的 +／－ 10V 的接口为 X54，主轴 TTL 编码器速度反馈的接口为 X60；为适合车削或铣削应用而配置了 72/48 点数字 I/O 接口，其中 24/16 点直接使用 8 个螺钉连接端子为一组的输入接口 X100、X101、X102 和输出接口 X200、X201；48/32 点 I/O 为分布式接口 X301、X302，使用扁平电缆连接到端子排转换器；连接 MCP 机床控制面板 USB 的接口为 X30；用于 PLC 诊断和编程 RS232 的接口为 X2；DC 24V 电源的接口为 X1。各接口名

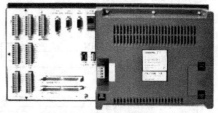

图例	接口	注释
1	X100, X101, X102	数字输入接口
2	X200, X201	数字输出接口
3	X21	快速输入/输出接口
4	X301, X302	分布式输入/输出接口
5	X10	手轮输入接口
6	X60	主轴编码器接口
7	X54	模拟主轴接口
8	X2	RS-232接口
9	X51, X52, X53	脉冲驱动器接口
10	X30	USB接口，用于连接MCP
11	X1	电源接口，+24V直流电源
12	—	电池接口
13	—	系统软件CF卡插槽

图 7-29　808D PPU 数控单元背面通信接口布置图

称及编号如图 7-29 所示。图 7-30 为 808D 铣床数控系统的通信接口系统连接原理图。

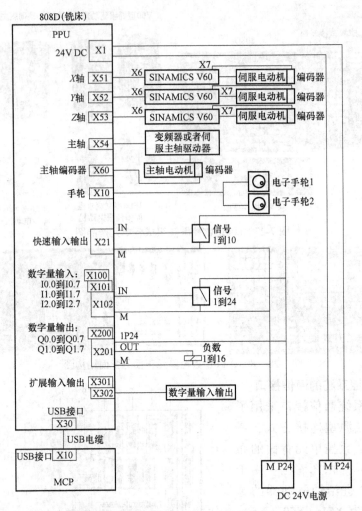

图 7-30 808D 铣床数控系统通信接口的系统连接原理图

3. 西门子 808D 数控系统的系统连接

（1）伺服进给轴的连接（以 X 轴为例，其他轴类似）

伺服进给 X、Y、Z 轴的连接类似，只不过 X 轴是从接口 X51 输出，Y 轴与 Z 轴则分别从接口 X52、X53 输出。由图 7-31 看出，808D PPU 数控单元的输出接口 X51 与 V60 驱动器输入接口 X5 相接，其中从 808D PPU 输出至 V60 的信号有数字脉冲控制信号 PULS、方向信号 DIR、使能信号 ENA 等，从 V60 输出至 808D PPU 的信号有准备信号 RDY、故障报警信号 ALM 等。经功率放大后从 U、V、W 输出动力强电信号，驱动 1FL5 交流永磁同步伺服电动机运转，电动机转动的角度位置与速度信号由电动机内装的光电编码器测量并反馈至驱动器的 X7 接口，从而在此形成了一个闭环控制系统。显然，与完全开环控制的步进电动机驱动系统相比，大大提高了控制精度。

（2）变频器主轴或者伺服主轴驱动器的连接

由图 7-32 看出，808D PPU 输出 10V 模拟信号至变频器或伺服主轴驱动器的 A1、GND

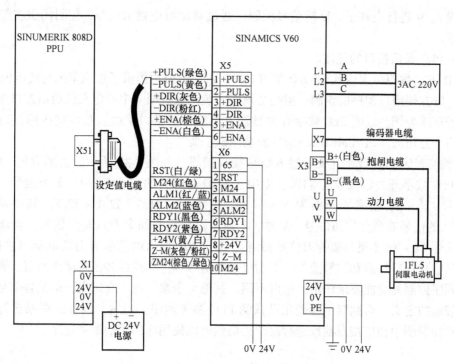

图 7-31　伺服进给轴 (X 轴) 系统连接图

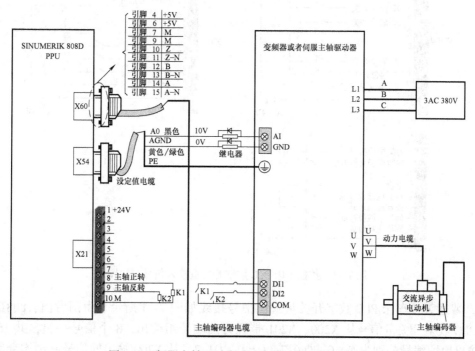

图 7-32　伺服主轴驱动器或变频器主轴系统连接图

端, 经功率放大后由 U、V、W 输出动力信号驱动交流异步电动机运转, 其运转的速度由电动机内装的光电编码器测量并反馈至 808D PPU 的 X60 接口。主轴电动机的正反转 X21 接口中的芯线 8、9 进行主轴正、反转信号控制,通过直流继电器 K1、K2 控制伺服主轴驱动器或变频器。

(3) PLC 通信接口的连接

808D PPU 数控单元内置 S7-200 型的 PLC,西门子公司提供了数控车床与铣床的 PLC 默认程序,以方便用户程序的编制,但是必须按安装调试说明书中所定义的通信接口接线。下面以数控车床为例,说明 PLC 数字开关量输入与输出的接口接线。数控铣床的接口接线可参见西门子公司的"SINUMERIK 808D 安装调试手册"。

① 数控车床 PLC 数字开关量输入信号接口接线,如图 7-33 所示。由图看出,808D 数控车床 PLC 数字开关量信号从 X100、X101、X102 带螺钉的端子组输入,8 个信号一组,共 24 个信号,输入地址编号分别为 I0.0 ~ I 0.7、I1.0 ~ I1.7、I2.1 ~ I2.7。其中从 X100、X101 输入的信号有急停按钮信号,X 轴、Z 轴超限行程与回参考点开关信号,自动换刀刀架位置信号 T1 ~ T6(视刀架的刀位数而定)。从 X102 输入的信号有刀架电动机过载信号、卡盘松紧信号、冷却液和润滑液位与电动机过载信号等。当然这些信号使用与否,要看该数控车床顺序控制的功能要求而定,也可不用。其他空余端子可以自定义,但是各信号的地址必须按规定的定义,否则就不能使用默认的 PLC 参考程序。当然,也可以根据自行定义的接口,对梯形图中相应接点地址进行改动,仍然可以使用西门子的参考程序。

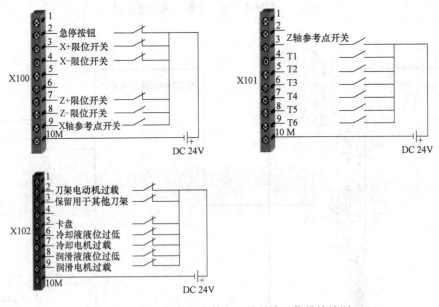

图 7-33　数控车床 PLC 数字开关量输入信号接线图

② 普通数控车床 PLC 数字开关量输出信号接线如图 7-34 所示。由图看出,808D 数控车床 PLC 数字开关量信号从 X200、X201 带螺钉的端子组输出,8 个信号一组,共 16 个信号,输出地址编号分别为 Q0.0 ~ Q 0.7、Q1.0 ~ Q1.7。从 X200 输出的信号有尾锥套筒前进或后退、冷却泵、润滑泵启动和卡盘等控制,从 X201 输出的有刀架电动机正、反转和主轴换档控制等。输出信号的负载均为 DC 24V 继电器,其常开触点连锁电动机或电磁阀控制电路。为防止在电磁线圈通断时产生干扰,需在电磁线圈两端并联一个反向二极管。

196

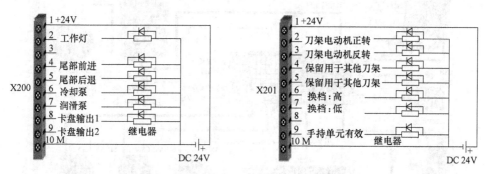

图 7-34 数控车床 PLC 数字开关量输出接线图

（4）扩展数字开关量输入输出接线

对功能复杂的数控车床或车削中心，需要更多的输入输出信号接口，可以自定义从 X301、X302 端子排接入，如图 7-35 所示。

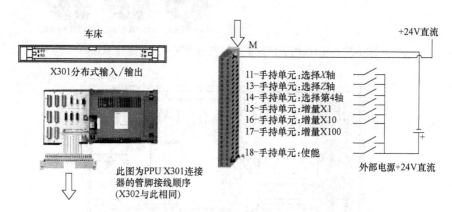

图 7-35 数控车床 PLC 扩展数字开关量输入输出接线图

（5）手轮接线

手轮结构类似于光电编码器，输出脉冲信号，为判别正、反转有 A 相与 B 相脉冲序列信号及 5V 电源，由 808D PPU 的 X10 接口接入，如图 7-36 所示。

（6）808D 系统接线

有了以上按功能区分的各通信接口的连接说明，对于如图 7-37 所示 808D 的典型配置和系统连接原理图就不难理解了。

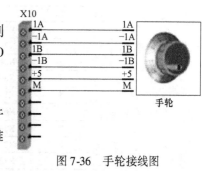

图 7-36 手轮接线图

（7）808D ADVANCED 系统接线

808D ADVANCED 除了与伺服进给轴驱动器之间通信与连接使用 Drive Bus 总线以外，其他基本与 808D 通信方式相同。808D ADVANCED 的 PPU 数控单元与主轴（含速度编码器）、手轮、机床控制面板及 PLC 的数字式开关量通过矩形插槽或端子排以点到点的汇点式方式连接。其通信接口见图 7-38，用于铣床的数控系统典型配置和系统连接理图如图 7-39 所示。

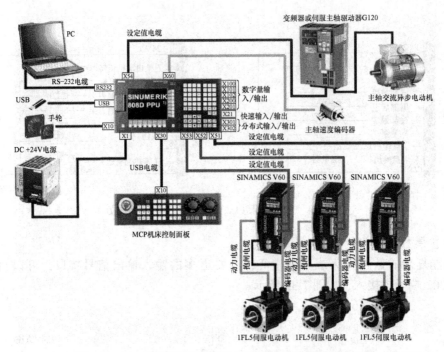

图 7-37　808D 用于数控铣床的典型配置和系统连接原理图

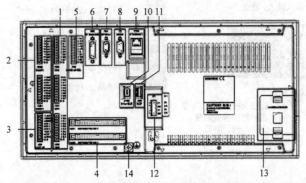

图例	接口	说明
1	X100、X101、X102	数字量输入
2	X200、X201	数字量输出
3	X21	快速输入/输出
4	X301、X302	分布式输入/输出
5	X10	手轮输入
6	X60	主轴编码器接口
7	X54	模拟量主轴接口
8	X2	RS-232接口
9	X130	以太网接口
10	X126	Drive Bus总线接口
11	X30	用于连接MCP的USB接口
12	X1	电源接口，连接DC +24V电源
13	—	系统CF卡插槽
14	—	PE端子，用于接地

图 7-38　808D ADVANCED 背面通信接口布置图

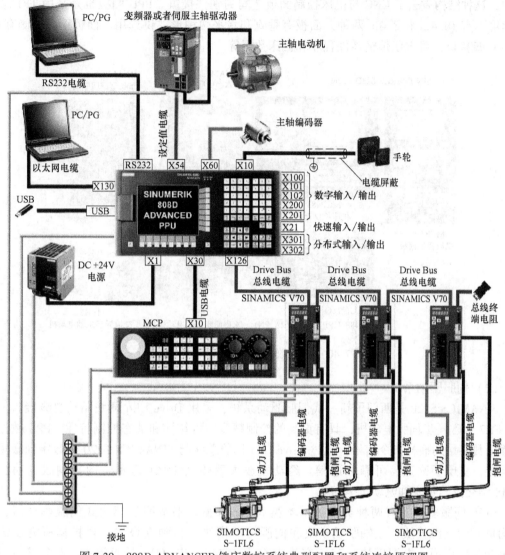

图 7-39　808D ADVANCED 铣床数控系统典型配置和系统连接原理图

7.2.3　西门子 828D 数控系统通信接口与系统连接

1. 828D 数控系统结构与组成

828D 数控系统主要由 PPU 数控单元、内置 PLC（兼容 SIMATIC S7-200，最大梯形图步数为 24000 步）、MCP 机床控制面板、伺服驱动系统 PLC 的 I/O 接口单元等组成，图 7-40 为 828D 数控系统组成各单元产品图。

（1）PPU 数控单元

828D 系统是基于 PPU 面板处理器单元的数控系统。PPU 数控单元硬件规格有三种：PPU 240/241、PPU 260/261 和 PPU 280/281，可配置的最大轴数分别为 5、6、8 轴，可配置的外设模拟或数字模块分别为 3、4、5 个。软件版本为 BASIC T（车床）、BASIC M（铣床）。PPU 数控单元将 CNC、PLC、操作面板和 6 轴驱动控制（标准配置）都集成在一个单元中，这种结构省去了 CNC 与机床控制面板之间的硬件接口。PPU 面板也是采用 TFT 彩色显示屏，有 10.4in 和 8.4in 两种，面板有垂直和水平两种形式供选用。面板正面左侧有 CF 卡和 U 盘接口，可方便传输零件程序和机床数据等。

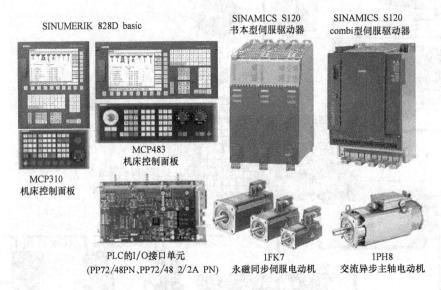

图 7-40　828D 数控系统组成各单元产品图

（2）伺服驱动系统

SINAMICS S120 是西门子新一代伺服驱动系统，采用 Drive Cliq 伺服驱动总线接口，配套 1FK7 永磁同步伺服电动机，具有更高的控制精度、可靠性和动态控制特性。PPU 数控单元输出数字量的插补指令信号，通过 Drive Cliq 伺服总线与 SINAMICS S120 全数字伺服驱动器连接，实现了高速、可靠的通信。经功率放大后驱动 1FK7 型永磁同步伺服电动机与 1PH8 型交流异步主轴电动机运转。

S120 伺服驱动器有两种类型：书本型和 combi 型。书本型是模块式伺服驱动器，其结构形式为电源模块、主轴驱动模块和伺服驱动模块各自独立设置，再根据所需要的模块组合安装而成。电源模块将三相交流电整流成 540V 或 600V 的直流电，1 个或多个伺服驱动模块都连接到该直流母线上，特别适于多轴伺服控制，因而灵活性高，可适用所有数控机床。combi 型是紧凑一体型，其结构形式是将电源模块和几个伺服驱动模块都集成在一起的一体化设计。通常将 3 个进给轴与 1 个主轴组合在一个驱动器中，适用于普及型的数控车、铣床。若有控制附加轴的需要，可通过 NX10 型附加轴扩展模块，扩展一个书本型单轴或双轴紧凑型模块。这两种伺服驱动器都具有 80 位浮点纳米计算精度、动态伺服控制、低噪声电流传感器、高分辨率的 24 位编码器和 Drive Cliq 高速总线接口等优异的性能。

（3）PLC 的接口单元

基于 Profinet 网络总线技术的 PLC I/O 接口单元，用于连接 PLC 外设和机床控制面板。PLC 外设模块是一个不带外壳的简单模块，有 PP72/48 PN 和 PP72/48 2/2A PN 两种规格，连接 PLC 机床顺序控制的数字开关量的输入输出端，其信号传输最大速率为 100MBit/s。PP72/48 表示 72 点数字开关量信号输入和 48 点数字开关量信号输出，2/2A 表示带 2 路 2A

的模拟量信号输入输出。

（4）其他选件

可以选择 GSM 调制解调器 SINAUT MD720 - 3，实现移动电话 SMS 通信，接收和发送加工进度、刀具磨损、机床故障等信息；小型手持设备，通过接线盒接入 828D 系统中。还可以连接一个 PN/PN 总线耦合器，以将 828D 系统接入 Profinet 工厂局域网络。此外，还有 2 个手轮和 Mini 手持式操控单元可供选择。为确保免维护运行，828D 系统没有使用风扇和蓄电池等易损件。

2. 828D 数控系统通信接口

828D 数控系统通信接口采用了多种总线技术，各通信接口在 PPU 数控单元正面与背面布置如图 7-41 所示。

（1）PPU 数控单元正面通信接口

① 用户接口保护盖。

② X127：Ethernet 工厂以太网接口（RJ45 插口），用于维修插口。

③ LED 状态指示灯：绿色灯亮表示系统准备就绪；橙色灯闪烁表示 NC 就绪；黄色灯亮表示正在存取 CF 卡。

④ X125：USB 插口，可存储或备份零件程序，机床参数、调试数据等。

⑤ CF 卡插座：50 引脚插口，可存储或备份零件程序、机床参数、调试数据等。

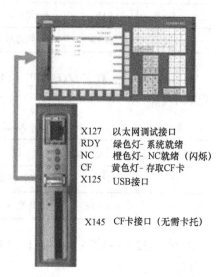

X127	以太网调试接口
RDY	绿色灯- 系统就绪
NC	橙色灯- NC就绪（闪烁）
CF	黄色灯- 存取CF卡
X125	USB接口
X145	CF卡接口（无需卡托）

图 7-41　828D 面板用户接口盒布置图

（2）PPU 数控单元背面通信接口

828D PPU 数控单元背面通信接口布置如图 7-42 所示。各接口说明如下。

① X100——Drive Cliq 伺服驱动总线接口；（RJ45 插口，X100 ~ X102 均相同），至 S120 伺服驱动器各进给轴及主轴接口。

② X101——Drive Cliq 至 NX10 附加轴扩展模块接口，用于 S120 书本型伺服驱动器。

③ X102——Drive Cliq 至 DMC20 集线器模块接口；便于外装编码器或光栅尺通过 Drive Cliq 总线接入系统。

④ X130——工厂以太网接口（RJ45 插口）。

⑤ X135——USB 外设接口，建议只接鼠标键盘。

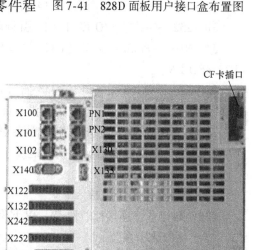

图 7-42　828D 数控单元背面通信接口布置图

⑥ X140——RS232 接口（9 引脚 D 型插座），仅用于调制解调器。

⑦ X143——两个手轮接口（12 引脚螺钉型接线端子），各引脚信号名称及说明见表 7-1。

表 7-1　X143 手轮接口各引脚信号说明表

引　脚	信　号　名	说　　明	引　脚	信　号　名	说　　明
1	P5	5V 手轮电源	7	P5	5V 手轮电源
2	M	信号地	8	M	信号地
3	1A	A1 相脉冲	9	2A	A2 相脉冲
4	−1A	A1 相脉冲负	10	−2A	A2 相脉冲负
5	1B	B1 相脉冲	11	2B	B2 相脉冲
6	−1B	B1 相脉冲负	12	−2B	B2 相脉冲负

⑧ X122——数字 I/O 接口（14 引脚螺钉型接线端子），驱动器高速信号输入输出接口见表 7-2。

表 7-2　X122 驱动器高速信号输入输出接口说明表

引　脚	信　号　名	说　　明	引　脚	信　号　名	说　　明
1	ON/OFF1	驱动器使能	…		
2	ON/OFF3	控制使能	7	M	信号地

⑨ X132——数字 I/O 接口（14 引脚螺钉型接线端子），伺服驱动器高速信号输入输出接口。

⑩ X242——数字 I/O 接口（14 引脚螺钉型接线端子），CNC 高速信号输入输出接口。

⑪ X252——数字 I/O 接口（14 引脚螺钉型接线端子），CNC 高速信号输入输出接口。

⑫ PN1——Profinet 接口（RJ45 插口），连接 MCP 机床控制面板、PLC 的 I/O 接口单元 PP72/48D PN。

⑬ PN2——Profinet 接口（RJ45 插口），通过 PN/PN 总线耦合器，可将 828D 接入 Profinet 网络。PPU 240/242 型数控单元没有此接口。

⑭ T1、T2、T3——模拟量输出测量接口。

⑮ M——模拟量输出测量接口地。

⑯ X1——DC 24V 电源。

3. 828D 数控系统连接

828D 数控系统连接比较复杂，以下重点先介绍伺服驱动系统和 PLC 的 I/O 接线。

（1）伺服驱动系统

如前所述，828D 系统是用 Drive Cliq 驱动总线连接 S120 驱动器（书本型或紧凑型），驱动主轴和伺服进给电动机。

① Drive Cliq 驱动总线简介。

Drive Cliq 总线是西门子公司一种全新的传动接口，总线电缆引脚名称及意义见表 7-3。通过 Drive Cliq 总线将 828D PPU 数控单元与全数字驱动 SINAMICS S120 实现高速可靠通信，甚至包括电动机内装编码器之间进行快速可靠地通信。Drive Cliq 总线电缆标准接头是带有屏蔽层的 RJ45 插口（俗称水晶头插头）。

表 7-3　Drive Cliq 总线插头引脚信号表

引　脚	信号名称	信号类型	含　义	引　脚	信号名称	信号类型	含　义
1	TXP	O	发送数据 +	6	RXN	I	接收数据 –
2	TXN	O	发送数据 –	7			保留
3	RXP	I	接收数据 +	8			保留
4			保留	A			保留
5			保留	B			保留

② S120 书本型驱动器连接。书本型即模块式驱动器，由进线电源模块和伺服驱动模块组成。进线电源模块作用是将 380V 三相交流电源变为 600V 直流电源，为伺服电动机或主轴电动机模块提供动力电源。进线模块分为调节型（简称 ALM）和非调节型（简称 SLM）两种。调节型的母线电压为直流 600V，非调节型母线电压与进线交流电压有关。无论哪种电源模块均采用馈电制动方式，即制动能量回馈电网。调节型电源模块具有 Drive Cliq 总线接口，由 828D PPU 数控单元 X100 接口输出插补数字指令信号，通过 Drive Cliq 驱动总线连接到 ALM 模块，再由 ALM 的 X201 接口连接到相邻的伺服模块的 X200 接口，然后由该伺服驱动模块的 X201 接口连接至下一相邻伺服驱动模块的 X200 接口……依此类推，连接所有伺服驱动模块。各轴编码器的位置与速度反馈依次连接到 X202 ~ X205。SLM 与 ALM 模块区别在于没有 Drive Cliq 接口，由 828D X100 接口引出的 Drive Cliq 总线直接连接至第一个伺服驱动模块的 X200 接口，再由该伺服驱动模块的 X201 接口连接到下一个相邻的伺服驱动模块接口 X200，依此类推。注意大功率模块应与电源模块相邻放置。以非调节型电源模块为例，图 7-43 为 828D PPU 数控单元与 S120 书本型驱动器连接图。

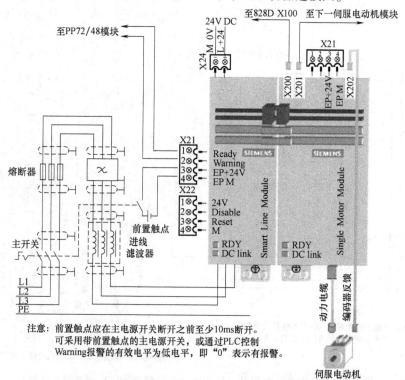

注意：前置触点应在主电源开关断开之前至少 10ms 断开。
可采用带前置触点的主电源开关，或通过 PLC 控制
Warning 报警的有效电平为低电平，即"0"表示有报警。

图 7-43　828D PPU 数控单元与 S120 书本型驱动器连接图

③ S120 combi 紧凑型驱动器连接

Combi 紧凑型伺服驱动器即一体式伺服驱动器，具有 Drive Cliq 总线接口，接口说明见表 7-4。由 828D PPU 数控单元 X100 接口引出的 Drive Cliq 总线电缆连接到 combi 式伺服驱动器的 X200 接口，主轴和各进给轴的编码器位置与速度反馈依次连接到其 X201 ~ 204 接口。828D PPU 数控单元与 S120 combi 型伺服驱动器连接如图 7-44 所示。主轴速度外置 TTL 编码器反馈直接从 X220 接入。

表 7-4 S120 combi 驱动器 Drive Cliq 总线接口

S120 combi 接口	连　接　至
X201	主轴电机编码器反馈
X202	进给轴 1 编码器反馈
X203	进给轴 2 编码器反馈
X204	对于 4 轴版，进给轴 3 编码器反馈；对于 3 轴版，此接口为空
X205	主轴直接测量反馈为 sin/cos 编码器通过 SMC20 接入，此时 X220 接口为空； 主轴直接测量反馈为 TTL 编码器直接从 X220 口接入，此接口为空

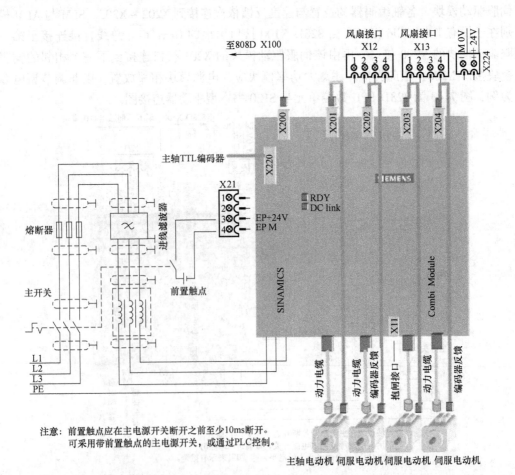

注意：前置触点应在主电源开关断开之前至少 10ms 断开。
　　　可采用带前置触点的主电源开关，或通过 PLC 控制。

主轴电动机　伺服电动机　伺服电动机　伺服电动机

图 7-44　828D PPU 数控单元与 S120 combi 紧凑型伺服驱动器连接图

（2）PLC 的 I/O 接口单元接线

基于 Profinet 网络总线技术的 PLC I/O 接口单元，有 PP72/48 PN 和 PP72/48 2/2A PN 两种型式的模块，用于连接 PLC I/O 外设和机床控制面板。它们都具有 72 点开关量数字输入端和 48 点开关量数字输出端，后一种模块还有 2 路 2A 的模拟量输入输出信号端。该模块接口端子如图 7-45 所示，名称与功能如下。

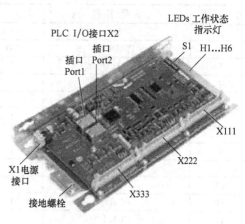

图 7-45　PP72/48 I/O 模块接口图

① X111、X222、X333——三个 50 引脚端子排接口，共有 150 个端子可与 CNC 侧、机床侧、伺服驱动器或电气柜内的数字开关信号相连。

② X2——有 2 个 Profinet 总线接口（插头引脚信号名称见表 7-5），与 828D PPU 数控单元 PN1 接口和机床控制面板 X20/X21 接口相连。

③ X1——电源接口。

④ S1——10 位 DIP 设定拨动开关，设置外设模块逻辑地址，以便通信；H1…H6 是 LED 工作状态指示灯。

表 7-5　Profinet 总线 PN1 插头芯线的名称及说明

引　脚	信 号 名 称	信 号 类 型	含　　义	引　脚	信 号 名 称	信 号 类 型	含　　义
1	TX +	O	发送数据 +	5	N. C.	–	未占用
2	TX –	O	发送数据 –	6	RX –	I	接收数据 –
3	RX +	I	接收数据 +	7	N. C.	–	未占用
4	N. C.	–	未占用	8	N. C.	–	未占用

PP72/48 I/O 接口与接线如图 7-46 所示，图中 X111、X222、X333 端子排各端口接至 CNC 侧和机床侧或伺服驱动器、电气柜内的数字开关信号，采用了汇点式接入法。各 50 引脚端子排前 25 个是输入开关量（含电源 DC24 端子），地址编号为 DIx.x，8 位一个存储单元，后 25 个量是输出开关量（含公共端子 COM1），地址编号为 DOx.x，也是 8 位一个存储单元。各端子必须按机床 PLC 顺序控制梯形图编制需要，进行定义与分配 I/O 地址，以使辅助功能 M、S、T 的各项控制顺利进行。表 7-6 以 X111 为例列出了各端子与 I/O 地址对应关系表。

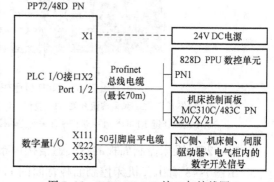

图 7-46　PP72/48 I/O 接口与接线图

表 7-6　X111 各端子与 I/O 地址对应关系表

引　　脚	信 号 名 称	类　　型	引　　脚	信 号 名 称	类　　型
1	M	GND	26	DI 2.7	I
2	P24OUT	VO	27	未占用	—
3	DI 0.0	I	28	未占用	—
4	DI 0.1	I	29	未占用	—
5	DI 0.2	I	30	未占用	—
6	DI 0.3	I	31	DO 0.0	O
7	DI 0.4	I	32	DO 0.1	O
8	DI 0.5	I	33	DO 0.2	O
9	DI 0.6	I	34	DO 0.3	O
10	DI 0.7	I	35	DO 0.4	O
11	DI 1.0	I	36	DO 0.5	O
12	DI 1.1	I	37	DO 0.6	O
13	DI 1.2	I	38	DO 0.7	O
14	DI 1.3	I	39	DO 1.0	O
15	DI 1.4	I	40	DO 1.1	O
16	DI 1.5	I	41	DO 1.2	O
17	DI 1.6	I	42	DO 1.3	O
18	DI 1.7	I	43	DO 1.4	O
19	DI 2.0	I	44	DO 1.5	O
20	DI 2.1	I	45	DO 1.6	O
21	DI 2.2	I	46	DO 1.7	O
22	DI 2.3	I	47	DOCOM1	VI
23	DI 2.4	I	48	DOCOM1	VI
24	DI 2.5	I	49	DOCOM1	VI
25	DI 2.6	I	50	DOCOM1	VI

（3）机床控制面板的连接

828D 机床控制面板按尺寸分为 MCP 310C PN（C 表示机械安装，PN 表示以太网接口）、MCP 483C PN 两种，前者用于 828D 垂直面板，后者用于 828D 水平面板。

1）828D 机床控制面板的正面按键布置如图 7-47 所示。

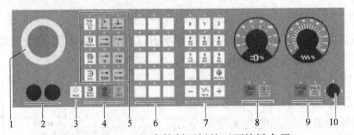

图 7-47　828D 机床控制面板的正面按键布置

1—急停开关　2—预留按钮开关　3—复位　4—程序控制　5—操作方式选择　6—用户自定义键
7—手动操作键 R1-R15　8—带倍率开关的主轴控制　9—带倍率开关的进给轴控制　10—钥匙开关

2）828D 机床控制面板的背面通信接口布置如图 7-48 所示。

由图 7-48 看出，机床控制面板背面的 Profinet 总线接口 X20/X21，接至 828D PPU 数控单元的 Profinet 总线接口 PN1。

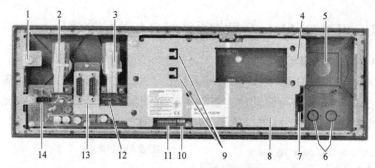

图 7-48　828D 机床控制面板的背面通信接口布置图

1—接地端子　2—进给倍率 X30　3—主轴倍率 X31　4—PROFINET 接口 X20/X21　5—急停开关的安装位置
6—预留按钮开关的安装位置　7—用户专用的输入接口（X51、X52、X55）和输出接口（X53、X54）
8—盖板　9—以太网电缆固定座　10—指示灯　11—拨码开关 S2　12—保留　13—保留电源接口　14—X10

（4）其他连接

其他连接，还有手轮、Profinet 的 PN/PN 耦合器、外接编码器光栅尺的 Drive Cliq 总线集线器 DMC20、QSM 调制解调器等连接。

（5）828D 数控系统各组成单元及系统连接图

828D 数控系统各组成单元及系统连接（combi 紧凑型伺服驱动器），如图 7-49 所示。

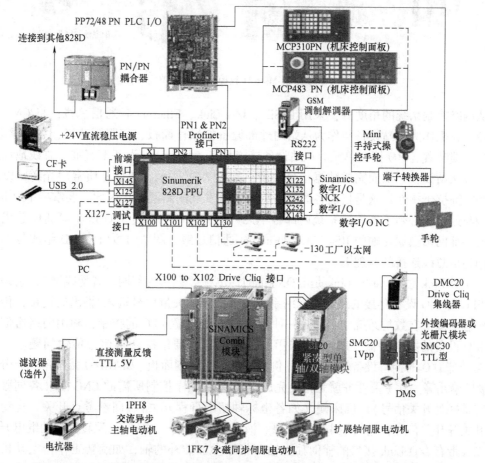

图 7-49　828D 数控系统各组成单元产品及系统连接图（combi 紧凑型伺服驱动器）

207

7.2.4 FANUC 0i-D/0i-Mate D 数控系统接口与通信连接

1. FS 0i-D 系统的结构与组成

从传统角度看：FS 0i-D/0i-Mate D 数控系统由 CNC 数控单元、CNC 内置 PLC、机床控制面板、αi 或 βi 系列伺服进给驱动放大器与主轴驱动器以及配套的伺服电动机和用于 PLC 输入输出数字开关量信号的 I/O 接口单元等组成，如图 7-50 所示。

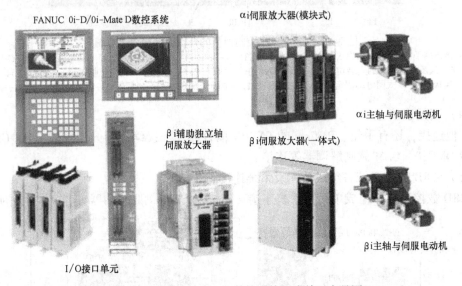

图 7-50 FS 0i-D/0i-Mate D 数控系统组成单元产品图

从网络控制系统的角度看：采用 FSSB 、I/O Link、Ethernet 各通信总线，将 CNC 系统的数控计算机作为主站设备与作为从站的外部设备如操作面板、伺服驱动器、主轴驱动器、检测与反馈装置、I/O 接口单元等从站设备链接起来，每个从站设备都有唯一总线地址来识别和区分从站设备，从而完成数据信息交换，如图 7-51 所示。通信介质常用光缆，以简化接线和提高抗干扰性，这是目前各国先进数控系统发展的新潮流。因此，要掌握 FS 0i-D 系统结构与连接，必须了解用于系统内部各单元数据传输的 FSSB、I/O Link 等通信总线和用于系统外部网络数据传输的 RS-232C 与 Ehernet 通信总线。图 7-51 为 FS 0i-D 组成各单元采用不同通信总线连接的原理图。

① I/O Link 总线。I/O Link 是 I/O 链接网，也称"设备内部网、省配线网"，它是设备内部 PLC 与 I/O 设备链接的最底层网络系统，常用于开关量信号输入/输出的链接，传输介质为 4 芯电缆。在数控系统中，这是一种受主站 CNC 内置 PLC 的控制，利用网络通信方式进行 I/O 设备的数据传输。FS 0i-D 采用 I/O Link 总线要解决两类信号传输问题。一是将 CNC 与外部 I/O 的接口设备链接起来，例如标准机床控制面板、0i-D I/O 接口单元、分布式 I/O 接口单元等。其主要任务就是把要完成机床 PLC 顺序控制所需的 CNC 侧（各伺服轴使能、准备好等开关信号）、机床侧（如各坐标轴超限行程开关）、回参考点开关、自动换刀刀位开关等开关信号；电气柜中如冷却泵、液压泵的启/停、主轴正/反转控制的继电开关信号；以及带有 I/O Link 接口的辅助独立轴（指不参加插补的轴，如旋转工作台电动机等的控制），通过总线链接完成向 CNC 输入或由 CNC 输出信号传输。否则，这些众多控制信号

如果用点到点的电缆连接，将达数百根线，既不经济，又不可靠。二是链接 CNC 至数字串行主轴驱动器，驱动主轴按 CNC 指令运转。FANUC 公司将该总线变为 FS 0i 的专用总线，所以又称为 F-I/O Link 总线。

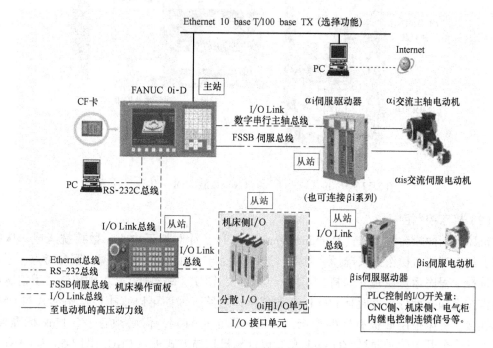

图 7-51　FS 0i-D 组成各单元采用不同总线通信连接图

② FSSB 高速串行伺服总线。FSSB（FANUC Serial Servo Bus）是高速异步串行伺服总线，属现场总线系统，传输介质为光缆。该总线是 FANUC 0i 系统专用于伺服的通信总线，解决 CNC 与 αi/βi 等系列伺服放大器、外置式测量传感器如光栅尺测量的数字信号传输。主要任务就是传输 CNC 的数字插补指令信号至伺服驱动放大器，控制伺服电动机运转的角度和速度。

③ Ethernet 以太网接口。Ethernet 以太网是最常见的局域网技术。以太网络使用 CSMA/CD（载波监听多路访问及冲突检测技术）技术，传输介质为双绞线、光纤等多种类型的电缆，并以 10 ~ 100 Mbit/s 的速率运行。通过功能选件可增加该接口，使 CNC 成为上一级工业以太网的从站，以 MAP 制造自动化协议与工厂管理系统链接起来，构建工厂局域网管理系统。配以集中管理软件包，以一台计算机控制多台机床，实现运转作业、运行监控和 NC 程序传送的管理，以适应 FMS、FA、CIMS 等现代制造系统的需求。

④ RS-232C 总线。现代 CNC 数控系统一般都配置了 RS-232C 标准串行异步通信接口。该接口能够方便地与 CNC 或伺服驱动器相连，实现机械零件轮廓程序、机床参数、调试参数等数据的传输，通过该总线可以向 CNC 或伺服驱动器设置或备份参数。

（1）CNC 数控单元

由主 CPU、主板、存储器、数字伺服控制卡、8.4″或 10.4″的 LCD 彩色液晶显示器、MDI 键盘等组成。通常将 CNC/LCD/MDI 三合一集成一体，在面板左侧设有 CF 卡、USB 接口盒。如图 7-52 所示。

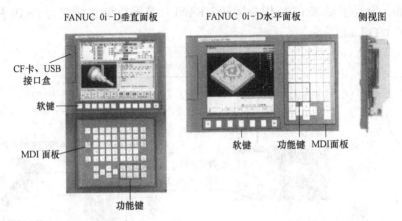

FANUC 0i-D垂直面板　　　　FANUC 0i-D水平面板　　　　侧视图

CF卡、USB
接口盒

软键

MDI 面板

功能键

软键　功能键　MDI面板

图 7-52　FS 0i-D 数控单元的 CNC/LCD/MDI 一体化设计图

（2）机床控制面板

机床控制面板简称 MCP（Machine Contrl Panel），针对加工中心、数控铣床或车床操作要求设计，布置有操作方式选择、急停、进给速度与主轴转速倍率修调、回参考点、手动进给轴选择、程序运行控制（保持、单段、空运行、锁住、跳过等）、主轴控制、手摇脉冲器等操作按键和指示灯，背面有 I/O Link 集成接口电路，因而可以直接以从站形式与 CNC 的总线连接。机床控制面板有标准型产品，机床厂也可自制，但必须有 I/O Link 标准接口，面板上几十个开关信号通过 I/O Link 总线以计算机扫描方式进入 CNC。图 7-53 为 FANUC 公司标准机床控制面板和沈阳机床厂自制 VM 850 加工中心机床控制面板图。

a)　　　　　　　　　　　b)

图 7-53　FS 0i-D 机床控制面板

a）标注机床控制面板　b）沈阳机床厂自制 VM850 加工中心机床控制面板

（3）手轮操作盒

为方便数控机床手动操作，数控机床均设有手轮操作盒，它实际上是可以手摇的光电编码器，发出光电位置脉冲。可以安装在操作面板上，也可以悬挂在方便操作处，设有轴选择开关和倍率修调开关，如图 7-54 所示。

（4）I/O 接口单元

FANUC 公司配套了五种常用 I/O 接口单元，如表 7-7 所示。

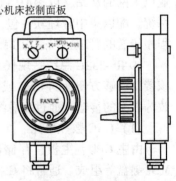

图 7-54　手轮操作盒

表 7-7　FS 0i-D 常用 I/O 单元模块表

装 置 名	说 明	手摇脉冲发生器连接	信号点数 输入/输出
0i-D 通用 I/O 接口单元模块	最常用的 I/O 单元模块	有	96/64
机床控制面板单元模块	机床控制面板上带有矩阵开关和 LED	有	96/64
操作盘 I/O 单元模块		有	48/32
分线盘 I/O 单元模块	一种分散型的 I/O 单元模块，能适应机床强电电路输入/输出信号任意组合的要求，由基本单元和最多三块扩展单元组成	有	96/64
I/O Link 轴单元模块	使用 βi 系列伺服放大器（常 I/O Link 接口），可以通过 PLC 外部信号来控制伺服电动机进行定位	无	128/128

　　① I/O 通用接口单元模块。主要用于 CNC 侧、机床控制面板、机床侧等开关量 I/O 信号的连接，是 FANUC 0i-D 常用的 I/O 接口单元，与分布式 I/O 单元相比具有点数多（输入/输出为 96/64）、体积小、价格低的优点，一般安装在电气柜内。

　　② 机床控制面板单元模块。主要用于连接标准机床控制面板的矩阵开关和 LED 信号灯开关量信号。一般无外壳，常装于机床控制面板背面，与 LCD/MDI/CNC 紧邻。有 96/64 的输入/输出接口，带手轮接口。

　　③ 操作盘 I/O 单元模块一般用于用户自制个性化机床控制面板，或置于电气柜中，传输机床侧或电气柜内开关量信号。有 48/32 的输入/输出接口，带手轮接口。

　　④ 分布式 I/O 单元模块。通过网络通信功能将分布于主机各部位但又相对集中的各执行元件、检测元件的 I/O 信号统一汇总后，利用通信总线与 PLC 连接，从而大大减少现场连线工作量。因此分布式 I/O 单元可将 PLC 的 I/O 模块布置到远离 PLC 主机的位置，一般用于大型加工中心或 FMS 柔性加工单元。

　　⑤ I/O Link 辅助轴单元模块。带有 I/O Link 接口的 βi 伺服驱动器，可通过 I/O Link 总线与 PLC 连接。一般是单轴，用于辅助独立轴控制，如刀库定位轴、分度工作台定位轴、机械手等，它们与插补轴无关。

　　（5）αi 和 βi 系列数字伺服驱动器

　　FS 0i-D 数控系统有 αi 和 βi 两种系列的伺服驱动器，配套的伺服与主轴电动机也分为 αi 和 βi 两大系列。αi 伺服电动机属高性能驱动电动机，βi 则属经济型驱动电动机。由于两者所使用的材料有很大不同，因此在价格性能比，特别是加速能力、高速与低速输出特性、调速范围与控制精度等方面存在着较大差别，在应用时应根据实际需求综合考虑。此外，后缀带 s 的 αis 与 βis 型属高速小惯量电动机，输入电压等级又分标准级 200V 和高压级 400V 两种。作为驱动器的附件还有伺服电源变压器、电源模块进线滤波用的电抗器和滤波器、制动电阻和主-从切换模块等，根据机床实际需要进行选择。αi 和 βi 两种系列的伺服产品如图 7-55 所示。

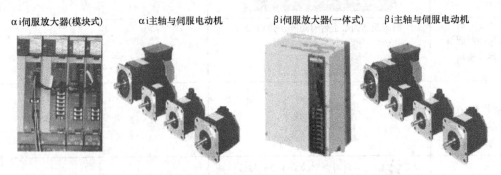

图 7-55　FS 0i 的 αi 和 βi 两种系列伺服产品

① βi 系列伺服放大器和伺服电动机。如图 7-55 所示的 βi 系列伺服放大器是一种可靠性强、性价比高的经济型交流伺服驱动器，用于驱动机床的进给轴和主轴电动机。βi 系列伺服放大器有两种结构。一种是一体式结构，该型伺服放大器电路板上集成了 1 个主轴驱动模块和 3 个伺服进给轴模块，外壳呈箱式结构；采用 FSSB 接口，通过 FSSB 伺服总线接收从 CNC 来的插补指令信号，驱动伺服进给轴。另一种是单轴独立型结构（βiSV），有 FSSB 总线和 I/O Link 总线两种链接形式。其中 FSSB 总线形式驱动伺服进给轴，而 I/O Link 总线形式则接收从 CNC 来的控制信号，多用于辅助独立轴如刀库电动机、机械手电动机等控制。

βi 系列伺服电动机转子采用了比较经济的稀土磁性材料，价格较低。由于电动机采用平滑的转速控制和紧凑的机身设计以及独特的转子形状，因而具有体积小、重量轻、大转矩和加速快等特点。电动机的内装编码器有增量或绝对式编码器，编码器分辨率较高，可达 128000p/r。电动机上有动力电源接口、编码器接口和抱闸端口（仅重力轴有），如图 7-56a 所示。

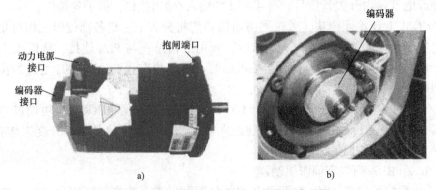

图 7-56　βi 系列伺服电动机接口与内置编码器
a) βi 系列伺服电动机接口　b) 电动机的内装编码器

212

βi 系列伺服系统在加减速能力、控制精度、调速范围等方面均与 αi 系列存在较大差距。多用于功能精简型较经济的 FS 0i-Mate C/D 机床数控系统。

② αi 系列伺服放大器和伺服电动机。αi 系列伺服放大器是高性能、高价格的交流伺服产品，采用模块化结构形式。由电源模块（PSM）、伺服驱动模块（SVM）、主轴驱动模块（SPM）组成。主轴驱动模块用于控制 αi 系列主轴电动机，模块上有 I/O Link 串行总线接口，用 I/O Link 总线传输来自 CNC 的主轴串行数字控制信号，所以该主轴又称数字串行主轴，以与模拟主轴区分。模拟主轴则由 CNC 输出 0～10V 模拟控制信号，经变频器驱动普通交流异步电动机。进给伺服驱动模块是独立型模块，有单轴和双轴两种，模块数量按所需轴数选择。伺服驱动模块有 FSSB 总线接口，用 FSSB 高速串行总线接收来自 CNC 的插补指令数字信号，驱动进给轴伺服电动机。

αi 系列伺服电动机包括进给轴电动机和主轴电动机，因转子采用了高性能的稀土永磁材料，体积小、速度高、价格也高，特别是 αi 系列伺服放大器采用了 HRV 高速矢量控制技术和高分辨率的编码器技术，从而电动机在加/减速能力（极其平滑）、高/低速特性、调速范围、插补精度等方面性能优异，实现了纳米插补。αi 系列伺服电动机的编码器有绝对式和增量式两种，编码器分辨率很高，例如可达到 200 万 p/r 甚至 1600 万 p/r，选用时应根据用途和精度要求综合考虑。αi 系列伺服电动机外部接口与 βi 系列伺服电动机相同。可见，αi 系列伺服系统性能优异，多用于全功能型 FS 0i-C/D 机床数控系统，各模块接口说明如图 7-57 所示。

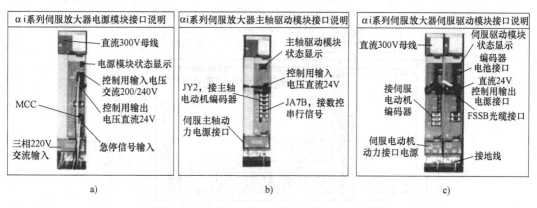

图 7-57　αi 系列伺服放大器各模块接口说明图
a) 电源模块　b) 主轴驱动模块　c) 伺服驱动模块

（6）外置型检测接口单元与接口

外置型检测接口单元可将坐标轴独立位置检测器件（如光栅尺、编码器等）的检测号转换为数字信号，经 COP10B 接口通过 FSSB 伺服总线光缆传输至 CNC 的 COP10A 接口。分离型检测接口带有 4 轴检测与连接绝对编码器的电池单元接口。外置型检测接口单元与接口如图 7-58 所示。

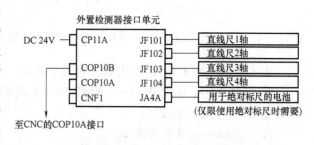

图 7-58　外置型检测接口单元与接口

2. FS 0i-D 系统通信接口与连接

（1）CNC 数控单元的通信接口

CNC 是通信主站，它的对外通信接口集中布置在数控单元面板背面下区，如图 7-59 所示，通过这些通信接口利用不同总线与各从站进行数据传输，其名称与功能如图 7-60 所示。

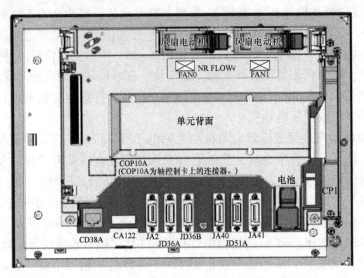

图 7-59 FS 0i-D 的 CNC 数控单元的通信接口布置图

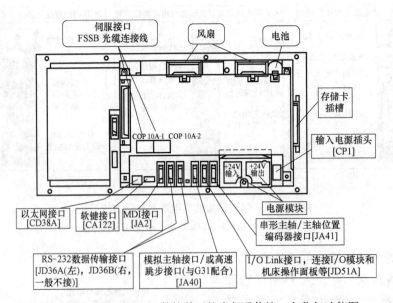

图 7-60 FS 0i-D 的 CNC 数控单元的串行通信接口名称与功能图

① CP1——系统 DC 24V 电源，有两个插头，+24V 输入（左），+24V 输出（右）。

② COP10A-1、COP10A-2——FSSB 伺服总线通信接口，完成系统轴卡与伺服放大器之间数据通信，介质为光缆。

③ CD38A——以太网接口。

④ CA122——软键接口。

⑤ JA2——MDI 面板接口。

⑥ JD36A（左）、JD36B（右）——RS232 数据串行通信接口，是和 PC 通信的接口（一般接左口 JD36A）。

⑦ JA40 接口——模拟主轴输出口/高速 DI 点的输入口。

⑧ JD51A 接口——I/O Link 接口，系统通过此接口与 I/O 通用接口单元、机床控制面板、机床电气柜的 I/O 设备进行通信；

⑨ JA41——数字串行主轴和主轴速度编码器的连接口。如果主轴使用的是 FANUC 数字主轴放大器，此接口与主轴放大器上的接口 JA7B 连接。如果主轴使用普通变频器，则从 JD40 输出 0 ~ 10V 模拟信号，从 JA41 接收主轴编码器的速度反馈信号。

（2）MCP 机床标准控制面板通信接口与连接

由前述，机床控制面板上设计有操作方式、进给和主轴倍率修调等机床各种操作开关。为减少接线、增加可靠性，采用 I/O Link 总线，将这些开关的通、断信号汇接和并通过扫描、串行接入 CNC 主站。以标准机床控制面板为例，在面板反面自带了操作面板 I/O 单元。该 I/O 单元是 96 点输入、64 点输出。JD1A、JD1B 是总线接口，JD1B 接 CNC 的 JD1A，JA3 接手摇脉冲发生器。CA65、CA66、CA67 由主面板和子面板使用，CA68、CA69 可接 I/O 通用单元。CA64 接 + 24V。机床标准控制面板正面布置和背面 I/O 模块通信接口分别如图 7-61、图 7-62 所示，其系统连接如图 7-63 所示。

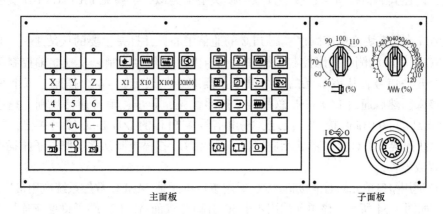

图 7-61　FS 0i-D 的机床标准控制面板正面布置图

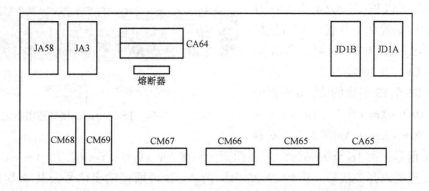

图 7-62　FS 0i-D 的机床标准控制面板背面 I/O 单元通信接口

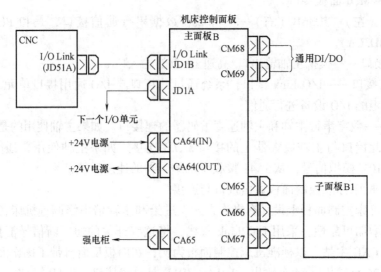

图 7-63　FS 0i-D 的机床标准控制面板系统连接图

（3）I/O 通用接口单元的通信接口与连接

如前所述，FS 0i-D 的 I/O 接口单元模块种类较多，下面以应用最多的 FS 0i-D I/O 通用单元为例，讲述其通信接口与连接。其他的模块基本类似，可参见 FANUC 0i-D 安装调试说明书。

I/O 接口单元模块是机床顺序控制 PLC 的通信中心，并且是重要的从站之一。它的作用是将从 CNC 侧、机床侧、机床控制面板和电气柜内继电联锁控制以及独立轴控制等的几十乃至几百个开关信号，从该单元的多个端子排插座（一般有 2 ~ 4 个插座，每个 50 引脚）分组汇集接入，然后通过 I/O Link 总线接口按照优先、异步、串行通信规则，扫描输出至 CNC 内置 PLC 的 I/O Link 接口。反之，输出信号从 PLC 的 I/O Link 接口接出，然后通过 I/O Link 总线连接至 I/O 接口单元相应接口，再由 PLC 扫描控制从多引脚端子排插座输出至各 I/O 装置或器件。

① I/O 通用接口单元的通信接口。I/O 通用接口单元是 FANUC 数控系统应用最广泛的 I/O 接口单元。如图 7-64 所示，该单元采用 4 个 50 引脚（双面 A、B）端子排插座连接方式，插座 分 别 为 CB104、CB105、CB106、CB107，最大可以连接 96/64 点 I/O 开关量，其引脚布置和 I/O 接口信号地址分配见表 7-8。以 CB104 为例，第 01 引脚 A 面接 0V，B 面接 I/O 单元内部 +24V；第 02 至 13 引脚的 A、B 两面分别接 $Xm + 0.0$ ~ $Xm + 0.7$、$Xm + 1.0$ ~ $Xm + 1.7$、$Xm + 2.0$ ~ $Xm + 2.7$，共 24

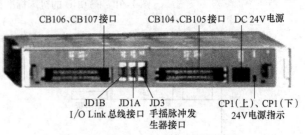

图 7-64　FS 0i-D I/O 接口通用单元

点输入开关信号；第 16 至 23 脚的 A、B 两面分别接 $Ym + 0.0$ ~ $Ym + 0.7$、$Ym + 1.0$ ~ $Ym + 1.7$，共 16 点输出开关信号；第 24 至 25 引脚的 A、B 两面接输出信号公共端 DOCOM。其他 3 个 50 引脚插座 I/O 接口信号地址分配与此类似。

表7-8 I/O接口通用单元的4个50引脚插座接口信号地址编号分配表

CB104 HIROSE 50PIN			CB105 HIROSE 50PIN			CB106 HIROSE 50PIN			CB107 HIROSE 50PIN		
	A	B		A	B		A	B		A	B
01	0V	+24V	01	0V	+24V	01	0V	+24V	01	0V	+24V
02	Xm+0.0	Xm+0.1	02	Xm+3.0	Xm+3.1	02	Xm+4.0	Xm+4.1	02	Xm+7.0	Xm+7.1
03	Xm+0.2	Xm+0.3	03	Xm+3.2	Xm+3.3	03	Xm+4.2	Xm+4.3	03	Xm+7.2	Xm+7.3
04	Xm+0.4	Xm+0.5	04	Xm+3.4	Xm+3.5	04	Xm+4.4	Xm+4.5	04	Xm+7.4	Xm+7.5
05	Xm+0.6	Xm+0.7	05	Xm+3.6	Xm+3.7	05	Xm+4.6	Xm+4.7	05	Xm+7.6	Xm+7.7
06	Xm+1.0	Xm+1.1	06	Xm+8.0	Xm+8.1	06	Xm+5.0	Xm+5.1	06	Xm+10.0	Xm+10.1
07	Xm+1.2	Xm+1.3	07	Xm+8.2	Xm+8.3	07	Xm+5.2	Xm+5.3	07	Xm+10.2	Xm+10.3
08	Xm+1.4	Xm+1.5	08	Xm+8.4	Xm+8.5	08	Xm+5.4	Xm+5.5	08	Xm+10.4	Xm+10.5
09	Xm+1.6	Xm+1.7	09	Xm+8.6	Xm+8.7	09	Xm+5.6	Xm+5.7	09	Xm+10.6	Xm+10.7
10	Xm+2.0	Xm+2.1	10	Xm+9.0	Xm+9.1	10	Xm+6.0	Xm+6.1	10	Xm+11.0	Xm+11.1
11	Xm+2.2	Xm+2.3	11	Xm+9.2	Xm+9.3	11	Xm+6.2	Xm+6.3	11	Xm+11.2	Xm+11.3
12	Xm+2.4	Xm+2.5	12	Xm+9.4	Xm+9.5	12	Xm+6.4	Xm+6.5	12	Xm+11.4	Xm+11.5
13	Xm+2.6	Xm+2.7	13	Xm+9.6	Xm+9.7	13	Xm+6.6	Xm+6.7	13	Xm+11.6	Xm+11.7
14			14			14	COM4		14		
15			15			15			15		
16	Yn+0.0	Yn+0.1	16	Yn+2.0	Yn+2.1	16	Yn+4.0	Yn+4.1	16	Yn+6.0	Yn+6.1
17	Yn+0.2	Yn+0.3	17	Yn+2.2	Yn+2.3	17	Yn+4.2	Yn+4.3	17	Yn+6.2	Yn+6.3
18	Yn+0.4	Yn+0.5	18	Yn+2.4	Yn+2.5	18	Yn+4.4	Yn+4.5	18	Yn+6.4	Yn+6.5
19	Yn+0.6	Yn+0.7	19	Yn+2.6	Yn+2.7	19	Yn+4.6	Yn+4.7	19	Yn+6.6	Yn+6.7
20	Yn+1.0	Yn+1.1	20	Yn+3.0	Yn+3.1	20	Yn+5.0	Yn+5.1	20	Yn+7.0	Yn+7.1
21	Yn+1.2	Yn+1.3	21	Yn+3.2	Yn+3.3	21	Yn+5.2	Yn+5.3	21	Yn+7.2	Yn+7.3
22	Yn+1.4	Yn+1.5	22	Yn+3.4	Yn+3.5	22	Yn+5.4	Yn+5.5	22	Yn+7.4	Yn+7.5
23	Yn+1.6	Yn+1.7	23	Yn+3.6	Yn+3.7	23	Yn+5.6	Yn+5.7	23	Yn+7.6	Yn+7.7
24	DOCOM	DOCOM	24	DOCOM	DOCOM	24	DOCOM	DOCOM	24	DOCOM	DOCOM
25	DOCOM	DOCOM	25	DOCOM	DOCOM	25	DOCOM	DOCOM	25	DOCOM	DOCOM

按编制 PLC 顺序控制程序的需要，设计 I/O 分配表，确定每个 I/O 点的名称、功能和地址，据此可画出 PLC I/O 单元的输入/输出信号连接电路图。以 CB104 为例，画出的输入/输出信号电路连接图如图 7-65 所示。

例如：设计 I/O 电路时，可分配机床侧超限行程开关 X+、X-；Y+、Y-；Z+、Z-，回参点开关 X_0、Y_0 这 8 个输入信号，定义为 X0.0～X 0.7，各开关一端分别接入 CB104 端子排插座的端子 CB104（A02）、CB104（B02）～CB104（A05）、CB104（B05），开关另一端则接公共端子 CB104（B01），该端子内接 I/O 单元内部的 +24V 端口，显然，这是漏型输入电路接法。其中，信号端子 CB104（A02），表示 CB104 端子排插座 A 面第 2 个接触簧片，如果是 CB104（B02），则表示 CB104 端子排插座 B 面第 2 个接触簧片，余者类推；分配冷却泵启动/停止、液压泵启动/停止、主轴电动机的正转/反转、主轴头夹紧/放松这 8 个输出信号，定义为 Y0.0～Y 0.7，输出负载一端分别接入 CB104 端子排插座的端子 CB104（A16）、CB104

（B16）～CB104（A19）、CB104（B19），输出负载的另一端接公共端，此公共端接至 CB104（A01），外接电源的 +24V 的 0V 端，外部电源的 +24V 接 DOCOM。显然，这是源型输出电路。这些输出负载信号先接至电气柜内相应直流 24V 继电器，然后联锁常开触点接至上述各电动机与电磁阀等的控制回路。

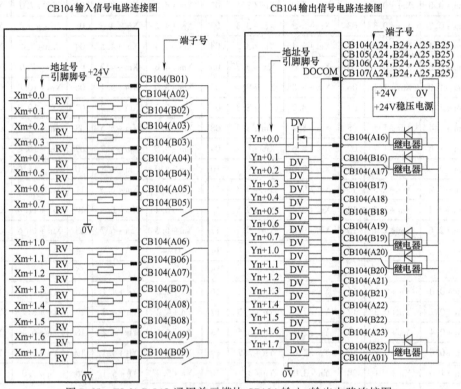

图 7-65　FS 0i-D I/O 通用单元模块 CB104 输入/输出电路连接图

　　② I/O 通用单元系统连接。CNC 与 FS 0i-D I/O 通用单元连接如图 7-66 所示。PLC 的 I/O 信号从 I/O Link 总线插口 JD51A 出发，通过 I/O Link 总线连到 I/O 通用单元的 JD1B，再从 JD1A 连到下一个 I/O 单元。然后再经过 4 个 50 引脚的端子排插座 CB104、CB105、CB106、CB107，接入机床控制面板和 CNC 侧、机床侧、电气柜内等开关信号，通过 I/O Link 总线按优先、串行、异步规则，用逐次扫描方法输入/输出这些开关信号。图中 JA3 接手摇脉冲发生器，CPD1 接 DC 24V 电源。

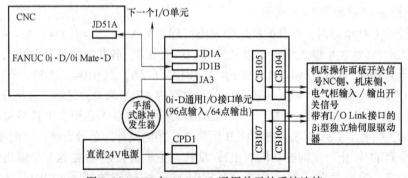

图 7-66　CNC 与 0i-D I/O 通用单元的系统连接

（4）αi 和 βi 系列伺服单元通信接口与系统连接

1）αi 伺服单元通信接口与系统连接。

① αi 伺服单元通信接口。αi 伺服单元由电源模块（PSM）、伺服放大器模块（SVM）、主轴放大器模块（SPM）等组成。αi 伺服单元各模块接口如图 7-67 所示。αi 伺服单元各模块接口功能说明如下。

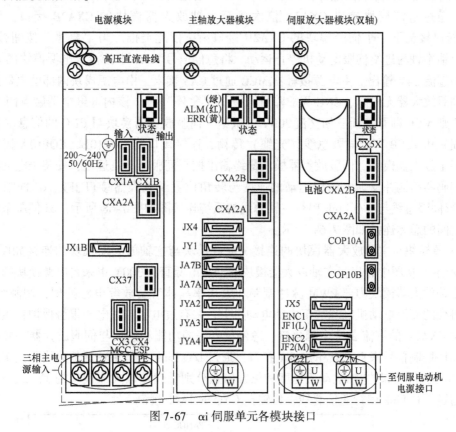

图 7-67　αi 伺服单元各模块接口

a. CX1A/CX1B——CX1A 是电源模块交流 200V 控制电压输入接口，CX1B 电源模块交流 200V 电压输出接口。

b. CXA2A——电源模块 CXA2A 输出控制电源 DC 24V，提供给主轴放大器模块、伺服放大器模块。*ESP 急停信号由 CXA2A 串联接入主轴和伺服模块，当有急停信号时，这两个模块控制电源断电，主轴与伺服电动机停止运转。

c. CX3/CX4——CX3 接口用于伺服放大器模块输出信号，控制机床的主电源接触器（MCC）吸合，CX4 接口用于外部急停信号输入。

d. CX5X——伺服放大器模块电池接口（使用绝对式编码器时用）。

e. CXA2A/CXA2A——用于主轴和伺服放大器模块之间的 DC 24V、*ESP（急停）、绝对式编码器电池的连接。连接顺序是从 CX2A 至 CX2B。

f. COP10A/COP10B——伺服放大器光缆接口，连接顺序是从上一模块的 COP10A 到下一模块的 COP10B。第一轴伺服放大器 COP10B 接至 CNC 的插补数字信号输出口 COP10A。

g. 7A7B——连接从 CNC 的 JA41 接口输出的主轴控制指令信号，至主轴放大器模块的接口。

h. JYA2/JYA3——主轴电动机编码器的速度和位置反馈信号接口。

i. JF1/JF2——伺服位置和速度反馈信号接口。

② 电源模块与伺服放大器模块的连接。αi 伺服单元的电源模块与伺服放大器模块的连接如图 7-68、图 7-69 所示。从图中看出：三相交流 200V 主电源，通过电源模块产生约 300V 的直流电压，供给各伺服轴放大器模块的动力直流电源；控制电源为单相交流 200V，由 CX1A 接口输入，除供给电源模块本身外，还产生直流 24V 供主轴与伺服放大器模块的工作电源；通过电源模块接口 CXA2A 依次接至主轴放大器模块的 CXA2B 接口，再由其 CXA2A 接口接至下一个伺服模块的 CXA2B 接口……依此类推。当"急停"按钮按下时，需立即封锁主轴与进给伺服电动机停止运动，将急停信号 *ESP 串接接入电源模块的 CX4 接口，控制直流 24V 输出。主电源接触器 MCC 通过 CX3 接入，由电源模块内部继电器触点控制，当伺服放大器无故障、CNC 无故障且未按下"急停"时，该内部继电器触点闭合 MCC 接通，否则 MCC 断开切断三相交流 200V 的供给。伺服放大器模块与 CNC 的信息（伺服控制与反馈）由 FSSB 串行伺服总线（光缆）传输，连接接口为 COP10B，COP10A 接口连接下一个伺服放大器模块。伺服放大器模块最终输出控制伺服电动机运动，安装于电动机尾部同轴的编码器检测并反馈电动机运动的速度与转角位置至放大器接口 JF1。αi 伺服单元的 FSSB 串行伺服总线与 I/O Link 串行主轴总线的系统连接图如图 7-68 所示，αi 伺服单元产品各模块之间的总体连接如图 7-69 所示。

③ 电源模块与主轴放大器模块的连接。电源模块与主轴放大器模块的连接如图 7-68、图 7-69 所示。从图中看出：主轴放大器模块的动力电源直流 300V 也来自电源模块的直流电源，经主轴放大器模块内部 PWM 脉冲调制和大功率晶体管功放等电路处理，调制为频率、电压均可变的交流电动机电源加至主轴电动机上，并有过电流与过电压报警保护；主轴放大器模块中 CXA2B 的直流 24V 电源接口、急停信号等的功能和连接与伺服放大器一样；主轴放大器模块控制信号来自 CNC 的 JA41 接口，通过 I/O Link 串行主轴通信总线，接至主轴放大器 JA7B 接口，同时主轴电动机速度和位置信息分别反馈至放大器模块的 JYA2、JYA3 接口，再通过 I/O Link 串行通信总线，传输至 CNC 的 JA41 接口。

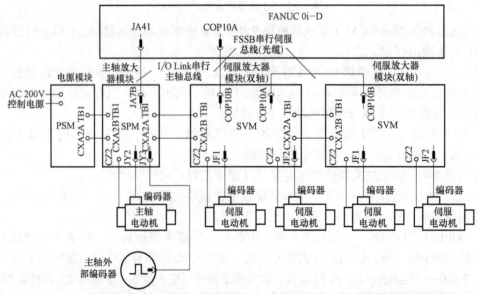

图 7-68　αi 伺服单元的 FSSB 串行伺服总线与 I/O Link 串行主轴总线信号系统连接图

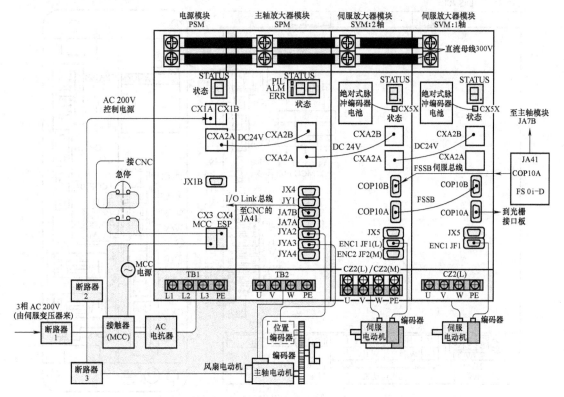

图 7-69　αi 系列伺服放大器产品各模块之间的总体连接图

2）βi 系列伺服单元通信接口与系统连接。

βi 系列伺服单元是多轴伺服驱动单元，有 βiSVSP 一体式结构的伺服放大器（1 个主轴驱动模块和 3 个伺服进给轴模块）和 βiSV 不带主轴的单轴型伺服放大器两种类型，它们的接口及功能说明如图 7-70 所示，一体式伺服单元有公用的整流、电源电路和各伺服轴独立的逆变电路与控制电路，不同伺服驱动单元之间的控制总线已在内部连接完成。βiSVSP 一体式多轴伺服放大器系统连接如图 7-71 所示。

作为从站设备，βiSVSP 伺服轴控制信号的传输采用了 FSSB 总线，由主站 CNC 的 COP10A 接口发送，从站 βiSVSP 伺服放大器的 COP10B 接口接收；而主轴驱动器的控制信号传输则采用了 I/O Link 总线，由主站 CNC 的 JA41 接口发送，从站 βiSVSP 伺服放大器的 JD7B 接口接收。

3）FSSB 伺服总线的系统连接。

通过 FSSB 伺服总线将 CNC 和伺服放大器及分离型检测器等用光缆连接起来，传输 CNC 的插补指令数字信号至伺服放大器，驱动进给轴伺服电动机。伺服电动机的转角位置与转速经电动机内置编码器检测，反馈至伺服放大器，再通过 FSSB 总线传输至 CNC，形成闭环控制。FSSB 总线物理连接都是从 CNC 的 COP10A 接口连接至第 1 个伺服放大器从站的 COP10B 接口，然后从其 COP10A 接口连接至第 2 个伺服放大器从站，依此类推。

FS 0i-D 系统连接如图 7-72 所示，各伺服放大器需按序编地址（离 CNC 最近的编为 1号），以便以扫描、串行方式输入和输出数字信号。

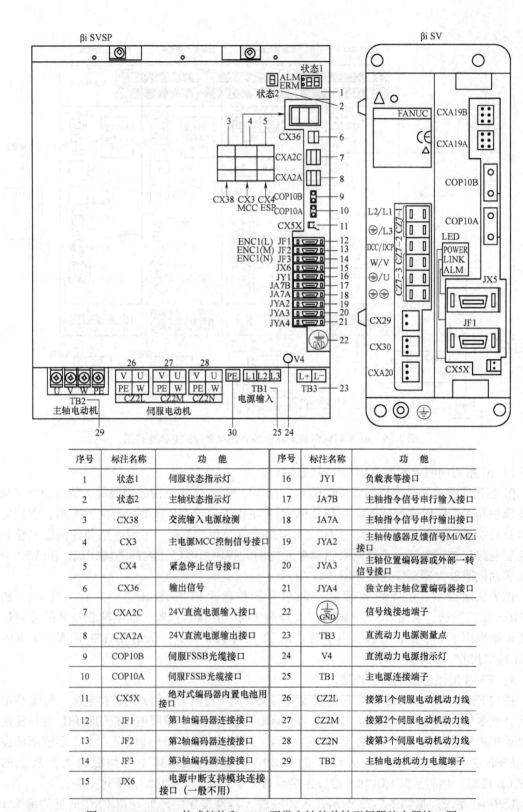

序号	标注名称	功　能	序号	标注名称	功　能
1	状态1	伺服状态指示灯	16	JY1	负载表等接口
2	状态2	主轴状态指示灯	17	JA7B	主轴指令信号串行输入接口
3	CX38	交流输入电源检测	18	JA7A	主轴指令信号串行输出接口
4	CX3	主电源MCC控制信号接口	19	JYA2	主轴传感器反馈信号Mi/MZi接口
5	CX4	紧急停止信号接口	20	JYA3	主轴位置编码器或外部一转信号接口
6	CX36	输出信号	21	JYA4	独立的主轴位置编码器接口
7	CXA2C	24V直流电源输入接口	22	$\stackrel{\perp}{\text{GND}}$	信号线接地端子
8	CXA2A	24V直流电源输出接口	23	TB3	直流动力电源测量点
9	COP10B	伺服FSSB光缆接口	24	V4	直流动力电源指示灯
10	COP10A	伺服FSSB光缆接口	25	TB1	主电源连接端子
11	CX5X	绝对式编码器内置电池用接口	26	CZ2L	接第1个伺服电动机动力线
12	JF1	第1轴编码器连接接口	27	CZ2M	接第2个伺服电动机动力线
13	JF2	第2轴编码器连接接口	28	CZ2N	接第3个伺服电动机动力线
14	JF3	第3轴编码器连接接口	29	TB2	主轴电动机动力电缆端子
15	JX6	电源中断支持模块连接接口（一般不用）			

图 7-70　βiSVSP 一体式结构和 βiSV 不带主轴的单轴型伺服放大器接口图

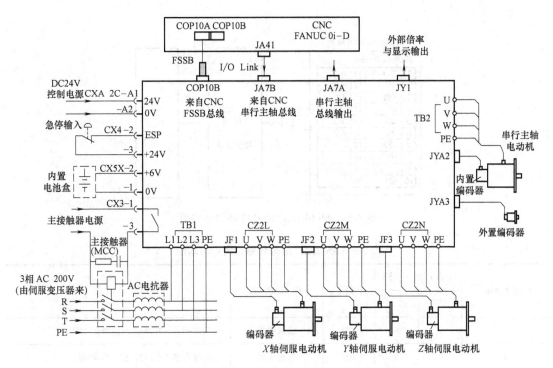

图 7-71 βiSVSP 一体式多轴伺服放大器系统连接图

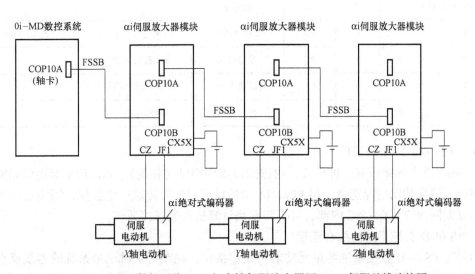

图 7-72 FS 0i-D 数控系统 CNC 与多轴伺服放大器用 FSSB 伺服总线连接图

（5）RS-232C 接口

FANUC 0i-D 的 RS-232C 接口和 PC 相连通信。RS-232C 接口连接图如图 7-73 所示，各

信号名称、功能见表7-9。

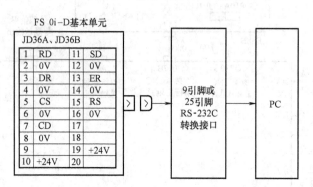

图 7-73　FS 0i-D 的 RS-232 接口连接图

表 7-9　RS-232C 信号名称、代号与功能

CNC 侧引脚	标准连接器引脚		信号代号	信号名称	信号功能
	9 芯	25 芯			
7	1	8	CD	载波检测	接收到 MODEM 载波信号时 ON
1	2	3	RD	数据接收	接收来自 RS-232C 设备的数据
11	3	2	SD	数据发送	发送传输数据到 RS-232C 设备
13	4	20	ER	终端准备好	数据发送端准备好,可以作为请求发送信号
2/4/6/8/12/14/16	5	7	SG	信号地	
3	6	6	DR	接收准备好	数据接收端准备好,可作数据发送请求回答
15	7	4	RS	发送请求	请求数据发送信号
5	8	5	CS	发送请求回答	发送请求回答信号
—	9	22	RI	呼叫指示	只表示状态

（6）Ethernet 以太网接口

Ethernet 以太网接口有三种形式,内嵌式以太网接口（标配）、PCMCIA 卡接口和快速以太网接口,根据使用情况选择。用 PCMCIA 卡接口可以临时传送一些数据,用完后拔下。其他两种以太网接口装在 CNC 内部,可以与网络计算机长期连接通信。

3. FS 0i-D 数控系统的综合连接

学习完 FS 0i-D 数控系统各单元功能与通信接口,现在再来讨论全系统的连线就水到渠成了。从网络控制的角度看,FANUC 0i-D 是包括了 I/O Link 串行总线与 FSSB 高速串行伺服总线这两大总线所链接的控制系统。该系统由这两个网络的主、从站设备,网络总线和公用的人机界面 MDI/LCD 等单元部件构成。

在 I/O Link 总线网络中,有两类信号通信连接。一是以 CNC 内置的 PLC 为主站,带有

I/O Link 接口的标准机床控制面板、I/O 通用单元或分布式 I/O 单元、带 I/O 接口 PLC 控制的 βi 辅助轴伺服放大器等均为从站。二是以 CNC 为主站，主轴驱动器为从站。在 FSSB 高速串行伺服总线中，CNC 为主站，αi/βi 系列伺服放大器、外置式测量检测接口等均为从站。

可见，FS 0i-D 系统的综合连接必须要围绕以上两大网络系统进行，图 7-74 为 FS 0i-D 系统综合连接原理图（αi 系列伺服放大器）。图 7-75 为沈阳机床厂 VMC850 加工中心 FS 0i-Mate D 的四轴系统电气柜内线缆连接图。

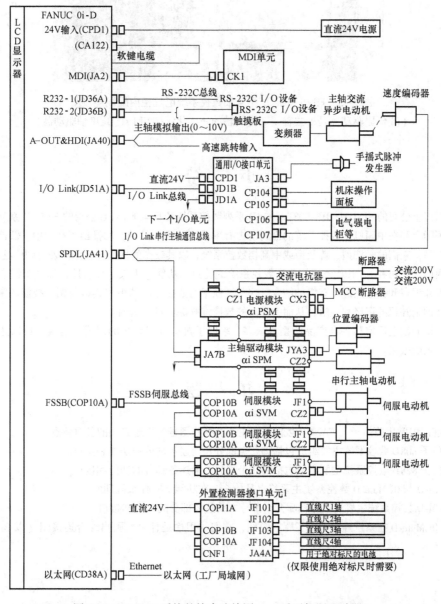

图 7-74　FS 0i-D 系统的综合连接图（αi 系列伺服驱动器）

225

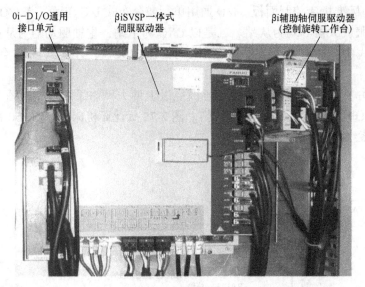

0i-D I/O通用
接口单元

βiSVSP一体式
伺服驱动器

βi辅助轴伺服驱动器
(控制旋转工作台)

图 7-75　FS 0i-Mate D 型 4 轴数控系统电气柜内线缆连接图
(βi 伺服驱动器是 1 主轴 + 3 进给轴的一体化结构和 1 个 βi 单轴驱动器)

小　结

德国西门子公司的 SINUMERIK 808D、828D 系列数控系统和日本 FANUC 公司的 FS 0i-D 系列数控系统是目前在国际上和在中国机床数控系统的市场上占有率最高的两大品牌，均推出了高、中、低档的全系列数控系统产品，它们的经济型、普及型或中高档数控系统，以其较高的性价比在国内外得到广泛应用。

学习西门子公司和 FANUC 公司的典型数控系统的特点、功能、组成单元、接口和系统综合连接等内容，可以使知识点和技能点进行有机的结合，这既加强了对数控系统的电气连接与调试技能的掌握，又加深了对前面理论知识的记忆和理解，从而为以后的数控维修课程打好基础。

数控系统的制造厂家和各自产品的型号众多，掌握了典型数控系统的组成和连接，可以达到触类旁通、举一反三的效果。

习　题

1. 目前国内常用西门子与 FANUC 数控系统主要有哪些型号？简述它们的各自特点。
2. 西门子 808D 数控系统主要组成包括哪几个部分？简述各部分的功能和接口。
3. 西门子 828D 数控系统主要组成包括哪几个部分？简述各部分的功能和接口。
4. FS 0i-D 与 0i Mate-D 数控系统主要特点是什么，在功能上有什么区别？
5. FS 0i-D 数控系统主要组成包括哪几个部分？简述各部分的功能和接口。
6. FS 0i Mate-D 在系统连接上用了哪些总线，它们的用途是什么？画出综合连接图（以 βi 为伺服系统）。

第8章 数控机床电气控制电路设计与案例

教学重点

数控机床电气控制电路是由 CNC 电路、PLC 电路、伺服系统电路、机床电气的主电路、电源电路、典型电动机继电控制电路以及抗电磁干扰、安全防护等电路综合设计而成。在学习完前 7 章数控技术基本原理与典型数控系统的基础上，本章通过西门子 808D 系统在 CK6140 数控车床上应用和 FANUC 0i-Mate MD 系统在 XK714A 数控铣床上应用的典型设计案例，介绍数控机床电气控制电路的设计思路、步骤与方法以及数控机床电气原理图工程画法等，从"系统"的角度做到识图、懂图，有利于读者进行数控机床的安装、调试与维修工作。

8.1 数控机床电气控制电路概述

8.1.1 数控机床电气控制电路构成与功能

数控机床是典型的机电一体化产品。数控机床电气控制电路以数控计算机与伺服系统为控制核心，内置 PLC 及其接口为信息交换中心，辅以机床电气的主电路、电源电路和典型电动机拖动继电控制电路等，完成零件轮廓插补计算与坐标轴联动控制，以及机床辅助功能（M、S、T）的顺序控制。

数控机床电气控制电路由主电路（包括电源电路）、继电控制电路、CNC 接口及系统连接电路、主轴与进给伺服系统接口及连接电路、PLC 的 I/O 接口电路等构成。图 8-1 为某数控车床的电气主电路与继电控制电路原理图（主轴为手动分档变速）。

主电路如图 8-1 左半部分所示。该电路是指三相交流 380V 电源和起拖动作用的电动机之间的电路，它由电源开关、熔断器、断路器或电动机保护器的过流过压触点、热继电器的热元件、交流接触器的主触点、电动机以及其他要求配置的电器如电源变压器、控制变压器、变频器、交流开关稳压电源等电气元器件连接而成。这些电气元器件的选型，按电路的工作电压、工作负载和过流、过压等保护要求进行。在数控机床中主电路用来实现电能的分配，提供机床主轴电动机、伺服电动机、辅助控制电动机和液压、气动装置等的动力电源，并具有短路保护、欠压保护、过载保护等功能。为了消除外电网波动和干扰电磁波影响数控系统运行，有的系统要求在三线交流电源进线上加电抗器和电磁滤波器。在控制要求较高的伺服系统三相电源回路中，一般要通过伺服隔离变压器供电。主电路除伺服变压器外还有机床控制变压器，用作继电控制电路的电源，一般输入为 AC 380V，输出有 AC 220V、AC 24V 等，分别接至继电控制电路、交流开关稳压电源和机床局部照明电源等。交流开关稳压电源输入为 AC 220V 交流电压，输出为 +24V、+5V 直流电压，供给 CNC、伺服驱动器、I/O 接口单元等工作直流电源。对于主回路中容量较大、频繁通

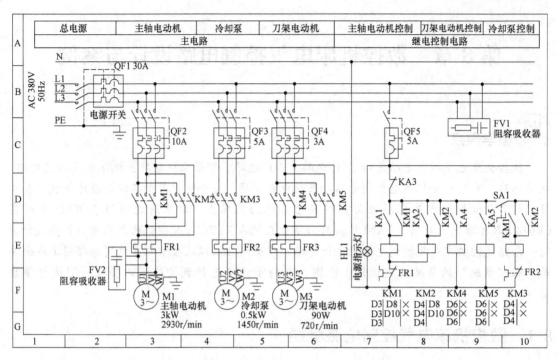

图 8-1　某数控车床的主电路与继电控制电路原理图

/断的交流电动机的控制接触器回路,为了防止其对数控系统产生干扰,一般要加装阻容吸收器(灭弧器)。

　　电气继电控制电路如图 8-1 右半部分所示。该电路主要用来实现对机床的主轴正、反转,刀架电动机正、反转和其他辅助电动机如冷却、润滑、液压、排屑、机械手等电动机进行控制。该电路的控制原理与典型的电动机拖动电路相同,只是控制触点的信号来自 CNC 数控单元和 PLC 的 I/O 接口单元输出电路中的直流继电器的常开(或常闭)触点,如图 8-1 中控制主轴电动机正、反转的直流继电器 KA1、KA2;控制刀架电动机正、反转的直流继电器 KA4、KA5 等,均是由 PLC 相应输出接口控制的。为抗电磁干扰,需在三相交流接触器出线端并联阻容吸收器,在直流继电器线圈两端并联反向二极管等,以抑制直流继电器线圈通断时产生的反电势。

　　此外还应有 CNC 接口及系统连接电路、主轴与进给伺服系统接口及连接电路和 PLC 的I/O接口单元输入输出电路等。这些电路对不同的系统有着不同的接口与连接,详见7.2 节。

　　PLC 的 I/O 接口单元的输入输出电路用来完成 CNC 侧、机床侧、机床控制面板、电气柜内继电控制电路等机床顺序控制开关信号的连接。由于在数控系统内部是直流弱电信号,而机床电气控制电路是交流强电信号,为防止电磁场干扰或工频电压串入计算机数控系统中,接口一般都采用光电耦合器进行隔离,如第 7 章图 7-20 所示电路。由于 I/O 接口点数较多(大型加工中心接口点数高达数百点),怎样与 CNC 数控单元及内置的 PLC 通信连接就成了大问题。一些普及型的数控系统如西门子 808D 系统往往采取点到点的汇点/源型的输入输出连接方式,虽然直接但是难以在 CNC 数控单元背面狭小空间内布置更多的端子排或插座等接口,而且安装连接麻烦。近年来,在开发的新系统如西门子 828D、FANUC 0i-C/

D 系统中，大多已采用了 Profibus、FSSB、Drive Bus 或 I/O Link 等串行异步通信总线连接方式，解决了 CNC、PLC 的 I/O 输入输出信号传输问题。不仅减少了电缆连接、安装连接容易，而且特别适合 CNC 数控计算机的数字信号传输，其信号传输的可靠性和抗干扰性能也大为提高，电路图连接简洁多了。

8.1.2 数控机床电气控制电路图设计要点

一个完整的数控机床电气控制电路图设计应包括：电气原理图（含主电路、继电控制电路、CNC 与伺服系统电路、PLC 的 I/O 电路等原理图）、电气安装图（含电气柜正面或背面电路板、床头数控操作箱、机床侧电动机、位置传感器和电磁阀等安装图）、电气接线图（含电气柜与机床侧电气设备、液压和气动设备或元件的接线图等）、PLC 机床顺序控制梯形图以及电气设备、电气元器件材料表和选型有关计算等。限于篇幅和课程分工，本书重点讲述机床电气控制电路原理图。数控机床电气控制电路原理图绘制要点如下。

1）电路图中的电气元器件图形符号和标注文字等，应按国家标准绘制。

2）一般将主电路、控制电路、CNC 控制系统电路、伺服驱动系统电路、PLC 的 I/O 接口电路等分开绘制。

3）为便于接线施工，常在电路原理图中标注导线截面和电缆型号；对电气元件的技术数据，除在电气元件明细表中标明外，对主参数也可用小号字标在电气元件代号或其图形符号下方。如图 8-1 中，主轴电动机主技术数据为功率 3kW、转速 2930r/min，断路器 QF2 容量为 10A 等。

4）为便于阅读和查找电路各支路联系和联锁关系，可将电路原理图分成若干图区。一般将整张图纸下方横坐标方向等分为 1、2、3…10，纵坐标方向等分为 A、B、C…G，如图 8-1 所示。在每个接触器文字符号下方画两条竖线，分成左、中、右 3 栏，主触点在图区中位置标在左边，常开触点标在中间，常闭触点标在右边，对备用触点标为 "×" 或者不标。例如交流接触器 KM1 的三个主触点标为 D3，表示在第 1 张图纸 D 行 3 列区位。如果图纸有多张，为表示联锁触点在其他图纸上，可在触点前面加注图纸张数号如 1、2、3…。例如 2/D8，表示该联锁触点在第 2 张图纸的第 D 行 8 列。大型数控机床电气图纸较多，常将联锁触点位置先按图纸功能标注英文字母和数字，如主电路标为 D01、交流主轴传动标为 D02、伺服驱动电路标为 F01 等；然后再标张数，如主电路有 2 张图，标为 D01-1、D02-2，依此类推。

5）注意电路图中电气元器件常态位置。在识读电路原理图时，规定元器件的可动部分是在电器非激励或呈断电状态的位置。为与电气继电控制电路统一标注，在 PLC I/O 输入开关信号中，应尽量用常开触点。因为在不通电时，开关电路没有导通，呈低电平状态，梯形图该接点应为常开。当通电时，该开关一端接 +24V，另一端通过 PLC 输入电路经公共端 "COM" 到地，因开关为常闭电路导通，呈高电平 +24V 输入，PLC 内梯形图对应的该接点变为常闭。这是读者在看 PLC 梯形图时要特别注意的。

6）PLC 继电器输出触点容量一般很小，电阻负载为 2A/点，感性负载为 80VA，AC 120/240V。如果直接带交流接触器与电磁阀等负载，由于是感性负载，在通断频繁时极易烧坏 PLC 内部继电器输出触点，所以 PLC 继电器输出电路一般不采取直接带交流接触器线圈，特别是大功率的接触器，而是通过 DC 24V 直流中间继电器过渡。常采用插接式带浪涌抑制二极管和工作指示灯的小型直流中间继电器，查找故障和更换容易。器件外形、结构及电路符号如图8-2所示。

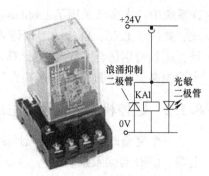

图8-2 插接式小型直流中间
继电器和电路符号

8.1.3 抗电磁干扰电路设计

由上述，数控机床电气控制电路是由数控系统、伺服系统与继电电气控制等电路组成的，前两者是由微处理器电路构成计算机控制为主，俗称"弱电电路"；而后者是由开关、按钮、断路器、继电器、接触器、变压器、电动机等低压电器组成的，俗称"强电电路"。CNC安装在床头操纵箱中，弱电转换成强电的伺服放大器、变频器等电气设备则均安装在机床旁边的电气柜中，大功率伺服变压器也安装在电气柜近旁。当机床运转起来后，低压电器设备频繁的通断、电动机速度及正、反转频繁的变化等，均会引起电磁场激烈的变化，在电路里由于浪涌（冲击）电压、弧光放电等均会产生瞬变强脉冲串等干扰电磁波，再加上大多机械制造业厂家拥有各类数控机床数十台甚至上百台，对数控计算机和伺服驱动器等以"弱电"为主的控制设备会造成强烈的电磁干扰，影响数控系统运行稳定性与可靠性。因此在数控机床电气控制电路的设计中，必须十分注重抗电磁干扰设计。

1. 接地设计

接地是安全保护与抗干扰的重要设计，在数控机床中分为保护接地、工作接地和屏蔽接地。

（1）保护接地

电气设备保护接地是一种保护人身和设备安全免遭雷击、漏电、静电等危害的基本安全措施，机床的床身、电气设备金属外壳、电控箱的金属底板与外壳等应与真正大地连接。保护接地应严格按国家标准（GB5226.1-2002）进行，接地电阻应不大于4Ω，使用黄绿双色线连接到接地排，并采用⏚标记，标注PE。数控系统一般采用TN-S接地形式，如图8-3所示，该方式三相交流电源中性线N和保护接地线PE始终分开敷设，电气设备机壳接保护接地PE，电源中性线直接接地。电气控制柜中最好不要引入中线，如果使用中线，必须在安装图、电路图及接线端子上明确标注N标志；如果电气柜中引入了中线，柜内部不允许中线与地线连接，也不允许共用一个端子。电控箱内最下端设接地端子排，箱内各电气设备分别接端子排，至伺服电动机的PE也由此端子排引出，如图8-4所示。

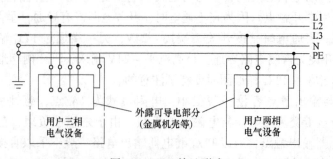

图8-3 TN-S接地形式

（2）工作接地

为了保证设备的正常工作，直流电源常需要有一极接地，作为参考零电位，其他极与之比较，形成直流电压；信号传输也常需要有一根线接地，作为基准电位，传输信号的大小与该基准电位相比较，这类地线称工作地线。在系统中一定要注意工作地线的正确接法，否则非但起不到作用，反而可能产生干扰，如共地线阻抗干扰、地环路干扰、共模电流辐射等。

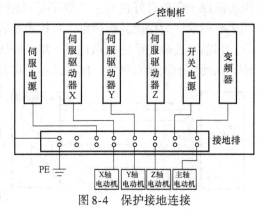

图8-4　保护接地连接

工作接地方式有浮地、单点接地和多点接地。单点接地是指一个电路或设备中，只有一个物理点被定义为接地参考点，而其他需要接地的点都被接到这一点上。如果一个系统包含许多设备，则每个设备的"地"都是独立的，设备内部电路采用自己的单点接地，然后整个系统的各个设备的"地"都连到系统唯一指定的参考点上。设备内部电路的单点接地有串联、并联、混合接地3种方式。如图8-5所示。

单点接地比较简单，走线和电路图相似，电路布线比较容易。其缺点是地线太长，当系统工作频率很高时，地线阻抗增加，容易产生共地线阻抗干扰；同时频率的升高使地线之间、地线和其他导线之间由于电容耦合、电感耦合产生的相互串扰大大增加。

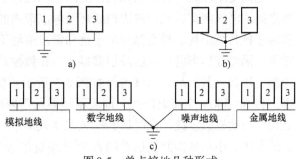

图8-5　单点接地几种形式

工作接地设计注意点：设备地线不能布置成封闭的环状，一定要留有开口，因为封闭环在外界电磁场影响下会产生感应电动势，从而产生电流，电流在地线阻抗上有电压降，容易导致共阻抗干扰；采用光电耦合、隔离变压器、继电器、共模扼流圈等隔离方法，切断设备或电路间的地线环路，抑制地线环路引起的共阻抗耦合干扰；设备内的各种电路如模拟电路、数字电路、功率电路、噪声电路等都应设置各自独立的地线（分地），最后汇总到一个总的接地点；机柜内同时装有多个电气设备（或电路单元）的情况下，工作地线、保护地线和屏蔽地线一般都接至机柜的中心接地点（接地排），然后接大地，这种接法可使柜体、设备、机箱、屏蔽和工作地线都保持在同一电位上。

（3）屏蔽接地

为了抑制噪声，电缆、变压器等的屏蔽层需接地，相应的地线称为屏蔽地线。在低阻抗网络中，低电阻导体可以降低干扰作用，故低阻抗网络常用作电气设备内部高频信号的基准电平（如机壳或接地板），连接时应标明符号"⏚"作为屏蔽接地。以屏蔽电缆为例，数控系统中有很多弱信号传输线，传输模拟信号或数字信号，如CNC到伺服驱动信号线、编码器反馈电动机位置与速度的信号线等，它们极易受到干扰，必须使用屏蔽电缆。屏蔽电缆的种类很多，一般可分为普通屏蔽线，双绞屏蔽线，同轴电缆。带金属丝编织层的多芯电缆具有电磁场屏蔽作用，双绞屏蔽线的屏蔽层可以抑制电场干扰，双绞线可以抑制磁场干扰。电缆屏蔽层一定要良好接地，否则不起屏蔽电磁波作用。接地有单端接地和双端接地等，如图8-6所示。为保证屏蔽质量，数控系统制造商多配套供应，使用者可根据现场安装距离订货。目前先进数控系统如西门子828D、FANUC 0i等传输数字信号的电缆多采用了光缆传输，从而抗干扰能力更强，使系统运行可靠性大大提高。

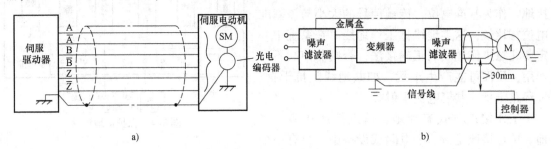

图8-6　屏蔽电缆接地方式

a）屏蔽层单端接地　b）变频器电动机电缆双端接地

2. 采用隔离变压器供电设计

隔离变压器是一种应用相当广泛的电源线抗干扰器件，它最基本的作用是实现电路与电路之间的电气隔离，从而解决地线环路电流带来的设备与设备之间的干扰。同时，隔离变压器对于抗共模干扰、瞬变脉冲串干扰和雷击浪涌干扰也能起到很好的抑制作用。为加强屏蔽效果，隔离变压器的中间屏蔽层需接地。在数控系统中，常用的隔离变压器有伺服变压器和控制变压器，其产品与电气符号如图8-7所示。伺服变压器用于伺服驱动器的动力电源供电，将AC 380V交流电压变为伺服驱动器所需要的动力电源的交流电压，它的功率需要满足伺服电动机多轴插补同时运行时的最大功率，一般有几千瓦甚至数十千瓦。如图8-7b就是适用中、小功率伺服变压器的△/丫三相绕组接法。考虑散热通风的要求，伺服变压器放置在电气柜之外的地面上。控制变压器则用于控制电路和经整流、稳压电路后，供给电气设备如CNC、电磁阀、信号灯、照明灯等直流电源，功率较小，只有几百瓦，一般安装在电气柜内。控制变压器的一次电压为AC 380V，二次电压通常有AC 220V、AC 36V、AC 24V等多种电压绕组。其中AC 220V支路可通过交流开关稳压电源，变为DC 24V，以给CNC、SV和PLC I/O接口等单元供电。交流开关稳压电源内部无工频变压器，内部电路工作在高频开关状态，耗能低、效率高（比普通线性变压器高近一倍），交流开关稳压电源产品和电气符号如图8-8所示。

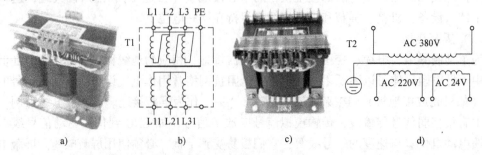

图8-7　伺服变压器和控制变压器产品图与电气符号图

a）、b）伺服变压器产品图和电气符号图　c）、d）控制变压器产品图和电气符号图

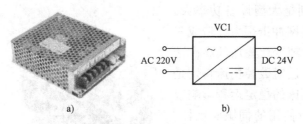

a)   b)

图 8-8   交流开关稳压电源产品和电气符号图

a) 交流开关稳压电源产品图   b) 电气符号图

3. 对感性负载加吸收电路抑制瞬态噪声设计

在数控机床电气控制电路中，有很多感性负载如继电器、接触器、电磁阀、电动机等，它们在通断时会产生强烈的脉冲噪声，特别是大功率器件。这些会影响弱电电路设备的正常工作，因此必须在感性负载处加续流二极管或阻容吸收电路以抑制瞬态噪声。其吸收电路的接线方法如图 8-9 所示，其中图 8-9a 是 I/O 输出接口直流线圈并联续流二极管，图 8-9b 是交流接触器线圈并联阻容吸收器，图 8-9c 是在三相交流接触器至电动机相线上并联阻容吸收器。阻容吸收电路俗称灭弧器（因能吸收接触器接点在断路时产生的电弧而得名），在安装时应尽量靠近感性负载，常见阻容吸收器产品如图 8-10 所示。

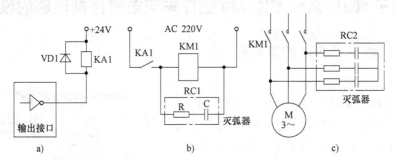

a)   b)   c)

图 8-9   感性负载并联吸收器件和电气符号图

a) I/O 输出接口直流线圈并联续流二极管   b) 交流接触器线圈并联阻容吸收器

c) 三相交流接触器至电动机相线上并联阻容吸收器

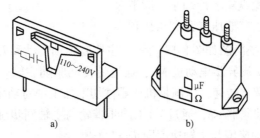

a)   b)

图 8-10   阻容吸收器（灭弧器）产品外形图

a) 单相阻容吸收器   b) 三相阻容吸收器

4. 电抗器与电源滤波器电路设计

通常工厂供电由市电网经配电站分配到各车间或分厂，然后再分配到各设备。因电网支路多、设备多，特别是大型设备功率大，当起停或调速时对电网冲击很大，造成三相电源不平衡、波形畸变、叠加的高次谐波多和功率因素差，这对数控机床特别是对高精尖大型数控机床的稳定运行影响很大。例如数控系统所使用的伺服驱动器、变频器等控制装置，因为都具有 PWM 逆变主回路，为保护整流侧器件，要求在三相交流动力电源进线端安装电抗器。所以，西门子公司和 FANUC 公司一般在其中、高档数控系统中，均配套供应电抗器和滤波器。如图 8-11a 所示的三相交流电

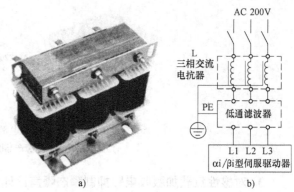

图 8-11 电抗器与电源滤波器与电气符号及接线图
a）电抗器 b）电气符号及接线图

抗器，结构类似于变压器，只不过是 3 个电感线圈串接在三相交流电源进线中。电源滤波器则是由电感、电容、电阻构成的，它不仅可以阻止电网中的噪声进入设备，还可以抑制设备产生的噪声污染电网。图 8-11b 为其电气图形符号与接线图。

8.2 西门子 808D 系统 CK6140 数控车床电气控制电路的设计

8.2.1 CK6140 数控车床控制要求

1. 机床特点

CK6140 数控车床属于平床身的普及型数控车床，如图 8-12 所示。该车床主轴采用了大直径内孔，三支承结构，进口主轴轴承，能承担强力、精密切削，可完成内外圆柱面、锥面、球面、螺纹及各种曲线回转体表面车削加工。

机床由底座、床身、主轴箱、大拖板（纵向拖板）、中拖板（横向拖板）、电动刀架、尾座、防护罩、电气柜、CNC 操纵箱、冷却泵、润滑泵、照明等部分组成，有的还有液压卡盘和液压顶尖。

图 8-12 CK6140 数控车床

CK6140 数控车床传动系统简图如图 8-13 所示，主要有主轴传动和刀架进给两大传动系统。

主轴传动系统是由交流异步电动机 M2，通过带传动驱动主轴，然后用两级齿轮变速与变频调速相结合的方法调节转速，以满足机械零件切削加工中对功率与转速的需求。在主轴的尾端还装有主轴速度编码器 Gs，通过 1:1 同步带轮与主轴同步旋转，用于速度测量和螺纹加工，以使 Z 向进给轴速度与主轴速度同步。

刀架进给传动系统是由纵向 X 轴和横向 Z 轴伺服电动机 M3、M4，分别通过滚珠丝杠来驱动刀架运动的。运动位置由内装于电动机尾端同轴上的光电编码器 Gx、Gz 测量与反馈，以按零件轮廓曲线的插补轨迹使刀架作合成矢量运动，在主轴配合下完成零件的自动加工。为了保护机床和回参考点还在 X 轴与 Z 轴拖板旁边安装了 X+、X−，Z+、Z−超限行程开

关 SQ1、SQ3，SQ4、SQ6 和 X0、Z0 回参考点开关 SQ2、SQ5，它们一般采用组合推压杆式行程开关或组合电感式接近开关来实现。

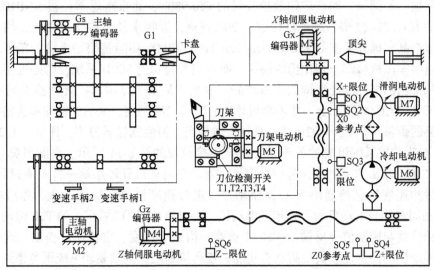

图 8-13　CK6140 数控车床传动系统示意图

无论是经济型、普及型还是全功能型数控车床，自动换刀都是其基本功能。刀架一般有四方刀架、六方刀架和旋转刀架，分别安装有 4 把、6 把和多把切削刀具。本机床是四方刀架，在 CNC 的内置 PLC 控制下按 T 指令控制换刀电动机，由实时刀位出发向正方向旋转寻找要换刀的目的刀位，到达后完成换刀（一般限定 15s 内完成，否则报警换刀失败），然后电动机瞬时反转完成刀具锁紧（一般只有 1～1.5s，时间长了电动机可能发热烧毁）。刀位检测是由刀位发信电子盘上的霍尔开关 T1、T2、T3、T4 完成的，它安装在刀架顶端盖内。

此外，该机床还有 M6 冷却液泵电动机，M7 润滑泵电动机等，它们在 PLC 控制下按辅助功能 M 相关指令完成控制。

2. 控制要求

① 机床：床身上最大工件回转直径 $\phi410$ mm；床鞍上最大回转直径 $\phi180$mm；最大车削直径 $\phi240$；最大车削长度 750mm。

② 伺服进给系统：行程，X 轴 250mm，Z 轴 800mm；滚珠丝杠螺距，X 轴 5mm，Z 轴 10mm；进给力矩，X 轴 6N·m，Z 轴 10N·m；快移速度，X 轴 4m/min，Z 轴 8m/min。

③ 主轴系统：电动机功率 5.5 kW，交流异步电动机；主轴转速范围，L 为 70～560r/min，H 为 560～1440r/min（两档手动齿轮变速与变频无级调速结合）。

④ 定位精度：X 轴 0.03mm，Z 轴 0.04mm。

⑤ 重复定位精度：X 轴 0.012mm，Z 轴 0.016mm。

⑥ 刀架装置：电动立式四工位刀架，刀方尺寸 25mm×25mm；刀具容量 4 把，要求能手动换刀与按 T 指令自动换刀。

8.2.2　CK6140 数控车床设计方案

1. 系统选型

CK6140 数控车床属于普及型车床，主要承担盘、轴类机械零件车削加工，速度与精度要求均不高。国家标准要求普通车床定位精度在0.03mm左右，重复定位精度在0.01mm左右，快移速度在6~8m/min。因此，一般普及型数控系统均可满足要求，性能价格比就成了主要选型依据。经调研，国产广州数控公司的GSK980T、北京凯恩蒂公司KND100T、华中数控公司的HNC-21/22等系统价格便宜、功能齐全，近年来技术进步也很快，均推出了它们的改进型产品。国外系统如FANUC 0i-Mate TD是0i-TD功能精简型系统，精度高、功能强，但价格与车床机械部分相比仍嫌偏高。而西门子公司的808D系统，则是近年来针对数控车、铣床推出的高性能经济型数控新产品。该系统是基于显示面板处理器单元即PPU数控单元和CNC/LCD/MDI三合一紧凑型设计，具有高轮廓精度、高动态特性和价格低廉等特点。该产品的价格与802S、802C数控系统大体相当，但性能优异得多，详见7.1.2节所述。

808D车床数控系统组成的各单元与系统连接原理如图8-14所示。由图可见，808D数控系统的CNC，输出数字脉冲插补指令信号，与步进电动机开环系统一样是通过脉冲/方向接口将位置和速度信息传递给V60型驱动器，进行速度调节和功率放大，然后驱动的是1FL5型永磁同步伺服电动机而不是步进电动机，并且有内置的2500p/r的TTL编码器，将电动机转动的位置与速度信号反馈给V60驱动器，构成了速度、电流闭环控制。这样的伺服方案可达到最佳的性价比，实现高动态性能和较高精确度。主轴驱动系统则考虑到性能价格比因素，未使用808D配套的伺服主轴，而采用三菱公司的FR-A740-7.5K-CH型通用变频器。由808的PPU数控单元输出0~10V模拟量信号，经过变频器进行变频调节和功率放大，驱动Y132M-4型笼型交流异步电动机运转，与两级齿轮传动配合构成两档速度调节，外装的1024p/r编码器测量并反馈主轴速度至PPU数控单元。此外，PPU数控单元内置了SIMATIC S7-200型PLC，具有6000步梯形图指令，采用与802S、802C系统相同的点到点汇点/源型接口与连接方式，能完成刀架自动换刀、主轴速度与正、反转控制、冷却液和润滑等辅助功能的顺序控制。808D数控系统的通信接口与系统连接见7.2.2节。显然，808D数控系统性能与安装调试对CK6140这样的普及型数控车床是很适用的。

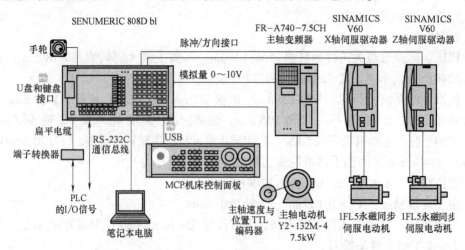

图8-14　808D车床数控系统组成各单元与系统连接原理图

按照CK6140数控车床技术性能的要求，选型好数控系统、伺服系统、主轴驱动系统、PLC和测量机床运动位置与速度传感器等设备，也就是选型好各单元，再清楚了解它们之间的通信接口、信号匹配与系统连接，就可以将这些单元进行系统综合，组成一个完整的数控机床控制系统，并且开展数控电气控制电路的设计。当然，在综合时会遇到接口信号匹配问题，要采取前面章节所讲到的采样、放大、隔离和滤波等电路硬件与软件等技术措施。各型数控系统厂商在数控系统与伺服驱动器、主轴驱动器以及 I/O 接口等单元系统配套时，已经对此进行了考虑和设计。通过各单元统一并匹配的接口电路设计、配套的专用电缆与接插件以及设置众多参数的办法，解决它们之间信号传输匹配和系统动态性能优化，详见各型数控系统的安装、连接与调试说明书。

2. 设备选型

由以上分析，CK6140 型车床数控系统各单元设备选型如下。

数控系统：SINUMERIK 808D 车削版，带水平机床控制面板和全部连接电缆。

伺服驱动：X 轴与 Z 轴伺服驱动选择与 808D 配套的 SINAMICS V60 型驱动器及 1FT5 型交流永磁同步伺服电动机，内置 2500p/r 的 TTL 编码器。按进给切削力矩和进给速度要求选择伺服电动机，X 轴伺服电动机，1FT5，6Nm，2000r/min；Z 轴电动机，1FT5，10Nm，2000r/min。

主轴驱动：对于数控车床系统，为解决低速大力矩切削问题，常采用减速齿轮有级调速与通用变频器无级调速相结合的方案。本车床主轴电动机采用 Y132M-4 型普通三相交流感应电动机，$P_e = 5.5kW$、$I_e = 13.2A$、$n_e = 1440r/min$，配套三菱公司的 FR-A740-7.5K-CH 型通用变频器，与齿轮变速系统相结合，实现主轴两档转速调速范围，L 为 70～560r/min，H 为 560～1440r/min。为了在螺纹车削时不乱扣，进给速度与主轴速度必须同步，一般要外置安装主轴速度检测与反馈编码器（1024p/r），通常用 1：1 同步带轮靠装主轴。

PLC 辅助控制：PPU 数控单元内置了 SIMATIC S7-200 型 PLC，具有 6000 步梯形图指令和适合车削或铣削应用而配置的 72/48 数字 I/O 接口。可完成车床刀架电动机的自动换刀控制、冷却液控制、超限行程与回参考点控制、主轴速度与正、反转控制等机床辅助功能的顺序控制。

其他选型：刀架电动机采用三相交流感应电动机，$P_e = 120W$、$I_e = 0.2A$、$n_e = 1400r/min$。冷却泵电动机采用三相交流感应电动机，$P_e = 90W$、$I_e = 0.18A$、$n_e = 1400r/min$。润滑泵电动机采用三相交流感应电动机，$P_e = 35W$、$I_e = 0.3A$、$n_e = 1350r/min$。

8.2.3 CK6140 数控车床电气控制电路的设计

CK6140 数控车床电气控制电路包括主电路电路图、控制电路电路图、主轴驱动电路图、X 轴和 Z 轴伺服驱动电路图以及 PLC 的 I/O 输入输出信号电路图等，本案例绘出了 6 张电路设计图，编号为 CK6140-1～CK6140-6，如图 8-15～图 8-20 所示。工厂原用工程图是 A4 图幅，以适应现场展看和施工。本书为了方便读者看图、读图、寻找连锁关系和减少篇幅，对图表示的内容按功能进行了合并画法，并在连锁接点下面进行标示。例如第 2 张电路图"控制回路电路"的刀架正转接触器 KM3 线圈通电后，3 个常开主触点闭合，刀架电动机 M5 正转。该连锁接点位置在第 1 张电路图纸的 D 行 7 列图区，表示为 1/ D7。为减小幅面，简化了图框；为电路图清晰，略去了导线截面等图示。

1. 主电路电路图（CK6140-1）

主电路电路图如图 8-15 所示。在图中，主电路三相交流电源通过总电源开关 QS1 引入，经过断路器 QF1 接至变频器和主轴电动机 M1 的主电路；经过断路器 QF2 接至伺服变压器

TC1；经三相电动机保护器 QM1、QM2 和 QM3 分配给刀架电动机 M5 的正、反转电路、冷却电动机 M6 以及主轴电动机风机 M1 的起停电路。电动机保护器具有隔离、短路保护、过载保护、缺相保护和直接控制功能，图中位号横线下数值为电动机过载电流整定范围值，它们的常开触点连锁至第 2 张电路图控制电路的"驱动器 ON"电路中。

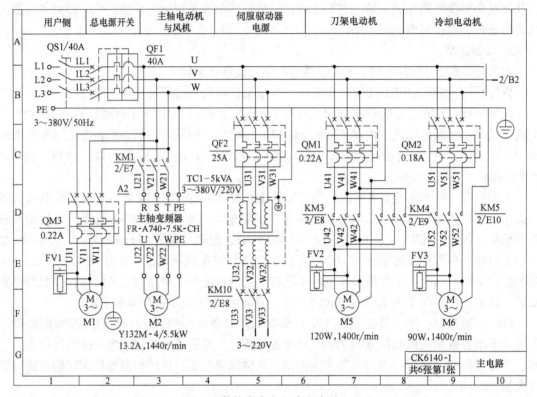

图 8-15　CK6140 数控车床主电路电路图（CK6140-1）

　　为了保证伺服系统不受干扰地稳定运行，一般国内外数控系统厂商都要求设置伺服变压器 TC1 供电，一是为了变压，将 AC 380V 变为伺服驱动器要求的 AC 220V 电源；二是为了与外电网隔离避免干扰，用断路器 QF3 隔开，并用交流接触器 KM10 控制通断。QF1 闭合后，当按下伺服上电按钮 SB2，如果符合起动条件（见后面控制回路电路说明），主轴电动机 M2 通过接触器 KM1 控制变频器通电，按速度指令进行变频调速。由于变频器本身有热释电流设置，所以不需要再设置断路器或热继电器进行过载与短路保护。KM3、KM4 是刀架电动机 M5 的正反转接触器，KM5 为冷却电动机 M6 的起停接触器。FV1～FV3 为灭弧器。

2. 主电路/控制电路电路图（CK6140-2）

　　主电路/控制电路电路图如图 8-16 所示。在图中有以下两部分电路。

　　① 主电路（续 CK6140-1）。主电路 AC 380V 来自第 1 张图纸的 1/B10 位置的 U、V、W。主电路还设置了隔离变压器 TC2，用断路器 QF3 隔开，其一次电压为 AC 380V，二次侧分 3 个绕组。第 1 个二次绕组输出为 AC 220V，接至交流开关稳压电源 G1、G2，将 AC 220V 变为 DC 24V，给 PLC 的 I/O 接口单元和 CNC 供电，用单相断路器 QF4 隔开；第 2 个二次绕组输出为 AC 24V，供给机床照明灯 EL1，用单相断路器 QF5 隔开；第 3 个二次绕组输出 AC 220V，供给主轴电动机风机、电控柜排风机和控制电路的电源，用单相断路器 QF6 隔开。

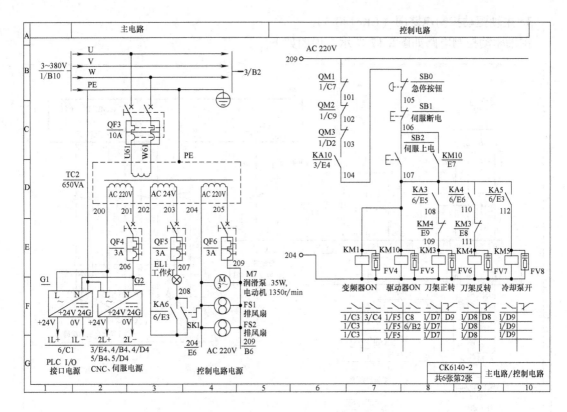

图 8-16　CK6140 数控车床主回路与控制回路电路图（CK6140-2）

② 控制电路。控制电路有变频器 ON 控制，伺服驱动器 ON 控制，刀架电动机正、反转控制与冷却电动机起动控制。当三相电动机保护器 QM1～QM3 均无因电动机电流过载，其常开联锁触点处断开状态；变频器无过压与过流等故障报警，故障继电器触点 KA10 处常闭状态和未按急停按钮 SB0 时，此时当接通伺服上电按钮 SB1 时，KM1 与 KM10 交流接触器线圈接通，从而使主轴变频器与伺服驱动器的三相动力电源接通，均处 "ON" 状态。当按伺服断电按钮 SB2 时，KM1、KM10 断开，三相电源断开。

刀架电动机正、反转是通过 KM3、KM4 交流接触器控制的。当 CNC 中内置 PLC 从接口 X201 的 Q1.0，Q1.1 端输出自动换刀信号 TL＋和 TL－时，按换刀时序分别接通正转或反转的直流继电器 KA3、KA4（见第 6 张电路图），从而分别接通交流接触器 KM3 或 KM4，使刀架电动机作正转换刀和反转锁紧。同理，当 CNC 执行到 M08 冷却指令时，内置 PLC 从接口 X200 端子排插座的 Q0.4 输出 M08 信号，直流继电器 KA5 接通，交流接触器 KM3 接通，冷却电动机起动。FV4～FV8 为灭弧器，为了吸收各接触器线圈通断时产生的反电动势所造成的干扰。

从控制电路看出，当电动机 M1～M3 有过载、变频器有故障报警或按下急停按钮时，KM1 和 KM10 交流接触器线圈断开，主轴变频器与伺服电动机电源被切断而停止运转。但是供给 CNC、SV、PLC 的 DC 24V 直流电源的交流开关稳压电源 G1、G2，因直通总电源开关 QF1 此时并未断电，所以 CNC 仍有电，可以通过屏幕显示的信息判断故障进行维修。这是设计者应该考虑到的。

3. 主轴驱动控制电路图（CK6140-3）

主轴驱动控制电路如图 8-17 所示，说明如下。

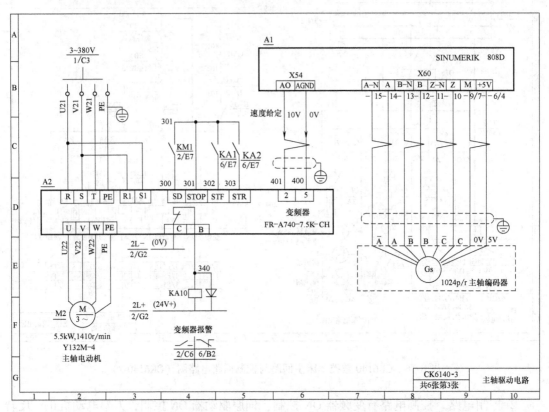

图 8-17　CK6140 数控车床主轴驱动控制电路图（CK6140-3）

① 主轴变频器与电动机动力电源。动力电源 AC 380V 来自第 1 张图纸的 1/C3 位置的 U21、V21、W21，经 KM1 交流接触器接至变频器 A2 的电源端 R、S、T，通过交-直-交变频电路，从变频器 U、V、W 端输出 U22、V22、W22 的电压和频率均可变的交变电流，加至主轴电动机 M2 三相定子绕组上，从而改变主轴的速度。当有过流过压发生时，变频器的故障继电器常闭触点断开，KA10 断开，其常开触点连锁至第 2 张图纸 2/D6 位置的 KA10，使"变频器 ON"接触器 KM1 失电，断开变频器动力电源和正、反转电路。KA10 另一对常闭触点与 KM10 的一对常闭辅助触点串连接至 PLC 的 I/O 输入端，作为急停信号输入电路。

② 主轴速度控制。CNC 通过执行 S 指令，从 808D PPU 数控单元输出接口插座 X54 的信号端（A0，AGAND），输出 0～10V 模拟电压信号至三菱变频器 FR-A740-7.5K 的（5，2）信号接口，依照 S 指令主轴转速与模拟电压对应关系，控制交-直-交变频电路，实现变频调速。

③ 主轴正、反转控制。当 CNC 执行 M03 或 M04 指令时，内置 PLC 梯形图程序就会有 M03 或 M04 信号从数控单元的 PLC I/O 输出端子排接口 X201 的（Q1.6、Q1.7）信号端输出（参见第 6 章电路图），分别使正转直流继电器 KA1 或反转直流继电器 KA2 接通。它们的常开接点分别接至变频器的 STF 正转信号接口或 STR 反转信号接口，由变频器实现主轴

电动机的正、反转控制。

④ 主轴速度反馈。主轴速度由外置的 1024p/r（每转 1024 个脉冲）编码器测量，其 A 相、B 相、Z 相三相差分脉冲信号通过双绞线屏蔽电缆从编码器 Gs 输出，接至 CNC 的 X60 接口。

4. X 轴和 Z 轴伺服驱动电路图（CK6140-4、CK6140-5）

X 轴和 Z 轴伺服驱动电路图基本上一样，如图 8-18、图 8-19 所示。现以 X 轴为例说明如下：

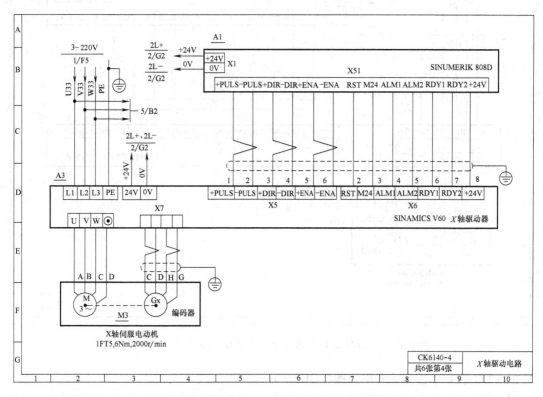

图 8-18　CK6140 数控车床 X 轴伺服驱动电路图（CK6140-4）

① 与 808D 配套的 SINAMICS V60 型驱动器及 1FT5 型交流永磁同步伺服电动机的主动力电源 AC 220V，来自伺服变压器 TC1 二次电压输出，通过"驱动器 ON"控制接触器 KM10（2/E8）加到驱动器的 L1、L2、L3 端子上。驱动器的 DC 24V 电源来自第 2 张图纸交流开关稳压电源 G2 的 2L +、2L –（2/G2）。

② 伺服驱动器的位置给定脉冲信号 + PULS、PULS（接口 X5-1、2）；脉冲方向信号 + DIR、DIR（接口 X5-3、4）和使能信号 + ENA、ENA（接口 X5-5、6），通过双绞线屏蔽电缆接至 CNC 接口 X51 插座的相应信号端，按 CNC 输出的脉冲个数、脉冲频率和脉冲的方向，控制伺服电动机的转角、转速和正反转。其他信号如驱动器报警信号 ALM1、ALM2 和准备好 RDY1、RDY2 等，则从驱动器接口 X6 插头接至 808D PPU 数控单元 X51 插座相应信号端。

③ 由总体方案知，本系统为半闭环控制。CNC 的坐标轴位置与速度控制，直接在 SINAMICS V60 型伺服驱动器内实现。驱动器在由 808D 来的位置指令脉冲控制下，采用交-直-

交和 PWM 脉宽调制技术，将三相 AC 220V 交流电源，调制放大到足够大的功率脉冲，驱动交流伺服电动机以给定的速度、方向和转角运转，其实时转角位置和转速信号由内装于电动机同轴的编码器测量（内装于 Z 轴伺服电动机内的 Gz 编码器），通过屏蔽电缆反馈至驱动器接口 X7 插座，位置反馈不需要再反馈至 CNC。Z 轴伺服驱动电路图如图 8-19 所示。

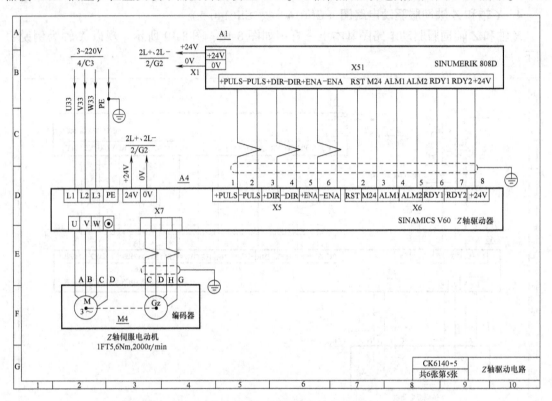

图 8-19　CK6140 数控车床 Z 轴伺服驱动电路图（CK6140-5）

5. PLC 的 I/O 接口信号电路图（CK6140-6）

PLC 的 I/O 接口信号电路图如图 8-20 所示。CK-6140 数控车床是一个普及型机床，PLC 需完成的 M、S、T 辅助功能机床顺序控制的任务并不复杂。808D PPU 数控单元内置西门子 S7-200 型 PLC，对此西门子公司提供了默认的 PLC 参考程序，以方便用户编制应用程序。但是若使用默认的 PLC 参考程序，则定义的相关信号地址不能变动，必须要按安装调试说明书中所规定的信号接口进行接线。用户也可根据 PLC 控制的实际需要，灵活定义信号接口地址，进行电路与编程设计。

CK 6140 数控车床 PLC 的 I/O 信号接口电路包括主轴正、反转控制，刀架正、反转自动换刀控制，X、Z 轴超限行程和回参考点时的控制与报警，手轮与操作面板控制以及冷却，防护门和机床工作灯的控制与报警等电路，如图 8-20 所示输出接口 X200、X201。各接口的地址和定义如图 7-29 所示。在电路中，由于采用了外电源供电的源型输入电路和源型输出电路方式，所以输入开关一端接外电源 +24V，公共端接 24G；而输出电路输出高电平 +24V，通过中间直流继电器线圈到 24G。该电路图说明如下。

① 刀架自动换刀接口电路。以 4 工位四方刀架自动换刀为例。当 CNC 执行到零件程序中换刀指令时，通知内置 PLC 进入自动换刀程序。先接收装在刀架电子盘 G2 上霍尔开关传

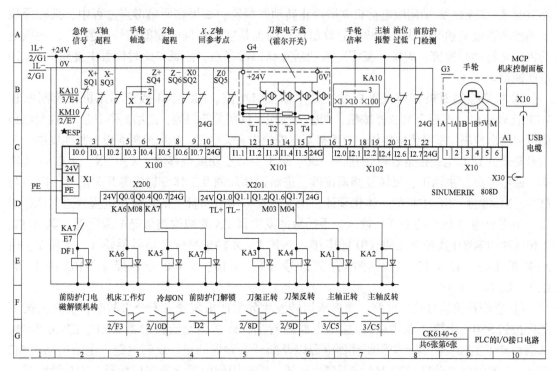

图 8-20　CK 6140 数控车床 PLC 的 I/O 信号电路图（CK6140-6）

感器（图中绘出的是 NPN 型霍尔三极管接近开关电路）发出的实时刀位检测信号如 T1、T2、T3 或 T4，该信号分别从 808D PPU 车床数控单元背面接线端子排插座 X101 的信号端 I1.2、I1.3、I1.4 或 I1.5 输入。如果通过梯形图程序中比较器判断目标刀位与实时刀位信号不符，则通过 X201 的 Q1.0 信号端输出高电平 +24V 的刀架电动机正转信号 TL+，直流中间继电器 KA3 接通，主电路/控制电路中交流接触器 KM3 接通，从而主电路中的刀架电动机 M5 正转进行换刀，直到实时刀位与目标刀位相同时电动机停止转动。然后 PLC 自动转入刀架电动机瞬时反转锁紧程序，由 PLC 梯形图中换刀反转时间继电器控制，不大于 1～1.5s，以避免电动机发热烧坏。然后由 X201 的 Q1.1 信号端输出刀架电动机反转信号 TL-，接通 KA4 和 KM4，刀架电动机 M5 反转锁紧，从而转为执行使用新换刀具继续加工的程序。至此，整个自动换刀顺序控制过程执行完毕。如果在寻找刀位过程中，因发生断线、霍尔晶体管失效或机械等故障，当超过 10～15s（或其他设定值）仍不能找到目标刀位，即认为换刀失败，发出报警信号。

② X、Z 轴超行程极限和回参考点时超程的控制与报警接口电路。当在执行零件轮廓程序中，因编程错误或伺服电动机加减速失控，会发生超行程极限碰撞机床事故发生；或在回参考零点过程中，因减速开关失效，也会发生超行程极限问题，这就要有 PLC 的保护与报警程序控制。超行程极限和回参考点行程控制，可选用组合式行程开关。

③ 在电路中，X 轴超限行程开关 SQ1（X+）、SQ2（X0）、SQ3（X-）和 Z 轴超限行程开关 SQ4（Z+）、SQ5（Z0）、SQ6（Z-）的常闭触点，分别从端子排插座 X100 的信号端 I0.1～I0.2、I0.5～I0.7 和 X101 的信号端 I1.1 输入到 808D 数控单元，内置 PLC 的梯形图程序接收到这些信号后，使 CNC 停止输出插补信号并立即将伺服使能信号"置 0"，驱动

243

器被封锁，X 轴、Z 轴伺服电动机立即停止转动并报警。如果在回参考点过程中，某轴因找不到参考点或减速开关失效等故障导致超程，则也是立即将伺服使能信号"置0"，伺服电动机停止转动并报警，需按"复零"按钮后重新回参考点。注意，此时伺服主接触器 KM10 不能断电。

④ 机床控制面板和外接手摇脉冲发生器接口电路。CK 6140 数控车床机床控制面板 MCP 比较简单，面板上有急停按钮、伺服开按钮、伺服关按钮等，由第 2 张主电路/控制电路图可以看出控制面板是强电接线，直接接至电控柜内有关电路。机床控制面板上其他弱电开关信号则通过 USB 电缆接至 808D 的插座 X30。至于手动点动或快移的 + X、− X、+ Z、− Z 按键，回参考点、主轴正、反转及修调按键，进给速率修调及工作方选择等开关信号，因是与 LCD、NC 键盘、NC 主板的一体化设计，由安装在印制电路板上的薄膜按键直接进入 NC 主板，不需要通过 PLC 的 I/O 口输入。手摇脉冲发生器 G3 的结构类似光电编码器，其 A 相、B 相脉冲由 808D 数控单元的 X10 插座接入，其 X、Z 轴选择开关信号手轮 X、手轮 Z，由 X100 的 I0.3、I0.4 接入。其倍率开关信号 ×1、×10、×100 分别接至 X102 的 I2.0、I2.1、I2.2。

⑤ 急停开关信号接口电路。当机床运转发生异常或出现紧急安全事故时，需紧急按下急停按钮 SB0。由第 2 张主电路/控制电路图看出，此时因交流接触器 KM1、KM10 断电，从而切断了主轴变频器和伺服驱动器电源以及断开变频器的正、反转电路，主轴电动机 M2 与 X、Z 轴伺服电动机 M3、M4 立即停止运转。同时用伺服驱动器主接触器 KM10 辅助常闭触点和主轴变频器故障常闭触点 KA10 串联作为急停信号 *ESP，接至 808D 数控单元接口 X100 的 I0.0，地址是 X8.4，内置的 PLC 一级程序立即动作，封锁伺服驱动器并报警。*ESP 是常闭触点信号，低电平有效。

其他还有机床防护门控制，在加工时禁止打开以保障人身安全；机床工作灯可自动打开也可人工操作 SK1 开关打开等。至于冷却液起、停控制信号电路，已在第 2 张主电路/控制电路图做了说明，不再重复。

6. PLC 梯形图程序设计

CK6140 数控车床内置 PLC 梯形图程序设计，包括操作面板，主轴速度与正、反转控制，伺服进给使能控制，X 轴和 Z 轴超限行程保护，回参考点以及安全保护等梯形图程序设计。因比较复杂，请读者参考有关 PMC 控制的参考资料。

7. 其他设计

① 抗干扰设计。从以上电路看，CNC 数控计算机与很多设备相连，有众多接口进行信号传输，有强电也有弱电，有模拟信号也有数字信号，而且系统对速度与精度要求很高，所以 CNC 系统安全稳定地运转极为重要，需要特别注意抗干扰设计问题（详见 8.1.3 节）。本设计采取了地线 PE 的系统连接，从控制器到电动机及变压器的铁心都接 PE；从 CNC 发出到伺服驱动器的指令信号和由编码器反馈的速度与位置信号，都是易受干扰的弱电信号，设计中均使用了屏蔽电缆传输，金属屏蔽网需接地；对交流接触器或直流继电器在通断时，易产生弧光或反电势干扰，设计中分别采用了灭弧器和反向二极管进行吸收与旁路；对要求较高的伺服系统电源，一般都采用专用伺服变压器与外电网隔离，甚至在电源进线上加装电抗器、滤波器，以滤去外电网进来的干扰波。

② 电气控制柜设计。电控柜内布置有主轴变频器、X 轴和 Z 轴伺服驱动器、PLC 的 I/O

接口板、隔离变压器、交流开关稳压电源、电源总开关和主电路的各支路断路器、交流接触器、直流继电器以及电气柜进出线接线端子板等电气元件，它们都是数控系统设计的重要组成部分，伺服变压器因体积大还要通风散热，一般置于柜外。电控柜要注意通风和防尘设计，各部件和元器件之间要有合理间距，以便散热和维修。此外电控柜要与车间保护地 PE 连接，柜内走线一般使用走线槽，但要注意高、低压分开，交、直流分开，强电、弱电分开等原则，以最大限度地减少干扰。

8.3 FANUC 0i-MateD 系统 XK714A 数控铣床电气控制电路的设计

8.3.1 XK714A 数控铣床控制要求

1. 机床特点

XK714A 数控铣床，呈十字型床身布局。如图 8-21 所示（图中没有加防护罩），该铣床主要由底座、立柱、工作台、主轴箱、电气控制柜、CNC 系统、冷却、润滑等部分组成。机床的立柱、工作台安装在底座上，前床身横置工作台，与主轴轴线垂直，可作 X、Y 坐标方向进给运动。主轴箱连接滑台在立柱上下移动，做 Z 向进给运动。因主轴配重有平衡装置，能确保 Z 轴运行平稳。

主轴箱上装有打刀缸机构，配有刀具松/紧电磁阀，控制气动系统在手动/MDI 方式下，实现夹紧或松开加工刀具，打刀缸产品及气动系统如图 8-22 所示。为了在换刀时先将主轴锥孔内的灰尘清除，还配备了主轴吹气电磁阀。在主轴箱上装有打刀缸气缸行程开关，以控制气缸的夹紧与松开。在换刀操作时，不允许执行零件轮廓程序，这些都由 PLC 控制。

图 8-21 XK714A 数控铣床

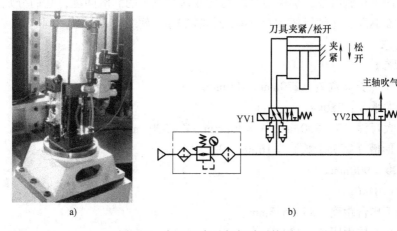

a)   b)

图 8-22 打刀缸产品与气动系统图

a) 打刀缸产品图 b) 打刀缸气动系统图

该型铣床刚性好、精度高、噪声小、加工范围大、操作维修方便，适合于工具、模具、电子和汽车等行业对复杂形状的表面和型腔零件的加工。

XK714A 数控铣床传动简图如图 8-23 所示。主要有刀具进给和主轴驱动两大传动系统。刀具进给是由 X、Y 坐标轴伺服电动机 M2、M3 驱动的工作台与 Z 坐标轴伺服电动机 M4 驱动的滑台合成运动构成，任意两个坐标联动完成平面曲线零件轮廓的加工。机床工作台左、右运动方向为 X 坐标，由伺服电动机通过同步带带动滚珠丝杠和螺母驱动。工作台前、后运动方向为 Y 坐标，由伺服电动机驱动同步齿形带、带轮和滚珠丝杠与螺母驱动。它们均由直线滚动导轨导向与支承。主轴箱的上、下运动方向为 Z 坐标，其运动由带抱闸的伺服电动机通过同步齿形带及带轮、滚珠丝杠和螺母驱动，并采用铸铁贴塑滑动导轨导向与支承。Z 轴需要带抱闸的伺服电动机，是为了防止断电时由于滑台自重会顺竖

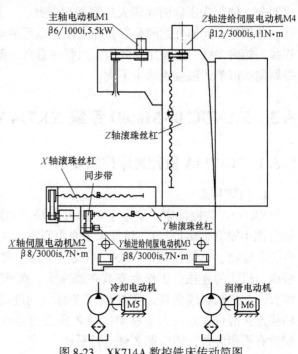

图 8-23　XK714A 数控铣床传动简图

直的滚珠丝杠向下滑动。机床主轴电动机的旋转运动，主要提供在恒功率转速范围内的零件切削，由三相异步电动机 M1 经同步带及带轮传至主轴，采用通用变频器或伺服主轴驱动器实现主轴的无级调速。为保护机床运转安全，各坐标轴还设有组合式行程开关，如"回参考点"开关 SQ2（X0）、SQ5（Y0）、SQ8（Z0）；"超程报警"开关 SQ1（X＋）、SQ3（X－）、SQ4（Y＋）、SQ6（Y－）、SQ7（Z＋）、SQ9（Z－）。"超程急停"开关 SQ10（X＋＋）、SQ11（X－－）、SQ12（Y＋＋）、SQ13（Y－－）、SQ14（Z＋＋）、SQ15（Z－－）。此外，还有冷却泵和润滑泵，解决刀具的切削冷却和机床的润滑问题，它们分别由三相异步电动机 M5、M6 驱动；主轴风机 M7、驱动器风机 M8，解决电动机散热问题。

2. 控制要求

（1）机床参数

工作台尺寸（长×宽）：1270mm×400mm。

工作台最大承载：380kg。

工作台最大行程：X＝800mm，Y＝400mm，Z＝500mm。

工作台 T 形槽（宽×个数）＝16mm×3。

工作台高度＝900mm。

主轴锥度：BT40。

主轴端到工作台距离：85～585mm。

主轴中心至立柱面距离：423mm。

工作台内侧至立柱面距离：85～535mm。

（2）伺服进给系统

行程：X 轴 800mm，Y 轴 400mm，Z 轴 500mm。

进给力矩：X 轴 7N·m，Y 轴 7N·m，Z 轴 11N·m。

快移速度：X 轴/Y 轴/Z 轴均为 10m/min。

进给速度：6~8m/min。

（3）主轴系统

电动机功率：5.5 kW，交流异步电动机。

主轴转速范围：恒功率调速范围为 60~4500 r/min，最高转速为 10000r/min。

定位精度：X 轴/Y 轴/Z 轴均为 0.01mm/300mm。

重复定位精度：X 轴/Y 轴/Z 轴均为 0.007mm。

8.3.2　XK714A 数控铣床设计方案

1. 系统选型

XK714A 数控铣床属于普及型铣床，主要承担中、大批量复杂形状表面和型腔类零件的铣削加工。对精度与速度有一定要求，要与普及型加工中心拉开一定档次，但价格不能太高。适合此要求并被广为采用的数控系统是日本 FANUC 公司的 FS 0i-Mate MD 系统，近年来西门子公司的 808D 系统的总线型版 808D ADVANCED 也受到欢迎。这两个系统都采用了高档系统的软硬件技术，如 80 位浮点数纳米级插补计算软件、数字伺服驱动放大器、高速矢量控制伺服技术和总线技术等，因此系统精度高、速度快、可靠性高，并在硬件和软件上作了功能简化，使价格与高档系统相比要低得多。例如 FS 0i-Mate MD 就是 FS 0i-D 的功能精简型。将进给轴数由 4 轴减为 3 轴，取消 Ethernet 以太网接口，将原配套的 αi 高性能型模块式的伺服驱动器与伺服电动机，改换为 βi 经济型一体式结构的伺服驱动器与伺服电动机。而且由于采用了 FSSB 伺服总线（光纤电缆）和 I/O Link 输入/输出总线，使安装与调试大为简化，可靠性大为提高。因此，FS 0i-Mate MD 系统很适合普及型数控铣床和普及型加工中心使用，控制精度与速度都能达到国家有关标准对普及型数控铣床的要求。

2. 设备选型

由以上分析，XK714A 数控铣床数控系统各单元设备选型如下。

数控系统：FS 0i-Mate MD 铣削版，3 轴 3 联动和 1 个主轴，带水平机床控制面板和全部连接电缆。

伺服驱动：X 轴、Y 轴、Z 轴伺服驱动选择与 FS 0i-Mate MD 配套的 βis 型（低压 200V）一体式结构的伺服驱动器 SVPM3 20/20/20-5.5i，该型驱动器是 3 个进给轴 + 1 个主轴的整体结构设计，驱动控制电路集成在一块电路板上并装于一个电气箱中，驱动 βi 型交流永磁同步伺服电动机，内置 βia 128 型（128000p/r）位置和速度反馈的编码器。按进给切削力矩和进给速度要求选择伺服电动机，X 轴/Y 轴永磁同步伺服电动机，β8/3000is，7N·m，额定转速为 2000r/min，最高转速为 3000r/min；Z 轴永磁同步电动机，β12/3000is，11N·m，额定转速为 2000r/min，最高转速为 3000r/min，带 DC 24V 制动器。

主轴驱动：对于数控铣床的铣削加工一般切削量不大，对低速切削大力矩要求不高，一般不采用减速齿轮有级调速，通常采用模拟主轴的通用变频器无级调速或采用数字串行主轴。本铣床主轴采用 β6/10000i 型数字串行主轴一体式驱动器 SVPM3 20/20/20 − 5.5i，驱动 β6/ 10000i 型 5.5kW 三相交流感应主轴电动机，连续 30min 输出功率 7.5kW，恒功率转速范围为 60 ～ 4500r/min，转出转矩为 26.3N·m，最高转速 10000r/min。

PLC 辅助控制（FANUC 又称 PMC）：FS 0i-Mate MD 的数控单元内置了 Oi Mate-D PMC/L 型 PLC，程序容量为 8000 步，DI/DO 为 1024/1024 点，可完成铣床的换刀控制，冷却液控制，超限行程与回参考点控制，主轴速度与正、反转控制等机床辅助功能的顺序控制。

其他选型：冷却泵电动机 Y2-801-2，为三相交流感应电动机，额定功率 0.75kW，1.83A，2830r/min；润滑泵电动机 A02-5624，为三相交流感应电动机，额定功率 90W，0.4A，1400r/min。

此外，还有打刀缸换刀夹紧/放松电磁阀与吹气电磁阀等。

3. 机床控制面板

根据本铣床操作特点，为降低成本拟自行设计机床控制面板，与 CNC 面板一体放置在床头操纵箱中，其布置如图 8-24 所示。在机床控制面板背面设计了一个印制电路板，操作按键直接焊接在印制板上。电源开、电源关、进给倍率修调开关和方式选择开关、程序保护开关、循环起动和进给保持按钮以及手轮等电气器件则装在面板上，然后通过装于印制板上的端子连接器与印制板连接。为使这几十个开关信号能输入 CNC，采取如下方法：先连接到印制电路板上的两个 50 引脚插座 CB104 和 CB107，再按 8 个一组编址，采取源型输入法连接至 I/O 接口单元，最后通过 I/O Link 总线输入到 CNC 相应接口上。

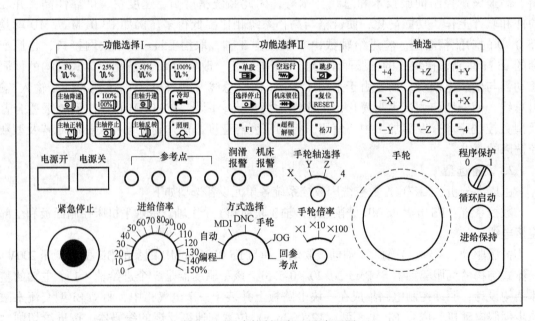

图 8-24　机床控制面板正面布置图

4. 超程与回参考点控制

在第 4 章已讲到超程与回参考点的控制，对确定机床坐标系原点（零点）和机床安全防护极为重要，通常由急停、组合式行程开关和 PLC 的 I/O 单元输入输出接口等构成安全电路来实现，其中组合行程开关是重要的行程位置检测器件。

组合行程开关由多个行程开关组合而成，用推压杆式或电感涡流式接近开关原理制成，常闭点、低电平有效。组合推压杆式行程开关有垂直排列和水平排列两种，推压杆有滚轮直压式和屋脊直压式（压杆头两边有 60° 斜面，以作缓冲）两种，如图 8-25 所示。组合开关里面的行程开关个数视在机床丝杠平台近旁的安装位置、结构与用途而定，可选 3 个或 5 个甚至更多。例如 LXZ1-03L/W 组合行程开关，表示立式，推杆数目 3，推杆间距 12mm，可装于丝杠平台的两端或中间位置的组合行程开关。

图 8-25　组合行程开关

以装于 X 轴丝杠平台两端的屋脊式 3 个推杆的组合开关为例，可以进行以下安排。X 轴正向超程：第 1 个推杆是 X 轴正向回参考点开关（X0），控制回参考点减速，再配合编码器准确回到参考点；第 2 个是 X 轴正向"超程报警"开关（X+），由 PLC 输入，通过 CNC 封锁伺服驱动器并报警；如果因为电动机负载惯性大特别是高速运转时仍停不住，到达第 3 个推压杆位置即"超程急停"（X++）时，则需要紧急切断伺服动力电源控制主接触器（铣床第 2 张电路图上的 KM10）。X 轴负向超程：因无参考点开关，只需安排负向"超程报警"（X−）和负向"超程急停"（X−−）两个行程开关。其他轴如 Y0、Y+、Y++；Y−、Y−−；Z0、Z+、Z++；Z−、Z−−等与此相同，组合式行程开关用于超程保护示意图如图 8-26 所示。但是，如果设计几个轴的"超程急停"开关串联的"急停"电路时，必须在这些开关电路上并联超程解锁开关，以便使伺服主接触器能得电吸合，复位超程轴，参见铣床第 2 张电路图。

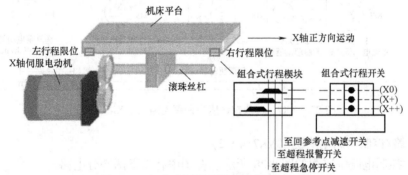

图 8-26　组合式行程开关超程保护示意图

8.3.3　XK714A 数控铣床电气控制电路的设计

XK714A 数控铣床电气控制电路，包括主电路电路图、控制电路电路图、主轴与 X 轴/Y 轴/Z 轴伺服驱动电路图以及 PLC 的 I/O 输入输出信号电路图等，本案例绘出了 8 张电路设计图纸，编号为 XK714A-1 ~ XK714A-8，如图 8-27 ~ 图 8-34 所示。同样，为了方便读者看图、读图、寻找连锁关系和减少篇幅，对整套图按功能进行了合并画法。

1. 主电路电路图（图 XK714A-1）

主电路电路图如图 8-27 所示，图中有三个支路。从总电源开关 QS1 引入 AC 380V 交流电源，第一支路经过断路器 QF2 接至伺服驱动器（是 βiSVSP 一体式结构的伺服放大器）和主轴电动机风机的主电源电路。该支路先经过伺服电源变压器 TC1 变压成 AC 200V，通过交流接触器 KM10 的控制，再经电抗器滤波送至驱动器 L1、L2、L3 的动力电源端子（见图 8-29）；另一路则由 TC1 二次侧接至电动机保护器 QM1，再到主轴电动机风机 M7 和伺服驱动器风机 M8。第二支路经过电动机保护器 QM2，通过交流接触器 KM2 的控制，至冷却泵电动机 M5。第三支路经过电动机保护器 QM3，通过交流接触器 KM3 的控制，至润滑泵电动机 M6。FV1～FV3 为灭弧器。

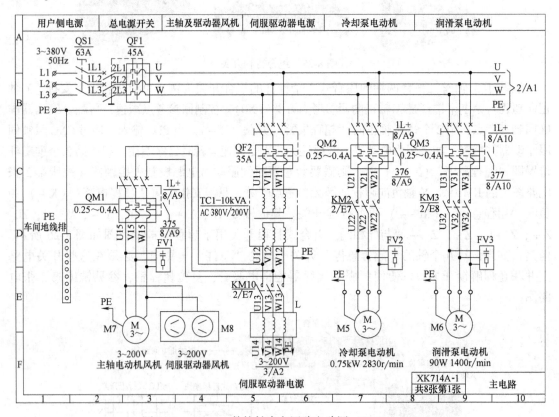

图 8-27　XK714A 数控铣床主回路电路图（XK714A-1）

2. 主电路/控制电路电路图（XK714A-2）

主电路/控制电路电路图如图 8-28 所示。在图中有以下两部分电路。

（1）主电路（续图 XK714A-1）

本张图的主电路主要是控制电源电路。来自 XK714A-1 图区 1/B10 位置 U、V、W 三相交流 380V 电源经断路器 QF3 隔开，至隔离变压器 TC2，其一次电压为 AC～380V，二次电压分 4 个绕组。第 1 个二次绕组输出为 AC 220V，接至交流开关稳压电源 G1、G2，将 AC 220V 变为 DC 24V，给 PLC 的 I/O 接口单元和 CNC、SV 供电，用单相断路器 QF4 隔开；第 2 个二次绕组输出为 AC 24V，供给机床安全照明灯 EL1，用单相断路器 QF5 隔开；第 3

250

个二次绕组输出 AC 220V，供给电控柜排风机 FS1、FS2 和伺服驱动器 ON、冷却泵与润滑泵的控制电路电源，用单相断路器 QF6 隔开。第 4 个二次绕组输出 AC 27V，经 ZL 整流器得 DC 24V，供给 CNC 上电、超程急停和主轴松刀、吹气的电磁阀控制，用单相断路器 QF7 隔开。

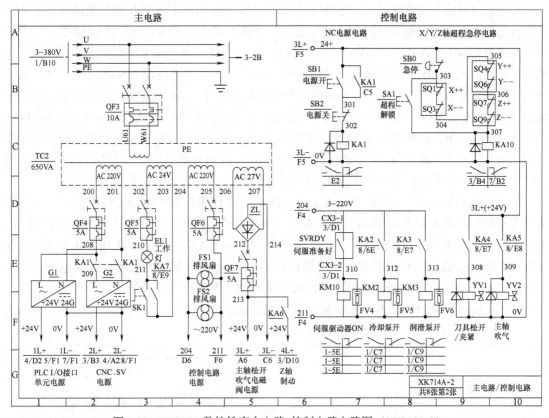

图 8-28　XK714A 数控铣床主电路/控制电路电路图（XK714A-2）

（2）控制电路

控制电路有两大回路，一个是强电控制回路，另一个是弱电控制回路。本应分开绘制，为使读者看清连锁控制关系，现放在一起绘制。

① 强电控制回路。该回路有伺服驱动器 ON、冷却泵与润滑泵的控制电路。其中冷却泵与润滑泵控制电路比较简单，KA2、KA3 是来自 PLC 的 DI/DO 接口信号图 4（见图 8-34）中输出继电器的常开触点，当 Y4.0、Y4.1 有输出时，KA2、KA3 就得电，其常开点闭合，交流接触器 KM2、KM3 接通，冷却泵电动机与润滑泵电动机也就得电运转。而伺服驱动器能否通电工作，则取决于驱动器内的"伺服准备好"SVRDY 信号接点是否闭合，若 SVRDY 接点闭合，则伺服主接触器 KM10 通电闭合，伺服驱动器动力电源就通电。SVRDY 接点何时闭合，详见驱动器电路图（见图 8-29）的说明。

② 弱电控制回路。该回路有 NC 上电、超程急停和主轴松刀、吹气的电磁阀控制电路。主轴松刀与吹气受 KA4、KA5 控制，它们是来自 PLC 的 DI/DO 接口信号图 4（见图 8-34）中输出继电器的常开触点，当 Y4.2、Y4.3 有输出时，KA4、KA5 得电其常开点闭合，从而 YV1、YV2 得电，气动电磁阀工作，进行主轴松刀和主轴吹气。在 PLC 程序控制下，数控铣床要换刀时，先手动按住打刀缸近旁或操作面板上的"松刀"按键，气缸伸出松刀，取

下原刀具后同时自动吹气，吹掉主轴锥孔里的灰屑，然后换上待换刀具，再松开按键，气缸返回夹紧。松刀与夹紧是否到位，由跟随气缸运动的挡块和行程开关控制。注意，此时在PLC程序控制下，加工程序是暂停的，主轴与进给是被"保持"而锁住的。

超程急停电路是安全性设计，特别是对进给速度较快的中高档数控机床必须进行此电路设计。该电路由急停按钮和各轴正负"超程急停"行程开关及"超程解锁"开关组成，正常情况下，未按急停或无超程时，急停继电器KA10接通。当机床刀架或工作台由于某种原因，某轴的正向或负向运动超过组合开关"超程报警"位置，PLC系统还没有控制住，仍继续运动到组合开关"超程急停"位置时，串联的超程常闭触点断开，急停继电器KA10断电，其接于伺服驱动器CX4（1、2）端的KA10触点由原闭合状态变为打开，驱动器内SVRDY接点也立即断开，从而伺服主接触器KM10断开，伺服主动力电源被切断，主轴和进给轴运动也就立即停止，这就保护了机床。当找出事故原因并处理后，可以闭合解锁开关，复位到安全行程。当然由于发生设备或人身安全事故时，也可按急停开关，让机床停下来，控制过程同上。

弱电控制回路的NC上电控制电路是由SB1电源开按钮和SB2电源关按钮控制的，当按电源开按钮时，继电器KA1得电，其一对常开触点闭合，接通G1、G2交流开关稳压电源，使PLC的I/O接口单元、CNC及SV伺服驱动器的控制电源都同时通电工作。注意NC上电控制电路是不受强电回路控制的，当因机床超程或其他故障急停伺服驱动器断电时，CNC仍能正常工作，可以进行查找故障、复位超程坐标轴至安全行程等操作。

3. 伺服驱动器与CNC连接电路图（图XK714A-3）

伺服驱动器与CNC连接电路图如图8-29所示。

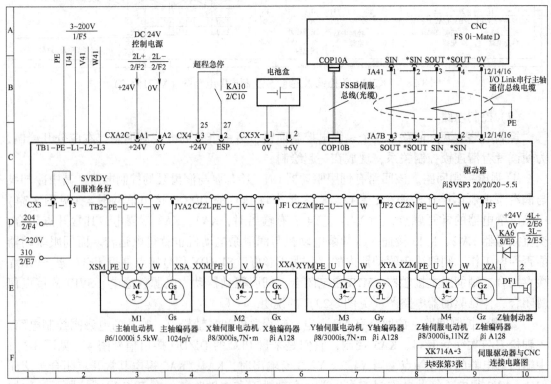

图8-29　XK714A数控铣床CNC与伺服驱动器连接电路图（XK714A-3）

由 XK714A 数控铣床的设计方案知，X 轴、Y 轴、Z 轴和主轴选用的是 FANUC βis 的 SVPM3 20/20/20-5.5i 型伺服驱动器，该型驱动器是 3 个进给轴和 1 个主轴的一体式结构。

SVPM3 驱动器动力电源来自第 1 张主电路图（见图 8-27）的图区 1/F5 位置，它是 3AC 380V 电源先经伺服变压器 TC1 变压再经电抗器 L 滤波后输出，受接触器 KM10 控制的 3AC 200V 电源，该电源从驱动器 L1、L2、L3 端输入。

SVPM3 驱动器的控制电源 DC 24V，来自第 2 张图（见图 8-28）图区 2/F2 位置的交流稳压电源 G1，从 CXA2C 接入。通电后驱动器即进行自检，若没有故障等急停情况发生，控制端 CX4 的 3、2 端处于闭合状态，则 SVRDY 信号触点闭合，发出伺服主接触器 KM10 可以闭合的信号。

SVPM3 驱动器的主轴控制信号从 CNC 面板背面的接口 JA41 输出，用 I/O Link 串行通信总线传输至驱动器的 JA7B 接口输入，驱动器受到 CNC 的主轴信号控制后，受控动力电源从 TB2 的 U、V、W、PE 端子输出到主轴电动机 M1，调节主轴速度，其实时转速从内装或外装主轴编码器 Gs 输出至驱动器的 JYA2 端，再由 JA7B 端用 I/O Link 串行通信总线反馈至 CNC 的速度环控制，从而发出的新目标速度控制指令又从 JA41 输出，如此构成闭环控制。

SVPM3 驱动器的伺服进给控制信号从 CNC 的 COP10A 接口输出，用 FSSB 伺服串行总线（光缆）传输至驱动器的 COP10B 接口输入。驱动器受到 CNC 进给插补信号控制后，分别从 CZ2L（X 轴）、CZ2M（Y 轴）、CZ2N（Z 轴）输出经过调制的动力电源电压，加到 X 轴、Y 轴、Z 轴的伺服电动机 M2、M3 和 M4 上，按 CNC 指令自动调节各进给坐标轴的速度和位置。而实时进给速度和位置信号分别由各坐标轴的内装编码器 Gx、Gy、Gz 检测，各自从 JF1、JF2、JF3 接入驱动器，按优先、分时、串行通信准则，由 COP1B 接口扫描传输至 CNC 的 COP10A 接口，反馈至伺服进给的速度环和位置环进行自动调节，从而发出的新目标速度和位置控制指令又从 COP10A 接口输出，如此构成速度和位置的闭环控制。

若发生超程等故障急停情况，则由于 KA10（见图 8-28 图区 2/C10 位置）断电，驱动器 CX4 的 2、3 端断开（无故障急停时是闭合状态），SVRDY 信号接点断开，从而伺服主接触器 KM10（2/F7）断开，则 AC 200V 失电，伺服驱动器被封锁，主轴与进给电动机停止运转。

为了防止断电时竖直运动滑台向下滑动，Z 轴伺服电动机在不工作或突然断电时，需要立即抱闸制动。一般都采用失电抱闸方式。在 PLC 程序控制下，系统正常上电工作时，从 I/O 单元的 Y4.4 输出高电平"1"信号，控制继电器 KA6 接通（见图 8-34），串接在抱闸电路上的 KA6 常开触点接通，Z 轴电动机内电磁抱闸机构 DF1 得电（DC 24V）松开，电动机可运转（见图 8-29）。当需要紧急制动成断电抱闸时，Y4.4 输出为低电平"0"信号，KA6 断开，则 Z 轴电动机内 DF1 电磁抱闸机构失电抱闸。

此外，CX5X 插座接 6V 后备电池盒，供绝对编码器使用。

为防干扰，总线及编码器反馈电缆均使用了双绞线的屏蔽电缆，这些都需要成套从 FANUC 公司按所需要的长度订购，不能自制。

4. CNC 与 I/O 接口单元连接电路图（图 XK714A-4）

CNC 与 I/O 接口单元连接电路图如图 8-30 所示。从第 7 章知，I/O 接口单元作用是负责机床侧、机床控制面板侧和 CNC、PLC 侧之间的信号传输。

本设计把机床侧的信号如回参考点、各坐标轴超限行程、润滑油压和油位、打刀缸上下行程等开关信号，先经电气柜内的 CB105 50 引脚插座板汇集，再输入到安装于电控柜内 I/O 接口单元的 CB105 插座，然后从其 JD1B 接口用 I/O Link 串行总线电缆传输到 CNC 的

JD51A 接口。而冷却泵开、润滑泵开、刀具松开/夹紧、主轴吹气、Z 轴制动等从 CNC 内装 PLC 的 Y4.0 ~ Y4.5 输出（见图 8-34），经 I/O 接口单元的 CB105 的 50 引脚插座，先送至电控箱内五十引脚插座电路板，再接至电控箱内相应的中间继电器 KA2 ~ KA7，然后用电缆接至机床侧各相关设备。

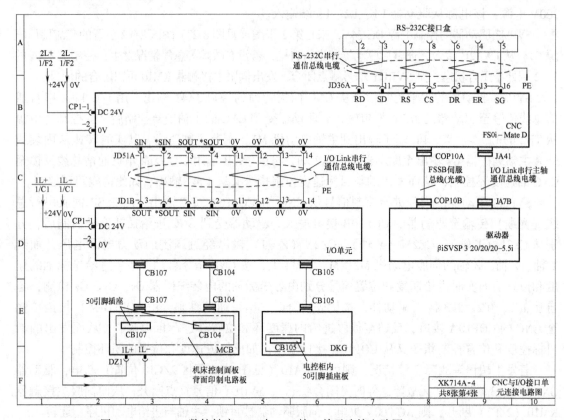

图 8-30　XK714A 数控铣床 CNC 与 I/O 接口单元连接电路图（XK714A-4）

对机床控制面板上的几十个按键如急停、循环起动、进给保持、跳步、空运行、主轴升降速和主轴正反转、各坐标轴的点动与快移以及工作方式选择、进给倍率选择等开关信号，分成两组：一组汇接到背面印制电路板上的 CB107 50 引脚插座；另一组汇接到 CB104 50 引脚插座，然后用电缆连接至 I/O 接口单元相应的 CB107 与 CB104 插座，然后同样由 JD1B 接口用 I/O Link 串行总线电缆，扫描传输至 CNC 的 JD51A 接口。这样用 1 台或几台 I/O Link 接口单元，借助于 I/O Link 串行通信总线用优先、串行、分时扫描的方法，就能完成几十个乃至几百个开关信号从 CNC（含内装 PLC）输入和输出的传输。

前面已讲述过，FANUC 0i-D 系统还有传输进给插补控制信号的 FSSB 伺服总线、传输串行主轴控制信号的 I/O Link 主轴串行总线以及传输加工程序和机床数据的 RS-232C 串行总线。因此，要掌握 FS 0i-D 系统的安装接线，只要抓住这几条信号传输总线，一切就迎刃而解了。当然，这些电缆都是必须要求选用双绞线并屏蔽的专用电缆。图中标注了电缆中各芯线连接，实际上不需要接线，而是一根成形电缆通过插头插接，连接非常方便。

5. DI/DO 信号连接电路图（图 XK714A-5 ~ XK714A-8）

DI/DO 信号连接电路图是 PLC 输入输出信号连接，一共有 4 张图，分别如图 8-31 ~

图 8-34 所示。

在前节已讲述，为接线方便对 CNC（含内装 PLC）、机床控制面板和机床侧之间的众多开关信号，通过 I/O 接口单元的 50 引脚插座 CB104、CB107、CB105 将它们分成了几组（还有一组 CB106 未用），借助于 I/O LinK 串行总线进行输入输出传输。各组输入输出信号连接图分别见图 8-31～图 8-34。各输入输出信号地址编号及在 50 引脚双排插座两面（A 面和 B 面）编号见各图，注意信号地址是要与 PLC 程序一致的，不能随意编排。本图如与读者见到的程序地址定义不一致，可以进行对应修改。但是，对 FANUC 公司产品说明书规定的固定地址不能变更（见表 6-6），如急停信号★ESP 地址是 X8.4 等。

由 DI/DO 信号连接电路图可以看出，输入信号的公共端由 I/O 接口单元内部的 24V 接出，输出信号的公共端则接至外部的 DC24V 电源的 0V 端。根据第 7 章所述，应是源型电路输入和源型电路输出。为避免干扰，推荐如图所示的 50 引脚插座分配的端子，连接 DC 24V 电源。在 DI/DO 的前 3 张连接图中，其输出端连接了多个发光二极管，这是机床控制面板上带指示灯按键所要求的。

本铣床的数控电气系统属功能较多的电路设计，读者如果读懂了这些图，在此基础上可以读加工中心如 XK714、VMC-750、VMC-850 的数控机床电路图。因为，本铣床电路图与加工中心电路图相比，主要差别在于加工中心有一个斗笠式或圆盘式刀库与换刀机械手的控制，有的还有排屑机和更复杂的防护门安全控制等。只要清楚换刀程序步骤、换刀时序要求，掌握了刀库与机械手所用的控制电动机特性以及刀套、刀位、机械手旋转位置等传感器检测等知识，其电路图虽然复杂，可多达数十张，但读懂应是不困难的，读者可参见相关参考资料。

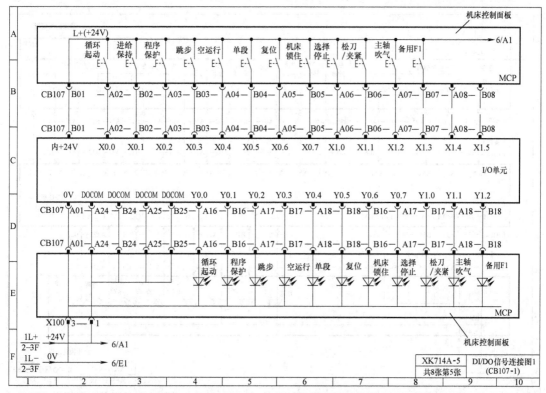

图 8-31　XK714A 数控铣床 DI/DO（CB107）信号连接电路图 1（XK714A-5）

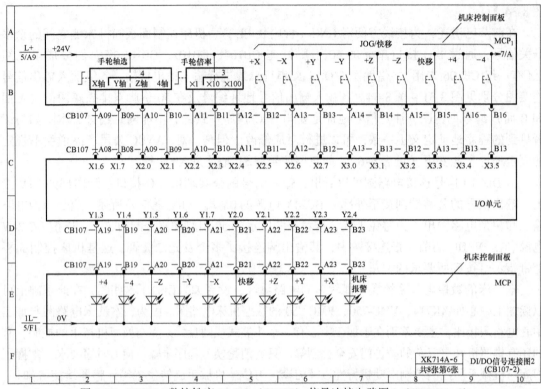

图 8-32　XK714A 数控铣床 DI/DO（CB107）信号连接电路图 2（XK714A-6）

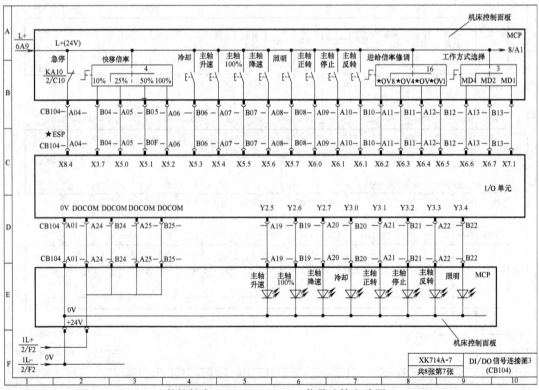

图 8-33　XK714A 数控铣床 DI/DO（CB104）信号连接电路图 3（XK714A-7）

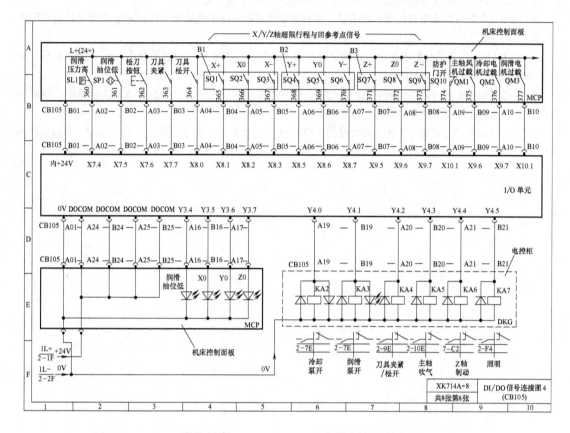

图 8-34　XK714A 数控铣床 DI/DO（CB105）信号连接电路图 4（XK714A-8）

小　结

本章介绍了在中国应用量大面广的两个典型机床数控系统，西门子 808D 系统在 CK6140 数控车床和 FANUC 0i-D 系统在 XK714A 数控铣床中电气控制电路设计案例，意在使读者了解并掌握机床数控计算机与伺服系统等的结构、控制原理、零件轮廓插补原理和典型数控系统的组成、各单元功能与通信接口系统连接，再与电动机拖动继电控制电路以及机床传动机械等有机结合，将它们的强弱电控制电路与机床这个被控制对象进行有机综合，成为一个典型的机电一体化系统。读者必须从"系统"的概念，来理解机床数控装置这项高技术产品。只有如此，才能够真正读懂图，具备数控机床维护与检修的初步能力，也就可能参与或从事数控机床技术改造与创新设计工作。

习　题

1. 为什么说数控机床电气控制电路是"强电"与"弱电"结合而成的，是系统的"综合"？它主要包括哪些电路图，各表达什么控制功能？

2. 数控机床电气控制电路图设计中要注意哪些问题，为什么在电动机回路中要设置电动机保护器，并联灭弧器，在直流继电器线圈上并联反向二极管？

3. 在急停时，伺服主电路断电，此时 CNC 供电也被切断了吗，为什么？

4. 为什么在数控机床电气控制电路图设计中要特别注意防电磁干扰设计？在车床和铣床设计案例图纸中实施了哪些措施？

5. 简述 CK6140 车床数控机床电气控制电路各图中有哪些控制电路，功能是什么。从电路中分析自动换刀和主轴正、反转控制是怎样完成的？

6. 简述 XK714A 铣床数控机床电气控制电路各图中有哪些控制电路，功能是什么。从电路中分析超程报警、超程急停、打刀缸松刀和吹气是怎样完成的？

7. 分析伺服驱动主接触器 KM10 闭合过程，SYRDY 是什么触点？如果在超程急停状态时，此触点能闭合吗？

参 考 文 献

[1] 毕承恩. 现代数控机床：上册 [M]. 北京：机械工业出版社，1991.

[2] 李宏胜. 机床数控技术及应用 [M]. 北京：高等教育出版社，2001.

[3] 吴金娇，等. 数控原理与系统 [M]. 北京：人民邮电出版社，2009.

[4] 陈富安. 数控原理与系统 [M]. 北京：人民邮电出版社，2011.

[5] 赵宏立，朱强. 数控机床故障诊断与维修 [M]. 北京：人民邮电出版社，2013.

[6] 王凤蕴，张超英. 数控原理与典型数控系统 [M]. 北京：高等教育出版社，2003.

[7] 周德卿. 机电一体化技术与系统 [M]. 北京：机械工业出版社，2014.

[8] 张永飞. 数控机床电气控制 [M]. 大连：大连理工大学出版社，2006.

[9] 陈子银，屈海军. 数控机床电气控制 [M]. 北京：北京理工大学出版社，2006.

[10] 周兰，陈少艾. FANUC 0i-D/0i Mate-D 数控系统连接调试与 PMC 编程 [M]. 北京：机械工业出版社，2012.

[11] 黄文广，等. FANUC 数控系统连接与调试 [M]. 北京：高等教育出版社，2011.

[12] 曹智军，肖龙. 数控 PMC 编程与调试 [M]. 北京：清华大学出版社，2010.

[13] 陈先峰. SINUMERIK 802D Solution line 综合应用教程 [M]. 北京：人民邮电出版社，2011.

[14] 陈先锋. 西门子数控系统故障诊断与电气调试 [M]. 北京：化学工业出版社，2012.

[15] 龚仲华. 数控机床电气设计典例 [M]. 北京：机械工业出版社，2014.

[16] 人力资源和社会保障部教材办公室. 数控机床电气线路维修 [M]. 北京：中国劳动社会保障出版社，2012.

[17] 龚仲华. FANUC-0iC 数控系统完全应用手册 [M]. 北京：人民邮电出版社，2009.

[18] 郭琼. 现场总线技术及其应用 [M]. 北京：机械工业出版社，2012.

[19] 龚仲华，杨红霞. 机电一体化技术与系统 [M]. 北京：人民邮电出版社，2011.

[20] 姜培刚，盖玉先. 机电一体化系统设计 [M]. 北京：机械工业出版社，2003.

[21] 毕承恩. 现代数控机床：下册 [M]. 北京：机械工业出版社，1991.